수학의 기본은 계산력, 정확성과 계산 속도를 높히는

《계산의 신》 시리즈

중도에 포기하는 학생은 있어도
끝까지 풀었을 때 신의 경지에 오르지 않는 학생은 없습니다!

꼭 있어야 할 교재, 최고의 교재를 만드는 '꿈을담는틀'에서
신개념 초등 계산력 교재 《**계산의 신**》을 한층 업그레이드 했습니다.

초등 수학은 마구잡이 공부보다 체계적 학습이 중요합니다.
KAIST 출신 수학 선생님들이 집필한 특별한 교재로
하루 10분씩 꾸준히 공부해 보세요.
어느 순간 계산의 신(神)의 경지에 올라 있을 것입니다.

KB052863

부모님이 자녀에게, 선생님이 제자에게
이 교재를 선물해 주세요.

__________가 __________에게

왜? 계산력 교재는 <계산의 신>이 가장 좋은가?

1 요즘엔 초등 계산법 책이 너무 많아서 어떤 책을 골라야 할지 모르겠어요!

기존의 계산력 문제집은 대부분 저자가 '연구회 공동 집필'로 표기되어 있습니다. 반면 꿈을담는틀의 《계산의 신》은 KAIST 출신의 수학 선생님이 공동 저자로, 아이들을 직접 가르쳤던 경험을 담아 만든 '엄마, 아빠표 문제집'입니다. 수학 교육 분야의 뛰어난 전문성과 교육 경험을 두루 갖추고 있어 믿을 수 있습니다.

2 영어는 해외 연수를 가면 된다지만, 수학 공부는 대체 어떻게 해야 하죠?

영어 실력을 키우려고 해외 연수 다니는 것을 본 게 어제오늘 일이 아니죠? 반면 수학은 어떨까요? 수학에는 왕도가 없어요. 가장 중요한 건 매일 조금씩 꾸준히 연마하는 것뿐입니다. 《계산의 신》에 나오는 A와 B, 두 가지 유형의 문제를 풀면서 자연스럽게 수학의 기초를 닦아 보세요. 초등 계산법 완성을 향한 즐거운 도전을 시작할 수 있습니다.

3 아이들이 스스로 공부할 수 있는 교재인가요?

《계산의 신》은 아이들이 스스로 생각하고 계산할 수 있도록 구성되어 있습니다. 핵심 포인트를 보며 유형을 파악하고, 문제를 푼 후에 스스로 자신의 풀이를 평가할 수 있습니다. 부담 없는 분량, 친절한 설명과 예시, 두 가지 유형 반복 학습과 실력 진단 평가는 아이들이 교사나 부모님에게 기대지 않고, 스스로 학습하는 힘을 길러 줄 것입니다.

4 정확하게 푸는 게 중요한가요, 빠르게 푸는 게 중요한가요?

물론 속도를 무시할 순 없습니다. 그러나 그에 앞서 선행되어야 하는 것이 바로 '정확성'입니다. 《계산의 신》은 예시와 함께 해당 연산의 핵심 포인트를 짚어 주며 문제를 정확하게 이해할 수 있도록 도와줍니다. '스스로 학습 관리표'는 문제 풀이 속도를 높이는 데에 동기부여가 될 것입니다. 《계산의 신》과 함께 정확성과 속도, 두 마리 토끼를 모두 잡아 보세요.

5 학교 성적에 도움이 될까요? 수학 교과서와 친해질 수 있나요?

재미와 속도, 정확성 모두 중요하지만 무엇보다 '학교 성적'에 얼마나 도움이 되느냐가 가장 중요하겠지요? 《계산의 신》은 최신 교육 과정을 100% 반영한 단계별 학습으로 구성되어 있습니다. 따라서 《계산의 신》을 꾸준히 학습하면 자연스럽게 '수학 교과서'와 친해져 학교 성적이 올라갈 것입니다.

6 문제를 다 풀어 놓고도 아이가 자꾸 기억이 안 난다고 해요.

《계산의 신》에는 두 가지 유형 반복 학습 외에도 세 단계마다 자신이 푼 문제를 복습하는 '세 단계 묶어 풀기'가 있고, 마지막에는 교재 전체 내용을 한 번 더 복습할 수 있는 '전체 묶어 풀기'가 있습니다. 풀었던 문제들을 다시 묶어서 풀며, 예전에 학습했던 계산 문제들을 완전히 자신의 것으로 만들 수 있습니다.

KAIST 출신 수학 선생님들이 집필한

계산의 신 神

송명진·박종하 지음

12

초등 6학년 2학기

분수와 소수의 나눗셈 발전

권별 학습 구성

초등1 | 1권 | 자연수의 덧셈과 뺄셈 기본 (1)

001단계	수를 가르고 모으기
002단계	합이 9까지인 덧셈
003단계	차가 9까지인 뺄셈
	세 단계 묶어 풀기
	재미있는 수학이야기
004단계	덧셈과 뺄셈
005단계	10을 가르고 모으기
006단계	10의 덧셈과 뺄셈
	세 단계 묶어 풀기
	창의력 쑥쑥! 수학퀴즈
007단계	연이은 덧셈, 뺄셈
008단계	19까지의 수 모으고 가르기
009단계	(몇십)+(몇), (몇)+(몇십)
	세 단계 묶어 풀기
	창의력 쑥쑥! 수학퀴즈
010단계	(몇십 몇)±(몇)
	전체 묶어 풀기
	창의력 쑥쑥! 수학퀴즈

초등1 | 2권 | 자연수의 덧셈과 뺄셈 기본 (2)

011단계	(몇십)±(몇십)
012단계	(몇십 몇)+(몇십 몇)
013단계	(몇십 몇)−(몇십 몇)
	세 단계 묶어 풀기
	창의력 쑥쑥! 수학퀴즈
014단계	받아올림/받아내림이 없는 덧셈과 뺄셈 종합
015단계	세 수의 덧셈과 뺄셈
016단계	연이은 덧셈, 뺄셈
	세 단계 묶어 풀기
	창의력 쑥쑥! 수학퀴즈
017단계	받아올림이 있는 (몇)+(몇)
018단계	받아내림이 있는 (십몇)−(몇)
019단계	받아올림/받아내림이 있는 덧셈과 뺄셈 종합
	세 단계 묶어 풀기
	창의력 쑥쑥! 수학퀴즈
020단계	계산의 활용–규칙찾기
	전체 묶어 풀기
	재미있는 수학이야기

초등2 | 3권 | 자연수의 덧셈과 뺄셈 발전

021단계	(두 자리 수)+(한 자리 수)
022단계	(두 자리 수)+(두 자리 수) (1)
023단계	(두 자리 수)+(두 자리 수) (2)
	세 단계 묶어 풀기
	창의력 쑥쑥! 수학퀴즈
024단계	(두 자리 수)−(한 자리 수)
025단계	(몇십)−(두 자리 수)
026단계	(두 자리 수)−(두 자리 수)
	세 단계 묶어 풀기
	창의력 쑥쑥! 수학퀴즈
027단계	두 자리 수의 덧셈과 뺄셈 종합
028단계	덧셈, 뺄셈의 여러 가지 방법
029단계	덧셈과 뺄셈의 관계
	세 단계 묶어 풀기
	창의력 쑥쑥! 수학퀴즈
030단계	세 수의 혼합 계산
	전체 묶어 풀기
	창의력 쑥쑥! 수학퀴즈

초등2 | 4권 | 네 자리 수/ 곱셈구구

031단계	네 자리 수
032단계	각 자리의 숫자가 나타내는 값
033단계	뛰어 세기
	세 단계 묶어 풀기
	창의력 쑥쑥! 수학퀴즈
034단계	같은 수 여러 번 더하기
035단계	2, 5, 3, 4의 단 곱셈구구
036단계	6, 7, 8, 9의 단 곱셈구구 (1)
	세 단계 묶어 풀기
	창의력 쑥쑥! 수학퀴즈
037단계	6, 7, 8, 9의 단 곱셈구구 (2)
038단계	곱셈구구 종합 (1)
039단계	곱셈구구 종합 (2)
	세 단계 묶어 풀기
	창의력 쑥쑥! 수학퀴즈
040단계	계산의 활용–길이의 합과 차
	전체 묶어 풀기
	재미있는 수학이야기

초등3 | 5권 | 자연수의 덧셈과 뺄셈 / 곱셈과 나눗셈

041단계	(세 자리 수)+(세 자리 수) (1)
042단계	(세 자리 수)+(세 자리 수) (2)
043단계	(세 자리 수)−(세 자리 수) (1)
	세 단계 묶어 풀기
	재미있는 수학이야기
044단계	(세 자리 수)−(세 자리 수) (2)
045단계	나눗셈 기초
046단계	곱셈구구 범위에서의 나눗셈
	세 단계 묶어 풀기
	재미있는 수학이야기
047단계	(두 자리 수)×(한 자리 수) (1)
048단계	(두 자리 수)×(한 자리 수) (2)
049단계	길이의 덧셈과 뺄셈
	세 단계 묶어 풀기
	재미있는 수학이야기
050단계	시간의 합과 차
	전체 묶어 풀기
	창의력 쑥쑥! 수학퀴즈

초등3 | 6권 | 자연수의 곱셈과 나눗셈 발전

051단계	(세 자리 수)×(한 자리 수) (1)
052단계	(세 자리 수)×(한 자리 수) (2)
053단계	(두 자리 수)×(두 자리 수) (1)
	세 단계 묶어 풀기
	창의력 쑥쑥! 수학퀴즈
054단계	(두 자리 수)×(두 자리 수) (2)
055단계	(몇십)÷(몇), (몇백 몇십)÷(몇)
056단계	(두 자리 수)÷(한 자리 수) (1)
	세 단계 묶어 풀기
	재미있는 수학이야기
057단계	(두 자리 수)÷(한 자리 수) (2)
058단계	(두 자리 수)÷(한 자리 수) (3)
059단계	(세 자리 수)÷(한 자리 수)
	세 단계 묶어 풀기
	재미있는 수학이야기
060단계	들이와 무게의 덧셈과 뺄셈
	전체 묶어 풀기
	창의력 쑥쑥! 수학퀴즈

초등4 7권 | 자연수의 곱셈과 나눗셈 심화

061단계	다섯 자리 수
062단계	큰 수 알아보기
063단계	계산의 활용-각도의 합과 차
	세 단계 묶어 풀기
	창의력 쑥쑥! 수학퀴즈
064단계	(세 자리 수)×(몇십)
065단계	(세 자리 수)×(두 자리 수)
066단계	몇십으로 나누기
	세 단계 묶어 풀기
	재미있는 수학이야기
067단계	(두 자리 수)÷(두 자리 수)
068단계	(세 자리 수)÷(두 자리 수) (1)
069단계	(세 자리 수)÷(두 자리 수) (2)
	세 단계 묶어 풀기
	창의력 쑥쑥! 수학퀴즈
070단계	곱셈과 나눗셈 종합
	전체 묶어 풀기
	창의력 쑥쑥! 수학퀴즈

초등4 8권 | 분수와 소수의 덧셈과 뺄셈 기본

071단계	분모가 같은 진분수의 덧셈
072단계	분모가 같은 대분수의 덧셈
073단계	분모가 같은 진분수의 뺄셈
	세 단계 묶어 풀기
	창의력 쑥쑥! 수학퀴즈
074단계	분모가 같은 대분수의 뺄셈
075단계	대분수와 진분수의 덧셈과 뺄셈
076단계	소수 한 자리 수의 덧셈
	세 단계 묶어 풀기
	재미있는 수학이야기
077단계	소수 한 자리 수의 뺄셈
078단계	소수 두 자리 수의 덧셈
079단계	소수 두 자리 수의 뺄셈
	세 단계 묶어 풀기
	재미있는 수학이야기
080단계	자릿수가 다른 소수의 덧셈과 뺄셈
	전체 묶어 풀기
	재미있는 수학이야기

초등5 9권 | 자연수의 혼합 계산 / 분수의 덧셈과 뺄셈

081단계	덧셈과 뺄셈이 섞여 있는 식 계산
082단계	곱셈과 나눗셈이 섞여 있는 식 계산
083단계	덧셈, 뺄셈, 곱셈(나눗셈)의 혼합 계산
	세 단계 묶어 풀기
	재미있는 수학이야기
084단계	덧셈, 뺄셈, 곱셈, 나눗셈의 혼합 계산
085단계	약수와 배수
086단계	공약수와 공배수
	세 단계 묶어 풀기
	재미있는 수학이야기
087단계	최대공약수와 최소공배수
088단계	약분과 통분
089단계	분모가 다른 분수의 덧셈
	세 단계 묶어 풀기
	창의력 쑥쑥! 수학퀴즈
090단계	분모가 다른 분수의 뺄셈
	전체 묶어 풀기
	재미있는 수학이야기

초등5 10권 | 분수와 소수의 곱셈

091단계	분수와 자연수의 곱셈
092단계	분수의 곱셈(1)
093단계	분수의 곱셈(2)
	세 단계 묶어 풀기
	창의력 쑥쑥! 수학퀴즈
094단계	분수와 소수의 관계
095단계	곱의 소수점의 위치
096단계	소수와 자연수의 곱셈
	세 단계 묶어 풀기
	재미있는 수학이야기
097단계	1보다 작은 소수의 곱셈
098단계	1보다 큰 소수의 곱셈
099단계	분수, 소수의 곱셈 종합
	세 단계 묶어 풀기
	창의력 쑥쑥! 수학퀴즈
100단계	계산의 활용-평균
	전체 묶어 풀기
	창의력 쑥쑥! 수학퀴즈

초등6 11권 | 분수와 소수의 나눗셈 기본

101단계	분수의 나눗셈(1)
102단계	분수의 나눗셈(2)
103단계	소수의 나눗셈(1)
	세 단계 묶어 풀기
	창의력 쑥쑥! 수학퀴즈
104단계	소수의 나눗셈(2)
105단계	소수의 나눗셈(3)
106단계	소수의 나눗셈(4)
	세 단계 묶어 풀기
	창의력 쑥쑥! 수학퀴즈
107단계	소수의 나눗셈(5)
108단계	소수의 나눗셈(6)
109단계	소수의 나눗셈(7)
	세 단계 묶어 풀기
	재미있는 수학이야기
110단계	비와 비율
	전체 묶어 풀기
	재미있는 수학이야기

초등6 12권 | 분수와 소수의 나눗셈 발전

111단계	분수의 나눗셈(3)
112단계	분수의 나눗셈(4)
113단계	분수의 나눗셈(5)
	세 단계 묶어 풀기
	창의력 쑥쑥! 수학퀴즈
114단계	분수의 나눗셈(6)
115단계	소수의 나눗셈(8)
116단계	소수의 나눗셈(9)
	세 단계 묶어 풀기
	창의력 쑥쑥! 수학퀴즈
117단계	소수의 나눗셈(10)
118단계	소수의 나눗셈(11)
119단계	가장 작은 자연수의 비로 나타내기
	세 단계 묶어 풀기
	재미있는 수학이야기
120단계	비례식과 비례배분
	전체 묶어 풀기
	재미있는 수학이야기

계산의 신 활용 가이드

1 매일 자신의 학습을 체크해 보세요.

매일 문제를 풀면서 맞힌 개수를 적고, 걸린 시간 만큼 '스스로 학습 관리표'에 색칠해 보세요. 하루하루 지날수록 실력이 자라고, 계산 속도가 빨라지는 것을 눈으로 확인할 수 있습니다.

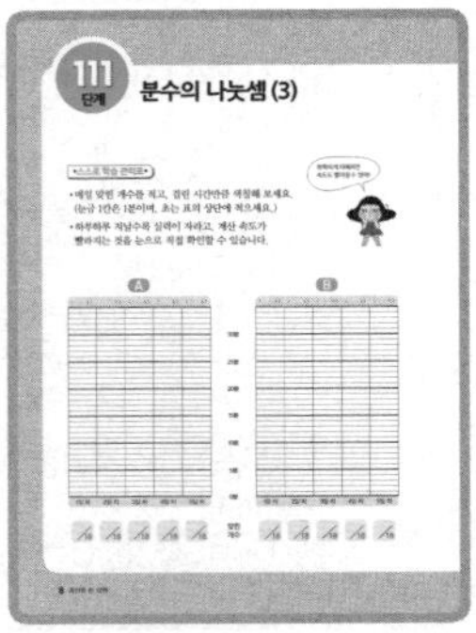

2 개념과 연산 과정을 이해하세요.

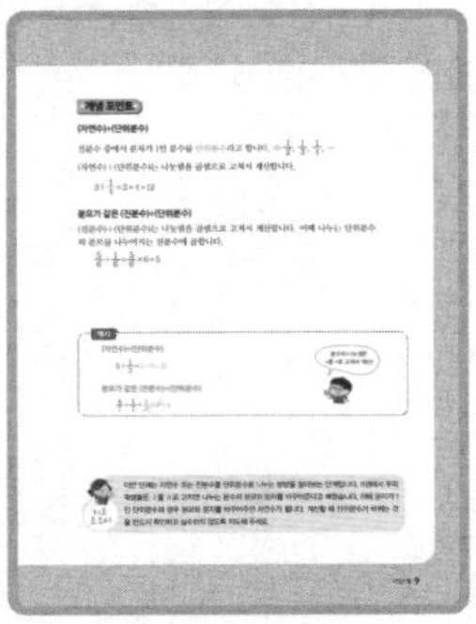

개념을 이해하고 예시를 통해 연산 과정을 확인하면 계산 과정에서 실수를 줄일 수 있어요. 또 아이의 학습을 도와주시는 선생님 또는 부모님을 위해 '지도 도우미'를 제시하였습니다.

3 매일 2쪽씩 꾸준히 반복 학습해 보세요.

매일 2쪽씩 5일 동안 차근차근 반복 학습하다 보면 어려운 문제도 두려움 없이 도전할 수 있습니다. 문제를 풀다가 계산 방법을 모를 때는 '개념 포인트'를 다시 한 번 학습한 후 풀어 보세요.

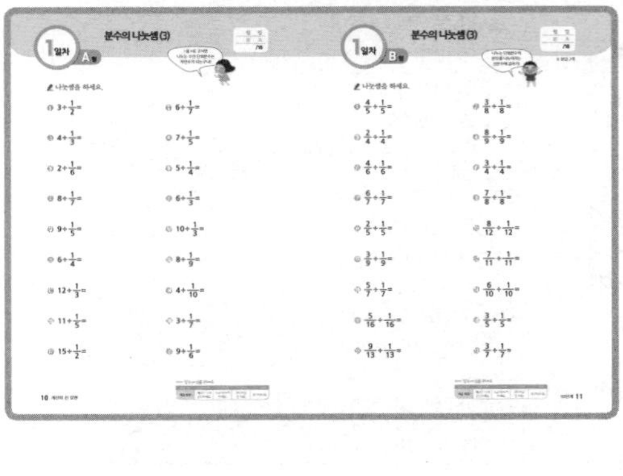

4 세 단계마다 또는 전체를 묶어 복습해 보세요.

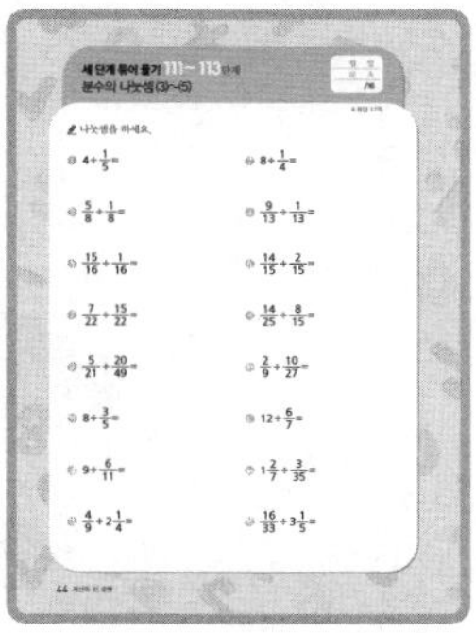

시간이 지나면 아이들은 학습했던 내용을 곧잘 잊어버리는 경향이 있어요. 그래서 세 단계마다 '묶어 풀기', 마지막에는 '전체 묶어 풀기'를 통해 학습했던 내용을 다시 복습할 수 있습니다.

5 즐거운 수학이야기와 수학퀴즈 함께 해요!

묶어 풀기가 끝나면 '재미있는 수학이야기'와 '수학퀴즈'가 기다리고 있어요. 흥미로운 수학이야기와 수학퀴즈는 좌뇌와 우뇌를 고루 발달시켜 주고, 창의성을 키워 준답니다.

6 아이의 학습 성취도를 점검해 보세요.

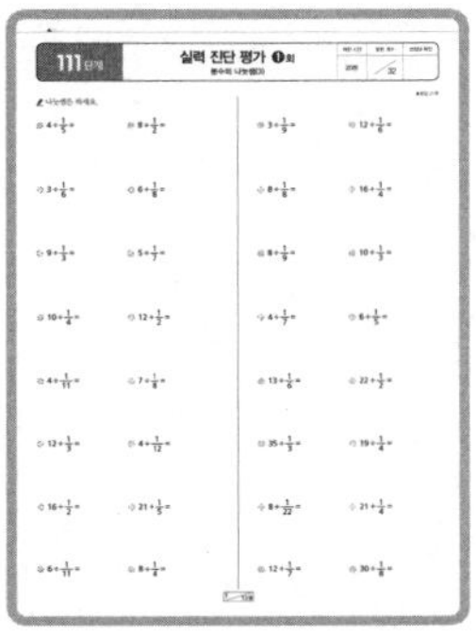

권두부록으로 제시된 '실력 진단 평가'로 아이의 학습 성취도를 점검할 수 있어요. 각 단계별로 2회씩 총 20회가 제공됩니다.

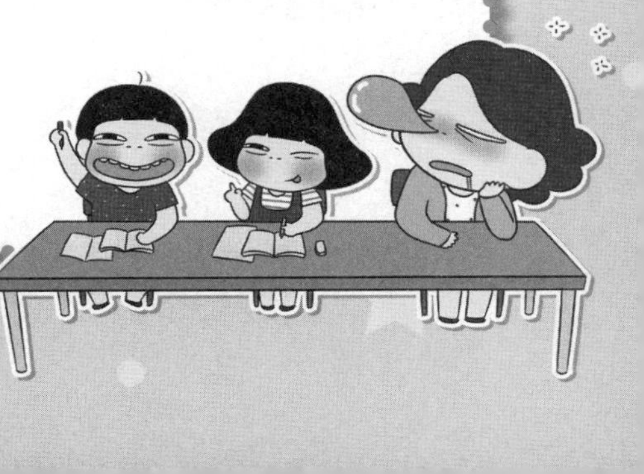

차례

12권

매일 2쪽씩 풀며 계산의 신이 되자!

《계산의 신》은 초등학교 1학년부터 6학년 과정까지 총 120단계로 구성되어 있습니다.
매일 2쪽씩 꾸준히 반복 학습을 하면 탄탄한 계산력을 기를 수 있습니다.
더불어 복습할 수 있는 '묶어 풀기'가 있고, 지친 마음을 헤아려 주는
'재미있는 수학이야기'와 '수학퀴즈'가 있습니다.
꿈을담는틀의《계산의 신》이 준비한 길로 들어오실 준비가 되셨나요?
그 길을 따라 걸으며 문제를 풀고 이야기를 듣다 보면
어느새 계산의 신이 되어 있을 거예요!

★★★★
구성과 일러스트가 인상적!

★★★★★
초등 수학은 이 책이면 끝!

111 단계 분수의 나눗셈 (3)

◆스스로 학습 관리표◆

- 매일 맞힌 개수를 적고, 걸린 시간만큼 색칠해 보세요. (눈금 1칸은 1분이며, 초는 표의 상단에 적으세요.)
- 하루하루 지날수록 실력이 자라고, 계산 속도가 빨라지는 것을 눈으로 직접 확인할 수 있습니다.

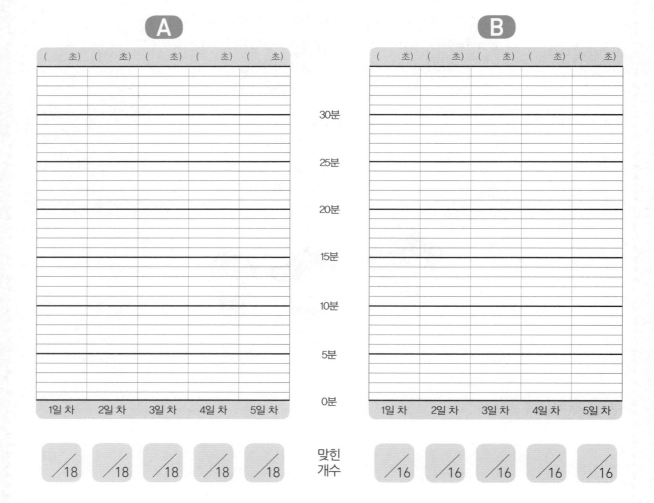

A

	(초)	(초)	(초)	(초)	(초)
30분					
25분					
20분					
15분					
10분					
5분					
0분					
	1일 차	2일 차	3일 차	4일 차	5일 차
맞힌 개수	/18	/18	/18	/18	/18

B

	(초)	(초)	(초)	(초)	(초)
30분					
25분					
20분					
15분					
10분					
5분					
0분					
	1일 차	2일 차	3일 차	4일 차	5일 차
맞힌 개수	/16	/16	/16	/16	/16

개념 포인트

분모가 같은 (진분수)÷(단위분수)

진분수 중에서 분자가 1인 분수를 단위분수라고 합니다.

⇨ $\frac{1}{2}$, $\frac{1}{3}$, $\frac{1}{4}$, …

(진분수)÷(단위분수)는 나눗셈을 곱셈으로 고쳐서 계산합니다.

$$\frac{3}{4}\div\frac{1}{4}=\frac{3}{4}\times4=3$$

분모가 같은 (진분수)÷(진분수)

분모가 같은 진분수끼리의 나눗셈의 값은 분자끼리의 나눗셈의 값과 같습니다.
즉, 분모가 같은 진분수끼리의 나눗셈은 (자연수)÷(자연수)로 바꾸어 계산합니다.

예시

분모가 같은 (진분수)÷(단위분수)

$$\frac{4}{7}\div\frac{1}{7}=\frac{4}{7}\times7=4$$

분모가 같은 (진분수)÷(진분수)

$$\frac{6}{15}\div\frac{3}{15}=6\div3=\frac{6}{3}=2$$

지도 도우미

11권에서 ÷를 ×로 고치면 나누는 분수의 분모와 분자를 바꾸어준다고 배웠습니다. 이때 분자가 1인 단위분수의 경우 분모와 분자를 바꾸어주면 자연수가 됩니다. 계산할 때 단위분수가 바뀌는 것을 반드시 확인하고 실수하지 않도록 지도해 주세요.
또, 분모가 같은 분수의 나눗셈을 할 때에는 분자만의 나눗셈으로 더욱 빠르게 계산할 수 있습니다.

1일차 A형

분수의 나눗셈(3)

월 일
분 초
/18

÷을 ×로 고치면
나누는 수인 단위분수는
자연수가 되는구나!

나눗셈을 하세요.

❶ $\frac{4}{5}\div\frac{1}{5}=$

❷ $\frac{3}{8}\div\frac{1}{8}=$

❸ $\frac{2}{4}\div\frac{1}{4}=$

❹ $\frac{8}{9}\div\frac{1}{9}=$

❺ $\frac{4}{6}\div\frac{1}{6}=$

❻ $\frac{3}{4}\div\frac{1}{4}=$

❼ $\frac{6}{7}\div\frac{1}{7}=$

❽ $\frac{7}{8}\div\frac{1}{8}=$

❾ $\frac{2}{5}\div\frac{1}{5}=$

❿ $\frac{8}{12}\div\frac{1}{12}=$

⓫ $\frac{3}{9}\div\frac{1}{9}=$

⓬ $\frac{7}{11}\div\frac{1}{11}=$

⓭ $\frac{5}{7}\div\frac{1}{7}=$

⓮ $\frac{6}{10}\div\frac{1}{10}=$

⓯ $\frac{5}{16}\div\frac{1}{16}=$

⓰ $\frac{3}{5}\div\frac{1}{5}=$

⓱ $\frac{9}{13}\div\frac{1}{13}=$

⓲ $\frac{3}{7}\div\frac{1}{7}=$

자기 점수에 ○표 하세요

맞힌 개수	10개 이하	11~14개	15~16개	17~18개
학습 방법	개념을 다시 공부하세요.	조금 더 노력 하세요.	실수하면 안 돼요.	참 잘했어요.

1일차 B형

분수의 나눗셈 (3)

월	일
분	초
	/16

정답 2쪽

나눗셈을 하세요.

① $\frac{14}{17} \div \frac{2}{17} =$

② $\frac{8}{13} \div \frac{2}{13} =$

③ $\frac{12}{23} \div \frac{2}{23} =$

④ $\frac{36}{47} \div \frac{18}{47} =$

⑤ $\frac{9}{11} \div \frac{3}{11} =$

⑥ $\frac{15}{19} \div \frac{3}{19} =$

⑦ $\frac{15}{22} \div \frac{3}{22} =$

⑧ $\frac{10}{11} \div \frac{2}{11} =$

⑨ $\frac{4}{9} \div \frac{2}{9} =$

⑩ $\frac{8}{31} \div \frac{2}{31} =$

⑪ $\frac{20}{21} \div \frac{5}{21} =$

⑫ $\frac{12}{13} \div \frac{6}{13} =$

⑬ $\frac{9}{10} \div \frac{3}{10} =$

⑭ $\frac{12}{29} \div \frac{4}{29} =$

⑮ $\frac{8}{15} \div \frac{4}{15} =$

⑯ $\frac{6}{7} \div \frac{3}{7} =$

자기 점수에 ○표 하세요

맞힌 개수	8개 이하	9~12개	13~14개	15~16개
학습 방법	개념을 다시 공부하세요.	조금 더 노력 하세요.	실수하면 안 돼요.	참 잘했어요.

2일차 A형

분수의 나눗셈(3)

월 일
분 초
/18

나눗셈을 하세요.

❶ $\frac{2}{7} \div \frac{1}{7} =$

❷ $\frac{4}{9} \div \frac{1}{9} =$

❸ $\frac{5}{8} \div \frac{1}{8} =$

❹ $\frac{2}{6} \div \frac{1}{6} =$

❺ $\frac{5}{11} \div \frac{1}{11} =$

❻ $\frac{4}{15} \div \frac{1}{15} =$

❼ $\frac{7}{9} \div \frac{1}{9} =$

❽ $\frac{11}{14} \div \frac{1}{14} =$

❾ $\frac{9}{16} \div \frac{1}{16} =$

❿ $\frac{8}{17} \div \frac{1}{17} =$

⓫ $\frac{5}{9} \div \frac{1}{9} =$

⓬ $\frac{11}{18} \div \frac{1}{18} =$

⓭ $\frac{4}{8} \div \frac{1}{8} =$

⓮ $\frac{5}{14} \div \frac{1}{14} =$

⓯ $\frac{3}{10} \div \frac{1}{10} =$

⓰ $\frac{8}{14} \div \frac{1}{14} =$

⓱ $\frac{10}{16} \div \frac{1}{16} =$

⓲ $\frac{13}{17} \div \frac{1}{17} =$

자기 점수에 ○표 하세요

맞힌 개수	10개 이하	11~14개	15~16개	17~18개
학습 방법	개념을 다시 공부하세요.	조금 더 노력하세요.	실수하면 안 돼요.	참 잘했어요.

분수의 나눗셈(3)

월	일
분	초
	/16

정답 3쪽

나눗셈을 하세요.

❶ $\frac{9}{10} \div \frac{3}{10} =$

❷ $\frac{15}{16} \div \frac{3}{16} =$

❸ $\frac{15}{19} \div \frac{3}{19} =$

❹ $\frac{14}{15} \div \frac{7}{15} =$

❺ $\frac{6}{11} \div \frac{2}{11} =$

❻ $\frac{8}{9} \div \frac{4}{9} =$

❼ $\frac{21}{23} \div \frac{3}{23} =$

❽ $\frac{12}{13} \div \frac{3}{13} =$

❾ $\frac{15}{17} \div \frac{5}{17} =$

❿ $\frac{16}{21} \div \frac{4}{21} =$

⓫ $\frac{14}{15} \div \frac{7}{15} =$

⓬ $\frac{18}{19} \div \frac{9}{19} =$

⓭ $\frac{24}{25} \div \frac{8}{25} =$

⓮ $\frac{10}{27} \div \frac{2}{27} =$

⓯ $\frac{21}{32} \div \frac{7}{32} =$

⓰ $\frac{49}{64} \div \frac{7}{64} =$

자기 점수에 ○표 하세요

맞힌 개수	8개 이하	9~12개	13~14개	15~16개
학습 방법	개념을 다시 공부하세요.	조금 더 노력 하세요.	실수하면 안 돼요.	참 잘했어요.

3일차 A형

분수의 나눗셈 (3)

월	일
분	초
	/18

나눗셈을 하세요.

❶ $\frac{3}{6} \div \frac{1}{6} =$

❷ $\frac{2}{8} \div \frac{1}{8} =$

❸ $\frac{9}{10} \div \frac{1}{10} =$

❹ $\frac{6}{9} \div \frac{1}{9} =$

❺ $\frac{8}{13} \div \frac{1}{13} =$

❻ $\frac{5}{17} \div \frac{1}{17} =$

❼ $\frac{12}{19} \div \frac{1}{19} =$

❽ $\frac{9}{12} \div \frac{1}{12} =$

❾ $\frac{4}{10} \div \frac{1}{10} =$

❿ $\frac{7}{13} \div \frac{1}{13} =$

⓫ $\frac{11}{15} \div \frac{1}{15} =$

⓬ $\frac{14}{17} \div \frac{1}{17} =$

⓭ $\frac{17}{20} \div \frac{1}{20} =$

⓮ $\frac{3}{12} \div \frac{1}{12} =$

⓯ $\frac{14}{16} \div \frac{1}{16} =$

⓰ $\frac{7}{18} \div \frac{1}{18} =$

⓱ $\frac{9}{14} \div \frac{1}{14} =$

⓲ $\frac{20}{23} \div \frac{1}{23} =$

자기 점수에 ○표 하세요

맞힌 개수	10개 이하	11~14개	15~16개	17~18개
학습 방법	개념을 다시 공부하세요.	조금 더 노력하세요.	실수하면 안 돼요.	참 잘했어요.

분수의 나눗셈 (3)

월 일
분 초
/16

정답 4쪽

나눗셈을 하세요.

❶ $\frac{26}{45} \div \frac{13}{45} =$

❷ $\frac{15}{16} \div \frac{5}{16} =$

❸ $\frac{10}{21} \div \frac{5}{21} =$

❹ $\frac{12}{13} \div \frac{2}{13} =$

❺ $\frac{15}{17} \div \frac{3}{17} =$

❻ $\frac{14}{23} \div \frac{7}{23} =$

❼ $\frac{24}{35} \div \frac{8}{35} =$

❽ $\frac{36}{77} \div \frac{6}{77} =$

❾ $\frac{9}{14} \div \frac{3}{14} =$

❿ $\frac{16}{21} \div \frac{8}{21} =$

⓫ $\frac{16}{17} \div \frac{4}{17} =$

⓬ $\frac{20}{23} \div \frac{4}{23} =$

⓭ $\frac{24}{35} \div \frac{6}{35} =$

⓮ $\frac{22}{25} \div \frac{11}{25} =$

⓯ $\frac{26}{29} \div \frac{2}{29} =$

⓰ $\frac{28}{45} \div \frac{7}{45} =$

자기 점수에 ○표 하세요

맞힌 개수	8개 이하	9~12개	13~14개	15~16개
학습 방법	개념을 다시 공부하세요.	조금 더 노력하세요.	실수하면 안 돼요.	참 잘했어요.

4일차 A형

분수의 나눗셈(3)

월	일
분	초
	/18

✎ 나눗셈을 하세요.

❶ $\frac{4}{14} \div \frac{1}{14} =$

❷ $\frac{2}{5} \div \frac{1}{5} =$

❸ $\frac{11}{13} \div \frac{1}{13} =$

❹ $\frac{4}{11} \div \frac{1}{11} =$

❺ $\frac{15}{16} \div \frac{1}{16} =$

❻ $\frac{8}{19} \div \frac{1}{19} =$

❼ $\frac{3}{11} \div \frac{1}{11} =$

❽ $\frac{12}{15} \div \frac{1}{15} =$

❾ $\frac{7}{20} \div \frac{1}{20} =$

❿ $\frac{5}{18} \div \frac{1}{18} =$

⓫ $\frac{12}{14} \div \frac{1}{14} =$

⓬ $\frac{10}{12} \div \frac{1}{12} =$

⓭ $\frac{17}{18} \div \frac{1}{18} =$

⓮ $\frac{16}{23} \div \frac{1}{23} =$

⓯ $\frac{14}{15} \div \frac{1}{15} =$

⓰ $\frac{3}{13} \div \frac{1}{13} =$

⓱ $\frac{6}{19} \div \frac{1}{19} =$

⓲ $\frac{17}{20} \div \frac{1}{20} =$

자기 점수에 ○표 하세요

맞힌 개수	10개 이하	11~14개	15~16개	17~18개
학습 방법	개념을 다시 공부하세요.	조금 더 노력하세요.	실수하면 안 돼요.	참 잘했어요.

분수의 나눗셈 (3)

월 일
분 초
/16

정답 5쪽

나눗셈을 하세요.

❶ $\frac{18}{19} \div \frac{9}{19} =$

❷ $\frac{15}{17} \div \frac{5}{17} =$

❸ $\frac{16}{21} \div \frac{4}{21} =$

❹ $\frac{20}{23} \div \frac{5}{23} =$

❺ $\frac{8}{13} \div \frac{4}{13} =$

❻ $\frac{21}{26} \div \frac{7}{26} =$

❼ $\frac{24}{29} \div \frac{6}{29} =$

❽ $\frac{51}{61} \div \frac{17}{61} =$

❾ $\frac{25}{38} \div \frac{5}{38} =$

❿ $\frac{15}{22} \div \frac{5}{22} =$

⓫ $\frac{24}{25} \div \frac{8}{25} =$

⓬ $\frac{49}{50} \div \frac{7}{50} =$

⓭ $\frac{9}{11} \div \frac{3}{11} =$

⓮ $\frac{14}{25} \div \frac{7}{25} =$

⓯ $\frac{25}{34} \div \frac{5}{34} =$

⓰ $\frac{50}{63} \div \frac{10}{63} =$

자기 점수에 ○표 하세요

맞힌 개수	8개 이하	9~12개	13~14개	15~16개
학습 방법	개념을 다시 공부하세요.	조금 더 노력 하세요.	실수하면 안 돼요.	참 잘했어요.

5일차 A형

분수의 나눗셈(3)

월	일
분	초
	/18

나눗셈을 하세요.

❶ $\frac{6}{11} \div \frac{1}{11} =$

❷ $\frac{4}{5} \div \frac{1}{5} =$

❸ $\frac{12}{16} \div \frac{1}{16} =$

❹ $\frac{18}{21} \div \frac{1}{21} =$

❺ $\frac{13}{19} \div \frac{1}{19} =$

❻ $\frac{8}{14} \div \frac{1}{14} =$

❼ $\frac{15}{16} \div \frac{1}{16} =$

❽ $\frac{2}{19} \div \frac{1}{19} =$

❾ $\frac{18}{26} \div \frac{1}{26} =$

❿ $\frac{8}{12} \div \frac{1}{12} =$

⓫ $\frac{15}{18} \div \frac{1}{18} =$

⓬ $\frac{9}{13} \div \frac{1}{13} =$

⓭ $\frac{10}{11} \div \frac{1}{11} =$

⓮ $\frac{2}{14} \div \frac{1}{14} =$

⓯ $\frac{5}{15} \div \frac{1}{15} =$

⓰ $\frac{16}{18} \div \frac{1}{18} =$

⓱ $\frac{23}{25} \div \frac{1}{25} =$

⓲ $\frac{20}{29} \div \frac{1}{29} =$

자기 점수에 ○표 하세요

맞힌 개수	10개 이하	11~14개	15~16개	17~18개
학습 방법	개념을 다시 공부하세요.	조금 더 노력하세요.	실수하면 안 돼요.	참 잘했어요.

5일차 B형

분수의 나눗셈(3)

월	일
분	초
/16	

정답 6쪽

나눗셈을 하세요.

❶ $\frac{9}{10} \div \frac{3}{10} =$

❷ $\frac{34}{55} \div \frac{17}{55} =$

❸ $\frac{16}{27} \div \frac{2}{27} =$

❹ $\frac{27}{28} \div \frac{3}{28} =$

❺ $\frac{36}{47} \div \frac{12}{47} =$

❻ $\frac{35}{36} \div \frac{5}{36} =$

❼ $\frac{70}{81} \div \frac{7}{81} =$

❽ $\frac{49}{100} \div \frac{7}{100} =$

❾ $\frac{15}{16} \div \frac{5}{16} =$

❿ $\frac{18}{19} \div \frac{9}{19} =$

⓫ $\frac{30}{31} \div \frac{15}{31} =$

⓬ $\frac{16}{17} \div \frac{2}{17} =$

⓭ $\frac{42}{47} \div \frac{6}{47} =$

⓮ $\frac{21}{23} \div \frac{7}{23} =$

⓯ $\frac{40}{41} \div \frac{5}{41} =$

⓰ $\frac{63}{65} \div \frac{9}{65} =$

자기 점수에 ○표 하세요

맞힌 개수	8개 이하	9~12개	13~14개	15~16개
학습 방법	개념을 다시 공부하세요.	조금 더 노력하세요.	실수하면 안 돼요.	참 잘했어요.

112 단계 분수의 나눗셈 (4)

◆스스로 학습 관리표◆

- 매일 맞힌 개수를 적고, 걸린 시간만큼 색칠해 보세요.
(눈금 1칸은 1분이며, 초는 표의 상단에 적으세요.)
- 하루하루 지날수록 실력이 자라고, 계산 속도가 빨라지는 것을 눈으로 직접 확인할 수 있습니다.

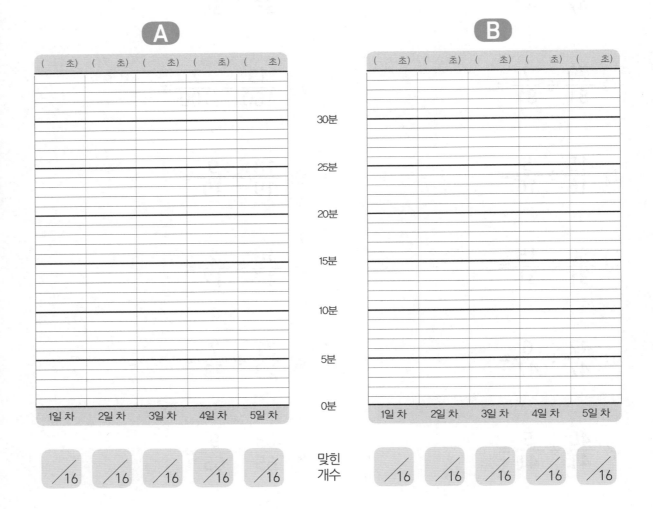

A

(초)	(초)	(초)	(초)	(초)	
					30분
					25분
					20분
					15분
					10분
					5분
					0분
1일 차	2일 차	3일 차	4일 차	5일 차	
/16	/16	/16	/16	/16	맞힌 개수

B

(초)	(초)	(초)	(초)	(초)
1일 차	2일 차	3일 차	4일 차	5일 차
/16	/16	/16	/16	/16

◆개념 포인트◆

분모가 같은 진분수끼리의 나눗셈

분수의 나눗셈은 ÷를 ×로 고치면서 나누는 분수의 분모와 분자를 바꾸어 준다고 배웠습니다. 이때 분모가 같은 진분수끼리의 나눗셈의 값은 분자끼리의 나눗셈의 값과 같습니다.

즉, 분모가 같은 진분수끼리의 나눗셈은 분자의 (자연수)÷(자연수)로 바꾸어 계산하고 분자끼리 나누어떨어지지 않을 때에는 몫을 분수로 나타냅니다.

$$\frac{7}{15} \div \frac{3}{15} = \frac{7}{15} \times \frac{15}{3} = \frac{7}{3} = 2\frac{1}{3}$$

$$\Leftrightarrow \frac{7}{15} \div \frac{3}{15} = 7 \div 3 = \frac{7}{3} = 2\frac{1}{3}$$

예시

분모가 같은 (진분수) ÷ (진분수)

가분수를 대분수로

$$\frac{10}{11} \div \frac{3}{11} = 10 \div 3 = \frac{10}{3} = 3\frac{1}{3}$$

분자끼리의 나눗셈으로 고치기

분수의 나눗셈은 나누는 분수의 분자, 분모를 바꾸어 곱하면 된다고 결과만 알려 주지 마시고, 나눗셈의 기본 원리를 충분히 익힐 수 있도록 도와주세요. 그래야 분모가 같은 분수의 나눗셈을 계산할 때 불필요하게 분자와 분모를 바꾸어 곱하지 않고, 분자만의 나눗셈으로 더욱 빠르게 계산할 수 있습니다.

1일차 A형

분수의 나눗셈 (4)

월 일
분 초
/16

분자끼리 나누어떨어지지 않을 때에는 몫을 분수로 나타내줘!

나눗셈을 하세요.

❶ $\frac{2}{5} \div \frac{3}{5} =$

❷ $\frac{4}{7} \div \frac{6}{7} =$

❸ $\frac{4}{15} \div \frac{11}{15} =$

❹ $\frac{3}{11} \div \frac{9}{11} =$

❺ $\frac{5}{13} \div \frac{11}{13} =$

❻ $\frac{2}{9} \div \frac{5}{9} =$

❼ $\frac{5}{12} \div \frac{7}{12} =$

❽ $\frac{3}{7} \div \frac{4}{7} =$

❾ $\frac{5}{13} \div \frac{12}{13} =$

❿ $\frac{3}{7} \div \frac{5}{7} =$

⓫ $\frac{3}{8} \div \frac{7}{8} =$

⓬ $\frac{4}{11} \div \frac{8}{11} =$

⓭ $\frac{7}{30} \div \frac{23}{30} =$

⓮ $\frac{23}{25} \div \frac{24}{25} =$

⓯ $\frac{3}{50} \div \frac{7}{50} =$

⓰ $\frac{3}{22} \div \frac{9}{22} =$

자기 점수에 ○표 하세요

맞힌 개수	8개 이하	9~12개	13~14개	15~16개
학습 방법	개념을 다시 공부하세요.	조금 더 노력 하세요.	실수하면 안 돼요.	참 잘했어요.

1일차 B형

분수의 나눗셈 (4)

월	일
분	초
	/16

정답 7쪽

나눗셈을 하세요.

❶ $\frac{8}{35} \div \frac{3}{35} =$

❷ $\frac{8}{9} \div \frac{5}{9} =$

❸ $\frac{12}{13} \div \frac{7}{13} =$

❹ $\frac{17}{28} \div \frac{3}{28} =$

❺ $\frac{19}{24} \div \frac{5}{24} =$

❻ $\frac{5}{7} \div \frac{3}{7} =$

❼ $\frac{7}{12} \div \frac{5}{12} =$

❽ $\frac{25}{43} \div \frac{10}{43} =$

❾ $\frac{10}{13} \div \frac{9}{13} =$

❿ $\frac{25}{38} \div \frac{17}{38} =$

⓫ $\frac{6}{7} \div \frac{4}{7} =$

⓬ $\frac{14}{27} \div \frac{8}{27} =$

⓭ $\frac{4}{5} \div \frac{3}{5} =$

⓮ $\frac{5}{8} \div \frac{3}{8} =$

⓯ $\frac{8}{9} \div \frac{5}{9} =$

⓰ $\frac{19}{31} \div \frac{14}{31} =$

자기 점수에 ○표 하세요

맞힌 개수	8개 이하	9~12개	13~14개	15~16개
학습 방법	개념을 다시 공부하세요.	조금 더 노력하세요.	실수하면 안 돼요.	참 잘했어요.

분수의 나눗셈 (4)

월 일
분 초
/16

나눗셈을 하세요.

❶ $\frac{7}{26} \div \frac{21}{26} =$

❷ $\frac{24}{29} \div \frac{28}{29} =$

❸ $\frac{17}{60} \div \frac{51}{60} =$

❹ $\frac{5}{18} \div \frac{13}{18} =$

❺ $\frac{13}{27} \div \frac{14}{27} =$

❻ $\frac{17}{30} \div \frac{23}{30} =$

❼ $\frac{15}{33} \div \frac{26}{33} =$

❽ $\frac{13}{27} \div \frac{26}{27} =$

❾ $\frac{4}{17} \div \frac{16}{17} =$

❿ $\frac{3}{14} \div \frac{5}{14} =$

⓫ $\frac{6}{13} \div \frac{9}{13} =$

⓬ $\frac{3}{16} \div \frac{7}{16} =$

⓭ $\frac{13}{20} \div \frac{17}{20} =$

⓮ $\frac{1}{8} \div \frac{7}{8} =$

⓯ $\frac{2}{11} \div \frac{5}{11} =$

⓰ $\frac{9}{15} \div \frac{13}{15} =$

자기 점수에 ○표 하세요

맞힌 개수	8개 이하	9~12개	13~14개	15~16개
학습 방법	개념을 다시 공부하세요.	조금 더 노력 하세요.	실수하면 안 돼요.	참 잘했어요.

2일차 B형

분수의 나눗셈 (4)

월	일
분	초
	/16

정답 8쪽

나눗셈을 하세요.

❶ $\frac{9}{28} \div \frac{5}{28} =$

❷ $\frac{7}{9} \div \frac{2}{9} =$

❸ $\frac{7}{9} \div \frac{4}{9} =$

❹ $\frac{9}{13} \div \frac{8}{13} =$

❺ $\frac{25}{38} \div \frac{15}{38} =$

❻ $\frac{9}{11} \div \frac{4}{11} =$

❼ $\frac{14}{25} \div \frac{9}{25} =$

❽ $\frac{6}{7} \div \frac{5}{7} =$

❾ $\frac{8}{19} \div \frac{3}{19} =$

❿ $\frac{5}{11} \div \frac{2}{11} =$

⓫ $\frac{27}{31} \div \frac{15}{31} =$

⓬ $\frac{8}{9} \div \frac{5}{9} =$

⓭ $\frac{13}{16} \div \frac{3}{16} =$

⓮ $\frac{17}{23} \div \frac{7}{23} =$

⓯ $\frac{8}{11} \div \frac{5}{11} =$

⓰ $\frac{11}{21} \div \frac{5}{21} =$

자기 점수에 ○표 하세요

맞힌 개수	8개 이하	9~12개	13~14개	15~16개
학습 방법	개념을 다시 공부하세요.	조금 더 노력 하세요.	실수하면 안 돼요.	참 잘했어요.

분수의 나눗셈 (4)

월	일
분	초
	/16

나눗셈을 하세요.

❶ $\frac{4}{13} \div \frac{5}{13} =$

❷ $\frac{7}{9} \div \frac{8}{9} =$

❸ $\frac{3}{7} \div \frac{4}{7} =$

❹ $\frac{3}{11} \div \frac{10}{11} =$

❺ $\frac{3}{14} \div \frac{9}{14} =$

❻ $\frac{8}{17} \div \frac{15}{17} =$

❼ $\frac{4}{23} \div \frac{20}{23} =$

❽ $\frac{5}{16} \div \frac{15}{16} =$

❾ $\frac{4}{15} \div \frac{13}{15} =$

❿ $\frac{4}{21} \div \frac{16}{21} =$

⓫ $\frac{2}{25} \div \frac{8}{25} =$

⓬ $\frac{2}{19} \div \frac{16}{19} =$

⓭ $\frac{5}{9} \div \frac{7}{9} =$

⓮ $\frac{6}{17} \div \frac{16}{17} =$

⓯ $\frac{4}{35} \div \frac{16}{35} =$

⓰ $\frac{5}{14} \div \frac{9}{14} =$

자기 점수에 ○표 하세요

맞힌 개수	8개 이하	9~12개	13~14개	15~16개
학습 방법	개념을 다시 공부하세요.	조금 더 노력하세요.	실수하면 안 돼요.	참 잘했어요.

3일차 B형

분수의 나눗셈(4)

월 일
분 초
/16

정답 9쪽

나눗셈을 하세요.

❶ $\frac{7}{8} \div \frac{3}{8} =$

❷ $\frac{11}{16} \div \frac{3}{16} =$

❸ $\frac{11}{14} \div \frac{5}{14} =$

❹ $\frac{7}{9} \div \frac{5}{9} =$

❺ $\frac{16}{17} \div \frac{6}{17} =$

❻ $\frac{13}{15} \div \frac{2}{15} =$

❼ $\frac{15}{16} \div \frac{9}{16} =$

❽ $\frac{12}{25} \div \frac{7}{25} =$

❾ $\frac{19}{30} \div \frac{9}{30} =$

❿ $\frac{14}{19} \div \frac{5}{19} =$

⓫ $\frac{11}{13} \div \frac{4}{13} =$

⓬ $\frac{14}{17} \div \frac{8}{17} =$

⓭ $\frac{14}{15} \div \frac{4}{15} =$

⓮ $\frac{16}{35} \div \frac{13}{35} =$

⓯ $\frac{10}{17} \div \frac{7}{17} =$

⓰ $\frac{16}{21} \div \frac{10}{21} =$

자기 점수에 ○표 하세요

맞힌 개수	8개 이하	9~12개	13~14개	15~16개
학습 방법	개념을 다시 공부하세요.	조금 더 노력하세요.	실수하면 안 돼요.	참 잘했어요.

4일차 A형

분수의 나눗셈 (4)

월	일
분	초
	/16

나눗셈을 하세요.

❶ $\frac{5}{21} \div \frac{11}{21} =$

❷ $\frac{5}{11} \div \frac{8}{11} =$

❸ $\frac{7}{23} \div \frac{17}{23} =$

❹ $\frac{3}{16} \div \frac{13}{16} =$

❺ $\frac{15}{31} \div \frac{27}{31} =$

❻ $\frac{3}{19} \div \frac{8}{19} =$

❼ $\frac{5}{7} \div \frac{6}{7} =$

❽ $\frac{9}{25} \div \frac{14}{25} =$

❾ $\frac{3}{35} \div \frac{18}{35} =$

❿ $\frac{4}{9} \div \frac{8}{9} =$

⓫ $\frac{7}{13} \div \frac{12}{13} =$

⓬ $\frac{3}{28} \div \frac{17}{28} =$

⓭ $\frac{5}{24} \div \frac{19}{24} =$

⓮ $\frac{3}{7} \div \frac{5}{7} =$

⓯ $\frac{5}{12} \div \frac{7}{12} =$

⓰ $\frac{12}{43} \div \frac{28}{43} =$

자기 점수에 ○표 하세요

맞힌 개수	8개 이하	9~12개	13~14개	15~16개
학습 방법	개념을 다시 공부하세요.	조금 더 노력 하세요.	실수하면 안 돼요.	참 잘했어요.

분수의 나눗셈(4)

월 일
분 초
/16

정답 10쪽

나눗셈을 하세요.

❶ $\frac{6}{7} \div \frac{4}{7} =$

❷ $\frac{3}{5} \div \frac{2}{5} =$

❸ $\frac{7}{40} \div \frac{3}{40} =$

❹ $\frac{12}{13} \div \frac{5}{13} =$

❺ $\frac{28}{29} \div \frac{24}{29} =$

❻ $\frac{13}{18} \div \frac{7}{18} =$

❼ $\frac{17}{27} \div \frac{14}{27} =$

❽ $\frac{15}{17} \div \frac{2}{17} =$

❾ $\frac{17}{22} \div \frac{5}{22} =$

❿ $\frac{25}{31} \div \frac{13}{31} =$

⓫ $\frac{23}{52} \div \frac{19}{52} =$

⓬ $\frac{49}{60} \div \frac{11}{60} =$

⓭ $\frac{16}{29} \div \frac{3}{29} =$

⓮ $\frac{26}{33} \div \frac{16}{33} =$

⓯ $\frac{14}{25} \div \frac{9}{25} =$

⓰ $\frac{13}{14} \div \frac{5}{14} =$

자기 점수에 ○표 하세요

맞힌 개수	8개 이하	9~12개	13~14개	15~16개
학습 방법	개념을 다시 공부하세요.	조금 더 노력 하세요.	실수하면 안 돼요.	참 잘했어요.

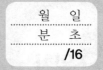

5일차 A형

분수의 나눗셈 (4)

월 일
분 초
/16

나눗셈을 하세요.

① $\frac{14}{27} \div \frac{17}{27} =$

② $\frac{5}{33} \div \frac{16}{33} =$

③ $\frac{12}{35} \div \frac{18}{35} =$

④ $\frac{9}{14} \div \frac{11}{14} =$

⑤ $\frac{7}{20} \div \frac{13}{20} =$

⑥ $\frac{5}{39} \div \frac{16}{39} =$

⑦ $\frac{5}{12} \div \frac{7}{12} =$

⑧ $\frac{8}{11} \div \frac{10}{11} =$

⑨ $\frac{6}{23} \div \frac{18}{23} =$

⑩ $\frac{2}{15} \div \frac{7}{15} =$

⑪ $\frac{8}{19} \div \frac{11}{19} =$

⑫ $\frac{9}{16} \div \frac{13}{16} =$

⑬ $\frac{14}{17} \div \frac{15}{17} =$

⑭ $\frac{21}{43} \div \frac{33}{43} =$

⑮ $\frac{10}{31} \div \frac{19}{31} =$

⑯ $\frac{9}{14} \div \frac{13}{14} =$

자기 점수에 ○표 하세요

맞힌 개수	8개 이하	9~12개	13~14개	15~16개
학습 방법	개념을 다시 공부하세요.	조금 더 노력하세요.	실수하면 안 돼요.	참 잘했어요.

5일차 B형

분수의 나눗셈 (4)

월	일
분	초
	/16

정답 11쪽

나눗셈을 하세요.

❶ $\frac{11}{15} \div \frac{2}{15} =$

❷ $\frac{16}{21} \div \frac{11}{21} =$

❸ $\frac{13}{24} \div \frac{5}{24} =$

❹ $\frac{23}{27} \div \frac{5}{27} =$

❺ $\frac{20}{21} \div \frac{13}{21} =$

❻ $\frac{11}{25} \div \frac{4}{25} =$

❼ $\frac{22}{25} \div \frac{13}{25} =$

❽ $\frac{21}{29} \div \frac{10}{29} =$

❾ $\frac{21}{22} \div \frac{17}{22} =$

❿ $\frac{25}{29} \div \frac{3}{29} =$

⓫ $\frac{42}{47} \div \frac{16}{47} =$

⓬ $\frac{31}{39} \div \frac{28}{39} =$

⓭ $\frac{27}{55} \div \frac{26}{55} =$

⓮ $\frac{23}{28} \div \frac{3}{28} =$

⓯ $\frac{18}{25} \div \frac{11}{25} =$

⓰ $\frac{9}{32} \div \frac{5}{32} =$

자기 점수에 ○표 하세요

맞힌 개수	8개 이하	9~12개	13~14개	15~16개
학습 방법	개념을 다시 공부하세요.	조금 더 노력 하세요.	실수하면 안 돼요.	참 잘했어요.

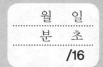

113 단계 분수의 나눗셈 (5)

◆스스로 학습 관리표◆

- 매일 맞힌 개수를 적고, 걸린 시간만큼 색칠해 보세요.
(눈금 1칸은 1분이며, 초는 표의 상단에 적으세요.)
- 하루하루 지날수록 실력이 자라고, 계산 속도가 빨라지는 것을 눈으로 직접 확인할 수 있습니다.

A

(초)	(초)	(초)	(초)	(초)
1일 차	2일 차	3일 차	4일 차	5일 차

B

(초)	(초)	(초)	(초)	(초)
1일 차	2일 차	3일 차	4일 차	5일 차

30분
25분
20분
15분
10분
5분
0분

	A 1일 차	A 2일 차	A 3일 차	A 4일 차	A 5일 차	B 1일 차	B 2일 차	B 3일 차	B 4일 차	B 5일 차
맞힌 개수	/16	/16	/16	/16	/16	/16	/16	/16	/16	/16

개념 포인트

분모가 다른 진분수끼리의 나눗셈

분모가 다른 진분수의 나눗셈은 분모를 통분하여 같은 분모로 바꾸어 계산합니다.

$$\frac{1}{2} \div \frac{1}{5} = \frac{1\times5}{2\times5} \div \frac{1\times2}{5\times2} = (1\times5) \div (1\times2) = \frac{5}{2} = 2\frac{1}{2}$$

그런데 이 결과는 나누는 수의 분자와 분모를 바꾸어 곱한 결과와 같습니다.

$$\frac{1}{2} \div \frac{1}{5} = \frac{1}{2} \times \frac{5}{1} = \frac{5}{2} = 2\frac{1}{2}$$

분수의 나눗셈은 나누는 분수의 분자와 분모를 바꾸어 곱하면 통분하지 않고도 간단하게 계산할 수 있습니다.

예시

분모가 다른 (진분수)÷(진분수)

가분수를 대분수로

$$\frac{2}{3} \div \frac{3}{5} = \frac{2}{3} \times \frac{5}{3} = \frac{10}{9} = 1\frac{1}{9}$$

나눗셈을 곱셈으로
나누는 분수의 분자, 분모 자리 바꾸기

분수의 나눗셈은 나누는 수의 분자, 분모를 바꾸어 곱한다는 것을 확실히 기억하도록 지도해 주세요. 분수 계산을 할 때는 최종 계산 결과를 기약분수로, 대분수로 나타내야 한다는 것도 주의할 수 있도록 해 주세요.

분수의 나눗셈 (5)

월	일
분	초
	/16

분모가 다르면 나누는
분수의 분자, 분모를
바꿔서 곱해 줘!

✎ 나눗셈을 하세요.

❶ $\frac{2}{3} \div \frac{4}{5} =$

❷ $\frac{3}{4} \div \frac{3}{16} =$

❸ $\frac{4}{17} \div \frac{2}{5} =$

❹ $\frac{1}{2} \div \frac{5}{6} =$

❺ $\frac{2}{5} \div \frac{5}{6} =$

❻ $\frac{3}{8} \div \frac{6}{7} =$

❼ $\frac{1}{3} \div \frac{3}{4} =$

❽ $\frac{3}{5} \div \frac{2}{3} =$

❾ $\frac{10}{11} \div \frac{5}{22} =$

❿ $\frac{2}{9} \div \frac{2}{27} =$

⓫ $\frac{5}{13} \div \frac{3}{7} =$

⓬ $\frac{15}{16} \div \frac{23}{24} =$

⓭ $\frac{3}{4} \div \frac{5}{6} =$

⓮ $\frac{8}{17} \div \frac{2}{3} =$

⓯ $\frac{6}{11} \div \frac{3}{5} =$

⓰ $\frac{9}{14} \div \frac{3}{4} =$

자기 점수에 ○표 하세요

맞힌 개수	8개 이하	9~12개	13~14개	15~16개
학습 방법	개념을 다시 공부하세요.	조금 더 노력하세요.	실수하면 안 돼요.	참 잘했어요.

1일차 B형

분수의 나눗셈(5)

월	일
분	초
	/16

정답 12쪽

나눗셈을 하세요.

❶ $\frac{4}{7} \div \frac{5}{14} =$

❷ $\frac{5}{8} \div \frac{3}{10} =$

❸ $\frac{5}{14} \div \frac{2}{7} =$

❹ $\frac{16}{17} \div \frac{3}{5} =$

❺ $\frac{5}{6} \div \frac{2}{3} =$

❻ $\frac{5}{9} \div \frac{3}{8} =$

❼ $\frac{7}{10} \div \frac{3}{5} =$

❽ $\frac{4}{7} \div \frac{5}{9} =$

❾ $\frac{2}{5} \div \frac{3}{8} =$

❿ $\frac{11}{12} \div \frac{3}{4} =$

⓫ $\frac{9}{10} \div \frac{6}{25} =$

⓬ $\frac{5}{6} \div \frac{3}{8} =$

⓭ $\frac{1}{2} \div \frac{6}{13} =$

⓮ $\frac{8}{9} \div \frac{8}{15} =$

⓯ $\frac{9}{14} \div \frac{7}{12} =$

⓰ $\frac{5}{12} \div \frac{3}{8} =$

자기 점수에 ○표 하세요

맞힌 개수	8개 이하	9~12개	13~14개	15~16개
학습 방법	개념을 다시 공부하세요.	조금 더 노력 하세요.	실수하면 안 돼요.	참 잘했어요.

분수의 나눗셈(5)

월	일
분	초
	/16

나눗셈을 하세요.

❶ $\frac{4}{25} \div \frac{2}{5} =$

❷ $\frac{5}{12} \div \frac{3}{4} =$

❸ $\frac{9}{20} \div \frac{3}{40} =$

❹ $\frac{7}{12} \div \frac{5}{6} =$

❺ $\frac{8}{15} \div \frac{4}{7} =$

❻ $\frac{4}{33} \div \frac{8}{11} =$

❼ $\frac{4}{5} \div \frac{6}{7} =$

❽ $\frac{6}{13} \div \frac{3}{26} =$

❾ $\frac{4}{15} \div \frac{10}{21} =$

❿ $\frac{3}{8} \div \frac{6}{13} =$

⓫ $\frac{2}{9} \div \frac{8}{15} =$

⓬ $\frac{11}{24} \div \frac{11}{16} =$

⓭ $\frac{4}{7} \div \frac{3}{5} =$

⓮ $\frac{2}{9} \div \frac{3}{4} =$

⓯ $\frac{3}{14} \div \frac{7}{11} =$

⓰ $\frac{5}{8} \div \frac{6}{7} =$

자기 점수에 ○표 하세요

맞힌 개수	8개 이하	9~12개	13~14개	15~16개
학습 방법	개념을 다시 공부하세요.	조금 더 노력하세요.	실수하면 안 돼요.	참 잘했어요.

2일차 B형 분수의 나눗셈(5)

월 일
분 초
/16

정답 13쪽

✎ 나눗셈을 하세요.

❶ $\frac{4}{3} \div \frac{1}{12} =$

❷ $\frac{11}{14} \div \frac{5}{7} =$

❸ $\frac{16}{25} \div \frac{12}{35} =$

❹ $\frac{16}{21} \div \frac{5}{7} =$

❺ $\frac{13}{15} \div \frac{7}{25} =$

❻ $\frac{15}{28} \div \frac{10}{21} =$

❼ $\frac{25}{48} \div \frac{5}{12} =$

❽ $\frac{7}{8} \div \frac{4}{9} =$

❾ $\frac{7}{8} \div \frac{4}{5} =$

❿ $\frac{8}{9} \div \frac{7}{18} =$

⓫ $\frac{10}{11} \div \frac{2}{3} =$

⓬ $\frac{13}{14} \div \frac{4}{5} =$

⓭ $\frac{9}{11} \div \frac{5}{7} =$

⓮ $\frac{10}{13} \div \frac{7}{26} =$

⓯ $\frac{8}{9} \div \frac{3}{11} =$

⓰ $\frac{7}{17} \div \frac{20}{51} =$

자기 점수에 ○표 하세요

맞힌 개수	8개 이하	9~12개	13~14개	15~16개
학습 방법	개념을 다시 공부하세요.	조금 더 노력 하세요.	실수하면 안 돼요.	참 잘했어요.

분수의 나눗셈(5)

월 일
분 초
/16

✎ 나눗셈을 하세요.

❶ $\frac{3}{8} \div \frac{9}{13} =$

❷ $\frac{7}{9} \div \frac{14}{15} =$

❸ $\frac{2}{9} \div \frac{8}{15} =$

❹ $\frac{4}{9} \div \frac{3}{5} =$

❺ $\frac{5}{14} \div \frac{15}{16} =$

❻ $\frac{5}{8} \div \frac{7}{9} =$

❼ $\frac{4}{7} \div \frac{2}{3} =$

❽ $\frac{11}{20} \div \frac{7}{10} =$

❾ $\frac{3}{8} \div \frac{9}{14} =$

❿ $\frac{2}{3} \div \frac{5}{6} =$

⓫ $\frac{9}{20} \div \frac{27}{35} =$

⓬ $\frac{5}{13} \div \frac{11}{14} =$

⓭ $\frac{10}{13} \div \frac{4}{5} =$

⓮ $\frac{2}{15} \div \frac{10}{13} =$

⓯ $\frac{7}{9} \div \frac{5}{6} =$

⓰ $\frac{3}{8} \div \frac{5}{11} =$

자기 점수에 ○표 하세요

맞힌 개수	8개 이하	9~12개	13~14개	15~16개
학습 방법	개념을 다시 공부하세요.	조금 더 노력하세요.	실수하면 안 돼요.	참 잘했어요.

분수의 나눗셈 (5)

월 일
분 초
/16

정답 14쪽

나눗셈을 하세요.

❶ $\frac{5}{9} \div \frac{35}{72} =$

❷ $\frac{11}{13} \div \frac{6}{11} =$

❸ $\frac{8}{9} \div \frac{3}{10} =$

❹ $\frac{3}{7} \div \frac{2}{5} =$

❺ $\frac{3}{10} \div \frac{2}{15} =$

❻ $\frac{9}{16} \div \frac{3}{32} =$

❼ $\frac{13}{14} \div \frac{3}{7} =$

❽ $\frac{15}{16} \div \frac{2}{3} =$

❾ $\frac{16}{21} \div \frac{5}{9} =$

❿ $\frac{8}{9} \div \frac{5}{18} =$

⓫ $\frac{7}{11} \div \frac{7}{55} =$

⓬ $\frac{5}{6} \div \frac{2}{15} =$

⓭ $\frac{2}{3} \div \frac{3}{5} =$

⓮ $\frac{7}{8} \div \frac{4}{9} =$

⓯ $\frac{9}{19} \div \frac{2}{5} =$

⓰ $\frac{11}{14} \div \frac{2}{7} =$

자기 점수에 ○표 하세요

맞힌 개수	8개 이하	9~12개	13~14개	15~16개
학습 방법	개념을 다시 공부하세요.	조금 더 노력하세요.	실수하면 안 돼요.	참 잘했어요.

분수의 나눗셈(5)

4일차 A형

월 일
분 초
/16

✎ 나눗셈을 하세요.

❶ $\frac{3}{8} \div \frac{10}{13} =$

❷ $\frac{9}{14} \div \frac{6}{7} =$

❸ $\frac{5}{11} \div \frac{2}{3} =$

❹ $\frac{8}{9} \div \frac{10}{11} =$

❺ $\frac{2}{9} \div \frac{7}{13} =$

❻ $\frac{5}{12} \div \frac{13}{14} =$

❼ $\frac{4}{19} \div \frac{2}{5} =$

❽ $\frac{8}{33} \div \frac{3}{11} =$

❾ $\frac{6}{11} \div \frac{3}{4} =$

❿ $\frac{5}{24} \div \frac{5}{12} =$

⓫ $\frac{3}{20} \div \frac{9}{10} =$

⓬ $\frac{2}{5} \div \frac{3}{7} =$

⓭ $\frac{5}{18} \div \frac{5}{6} =$

⓮ $\frac{3}{34} \div \frac{9}{17} =$

⓯ $\frac{5}{14} \div \frac{3}{7} =$

⓰ $\frac{11}{30} \div \frac{2}{3} =$

자기 점수에 ○표 하세요

맞힌 개수	8개 이하	9~12개	13~14개	15~16개
학습 방법	개념을 다시 공부하세요.	조금 더 노력 하세요.	실수하면 안 돼요.	참 잘했어요.

분수의 나눗셈 (5)

월	일
분	초
	/16

정답 15쪽

나눗셈을 하세요.

❶ $\frac{3}{10} \div \frac{3}{50} =$

❷ $\frac{27}{32} \div \frac{5}{8} =$

❸ $\frac{14}{17} \div \frac{2}{5} =$

❹ $\frac{10}{13} \div \frac{3}{26} =$

❺ $\frac{11}{12} \div \frac{3}{4} =$

❻ $\frac{5}{8} \div \frac{3}{5} =$

❼ $\frac{22}{25} \div \frac{2}{5} =$

❽ $\frac{15}{17} \div \frac{3}{4} =$

❾ $\frac{2}{5} \div \frac{3}{8} =$

❿ $\frac{6}{13} \div \frac{3}{26} =$

⓫ $\frac{4}{7} \div \frac{5}{9} =$

⓬ $\frac{5}{6} \div \frac{3}{4} =$

⓭ $\frac{5}{9} \div \frac{3}{8} =$

⓮ $\frac{3}{4} \div \frac{2}{3} =$

⓯ $\frac{2}{5} \div \frac{2}{7} =$

⓰ $\frac{2}{9} \div \frac{2}{45} =$

자기 점수에 ○표 하세요

맞힌 개수	8개 이하	9~12개	13~14개	15~16개
학습 방법	개념을 다시 공부하세요.	조금 더 노력하세요.	실수하면 안 돼요.	참 잘했어요.

분수의 나눗셈(5)

월	일
분	초
	/16

나눗셈을 하세요.

❶ $\frac{5}{42} \div \frac{5}{14} =$

❷ $\frac{3}{17} \div \frac{6}{7} =$

❸ $\frac{3}{25} \div \frac{3}{5} =$

❹ $\frac{7}{12} \div \frac{3}{4} =$

❺ $\frac{9}{20} \div \frac{4}{5} =$

❻ $\frac{1}{5} \div \frac{2}{3} =$

❼ $\frac{3}{10} \div \frac{6}{7} =$

❽ $\frac{3}{4} \div \frac{6}{7} =$

❾ $\frac{1}{7} \div \frac{3}{4} =$

❿ $\frac{5}{9} \div \frac{5}{6} =$

⓫ $\frac{7}{10} \div \frac{14}{15} =$

⓬ $\frac{5}{64} \div \frac{15}{16} =$

⓭ $\frac{4}{21} \div \frac{2}{3} =$

⓮ $\frac{5}{39} \div \frac{8}{13} =$

⓯ $\frac{1}{3} \div \frac{5}{6} =$

⓰ $\frac{3}{20} \div \frac{3}{4} =$

자기 점수에 ○표 하세요

맞힌 개수	8개 이하	9~12개	13~14개	15~16개
학습 방법	개념을 다시 공부하세요.	조금 더 노력 하세요.	실수하면 안 돼요.	참 잘했어요.

분수의 나눗셈(5)

월	일
분	초
	/16

정답 16쪽

나눗셈을 하세요.

❶ $\frac{5}{6} \div \frac{2}{3} =$

❷ $\frac{2}{3} \div \frac{2}{21} =$

❸ $\frac{6}{7} \div \frac{4}{5} =$

❹ $\frac{5}{6} \div \frac{7}{12} =$

❺ $\frac{2}{5} \div \frac{4}{17} =$

❻ $\frac{3}{4} \div \frac{5}{12} =$

❼ $\frac{16}{17} \div \frac{3}{5} =$

❽ $\frac{3}{5} \div \frac{6}{11} =$

❾ $\frac{3}{4} \div \frac{9}{14} =$

❿ $\frac{4}{7} \div \frac{8}{15} =$

⓫ $\frac{2}{3} \div \frac{8}{17} =$

⓬ $\frac{5}{14} \div \frac{2}{7} =$

⓭ $\frac{23}{24} \div \frac{15}{16} =$

⓮ $\frac{3}{7} \div \frac{5}{13} =$

⓯ $\frac{4}{7} \div \frac{2}{21} =$

⓰ $\frac{11}{18} \div \frac{7}{12} =$

자기 점수에 ○표 하세요

맞힌 개수	8개 이하	9~12개	13~14개	15~16개
학습 방법	개념을 다시 공부하세요.	조금 더 노력 하세요.	실수하면 안 돼요.	참 잘했어요.

세 단계 묶어 풀기 111~113단계
분수의 나눗셈 (3)~(5)

월 일
분 초
/16

정답 17쪽

나눗셈을 하세요.

❶ $\frac{5}{8} \div \frac{1}{8} =$

❷ $\frac{9}{13} \div \frac{1}{13} =$

❸ $\frac{15}{16} \div \frac{1}{16} =$

❹ $\frac{14}{15} \div \frac{2}{15} =$

❺ $\frac{3}{11} \div \frac{5}{11} =$

❻ $\frac{7}{22} \div \frac{15}{22} =$

❼ $\frac{5}{7} \div \frac{6}{7} =$

❽ $\frac{17}{27} \div \frac{14}{27} =$

❾ $\frac{11}{13} \div \frac{3}{13} =$

❿ $\frac{8}{9} \div \frac{5}{9} =$

⓫ $\frac{2}{9} \div \frac{10}{27} =$

⓬ $\frac{5}{21} \div \frac{20}{49} =$

⓭ $\frac{7}{12} \div \frac{11}{18} =$

⓮ $\frac{2}{3} \div \frac{3}{7} =$

⓯ $\frac{14}{25} \div \frac{8}{15} =$

⓰ $\frac{9}{14} \div \frac{11}{28} =$

창의력 쑥쑥! 수학 퀴즈

이번에도 간단하지만
재미있는 문제를 소개합니다.
찬찬히 생각하고 답을 찾아보세요.

신문을 보다가 그 중에서 한 쪽을 뽑았더니, 8쪽과 21쪽이 같은 면에 놓여 있습니다. 원래 신문은 몇 쪽까지 있었을까요?

답 이 문제의 답을 어떻게 찾았나요? 혹시 문제를 보고 "아이고, 머리 아파!"라고 생각한 친구 있나요? 그런 친구들은 한 번만 더 생각해 보고 아래 해설을 보도록 하세요.

문제를 아주 간단한 문제로 바꿔서 생각해 봅시다. 종이 한 장을 접어서 총 4면이 있는 작은 신문을 만들어 보세요. 첫 장부터 1, 2, 3, 4 숫자를 적어 보세요. 1과 4, 2와 3이 같은 면에 써집니다. 1+4=2+3=5. 뭔가 규칙을 찾지 않았나요? 같은 면에 쓰여 있는 수를 더한 값에서 1을 뺀 것이 신문의 총 쪽수입니다. 8+21=29. 그러니까 원래 신문은 28쪽까지 있었습니다. 문제를 간단히 해서 생각하니 규칙이 잘 보이지요?

114 단계 분수의 나눗셈 (6)

◆스스로 학습 관리표◆

- 매일 맞힌 개수를 적고, 걸린 시간만큼 색칠해 보세요. (눈금 1칸은 1분이며, 초는 표의 상단에 적으세요.)
- 하루하루 지날수록 실력이 자라고, 계산 속도가 빨라지는 것을 눈으로 직접 확인할 수 있습니다.

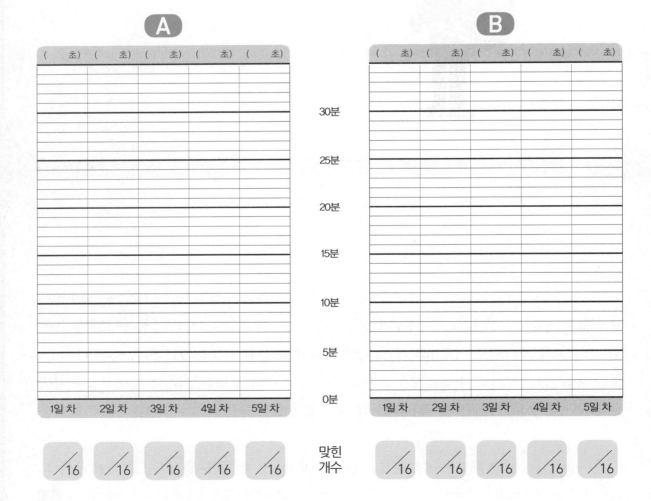

A

(초)	(초)	(초)	(초)	(초)	
					30분
					25분
					20분
					15분
					10분
					5분
					0분
1일 차	2일 차	3일 차	4일 차	5일 차	
/16	/16	/16	/16	/16	맞힌 개수

B

(초)	(초)	(초)	(초)	(초)
1일 차	2일 차	3일 차	4일 차	5일 차
/16	/16	/16	/16	/16

개념 포인트

(자연수) ÷ (진분수)

(1) (자연수) ÷ (진분수)는 (자연수) ÷ (자연수)로 나타낼 수 있어요.
자연수를 나누는 진분수와 분모가 같은 분수로 나타냅니다. 분모가 같은 분수의 나눗셈은 분자끼리 나눗셈한 결과와 같습니다.

$$4 \div \frac{2}{3} = \frac{12}{3} \div \frac{2}{3} = 12 \div 2 = 6$$

(2) (자연수) ÷ (진분수)는 나누는 진분수의 분모와 분자를 바꾸어 곱해도 됩니다.

$$4 \div \frac{2}{3} = \overset{2}{\cancel{4}} \times \frac{3}{\cancel{2}_1} = 6$$

대분수의 나눗셈

대분수를 가분수로 고치고, 나누는 분수의 분모와 분자를 바꾸어 곱합니다.

$$2\frac{1}{7} \div 1\frac{3}{5} = \frac{15}{7} \div \frac{8}{5} = \frac{15}{7} \times \frac{5}{8} = \frac{75}{56} = 1\frac{19}{56}$$

예시

(자연수) ÷ (진분수) $5 \div \frac{4}{5} = 5 \times \frac{5}{4} = \frac{25}{4} = 6\frac{1}{4}$

나눗셈을 곱셈으로　가분수를 대분수로

대분수의 나눗셈 $2\frac{2}{3} \div \frac{5}{6} = \frac{8}{3} \div \frac{5}{6} = \frac{8}{\cancel{3}_1} \times \frac{\cancel{6}^2}{5} = \frac{16}{5} = 3\frac{1}{5}$

대분수를 가분수로　나눗셈을 곱셈으로　가분수를 대분수로

분모와 분자를 바꾸어 곱하는 것 잊지 마.

분수의 나눗셈을 완성하는 단계입니다. 분수의 나눗셈은 나누는 분수의 분자, 분모를 바꾸어 곱한다는 것을 확실히 기억하도록 지도해 주세요. 분수 계산을 할 때는 최종 계산 결과를 기약분수로, 가분수의 경우 대분수로 나타내야 한다는 것을 항상 주의할 수 있도록 해 주시고요.

1일차 A형

분수의 나눗셈(6)

월 일
분 초
/16

8번 문제는 나눗셈을
곱셈으로 고친 후
약분을 하자!

나눗셈을 하세요.

❶ $3\div\frac{7}{8}=$

❷ $7\div\frac{4}{9}=$

❸ $5\div\frac{2}{7}=$

❹ $12\div\frac{8}{9}=$

❺ $9\div\frac{6}{7}=$

❻ $8\div\frac{4}{7}=$

❼ $6\div\frac{2}{7}=$

❽ $16\div\frac{24}{25}=$

❾ $3\div\frac{1}{3}=$

❿ $5\div\frac{7}{8}=$

⓫ $8\div\frac{3}{5}=$

⓬ $4\div\frac{3}{5}=$

⓭ $7\div\frac{4}{5}=$

⓮ $8\div\frac{5}{9}=$

⓯ $4\div\frac{12}{17}=$

⓰ $12\div\frac{3}{8}=$

자기 점수에 ○표 하세요

맞힌 개수	8개 이하	9~12개	13~14개	15~16개
학습 방법	개념을 다시 공부하세요.	조금 더 노력하세요.	실수하면 안 돼요.	참 잘했어요.

1일차 B형

분수의 나눗셈 (6)

월	일
분	초
	/16

정답 18쪽

✎ 나눗셈을 하세요.

❶ $\frac{2}{3} \div 2\frac{1}{4} =$

❷ $\frac{1}{8} \div 1\frac{1}{2} =$

❸ $\frac{8}{9} \div 1\frac{1}{2} =$

❹ $\frac{5}{6} \div 1\frac{1}{3} =$

❺ $9\frac{1}{4} \div \frac{2}{9} =$

❻ $\frac{1}{3} \div 2\frac{1}{6} =$

❼ $\frac{2}{5} \div 7\frac{1}{6} =$

❽ $\frac{1}{6} \div 9\frac{5}{7} =$

❾ $2\frac{1}{4} \div 2\frac{1}{2} =$

❿ $2\frac{1}{7} \div 3\frac{1}{2} =$

⓫ $8\frac{2}{3} \div \frac{5}{8} =$

⓬ $4\frac{5}{6} \div 1\frac{1}{9} =$

⓭ $4\frac{3}{8} \div 3\frac{1}{2} =$

⓮ $5\frac{4}{7} \div 2\frac{4}{11} =$

⓯ $9\frac{3}{5} \div 4\frac{1}{2} =$

⓰ $7\frac{5}{8} \div 2\frac{1}{4} =$

자기 점수에 ○표 하세요

맞힌 개수	8개 이하	9~12개	13~14개	15~16개
학습 방법	개념을 다시 공부하세요.	조금 더 노력 하세요.	실수하면 안 돼요.	참 잘했어요.

2일차 A형

분수의 나눗셈 (6)

월	일
분	초
	/16

✎ 나눗셈을 하세요.

❶ $7\div\frac{3}{4}=$

❷ $7\div\frac{5}{7}=$

❸ $6\div\frac{4}{5}=$

❹ $2\div\frac{3}{5}=$

❺ $4\div\frac{3}{4}=$

❻ $2\div\frac{5}{7}=$

❼ $3\div\frac{8}{9}=$

❽ $9\div\frac{5}{8}=$

❾ $5\div\frac{2}{3}=$

❿ $4\div\frac{5}{7}=$

⓫ $10\div\frac{4}{11}=$

⓬ $14\div\frac{4}{5}=$

⓭ $4\div\frac{3}{5}=$

⓮ $7\div\frac{3}{5}=$

⓯ $8\div\frac{3}{8}=$

⓰ $8\div\frac{7}{9}=$

자기 점수에 ○표 하세요

맞힌 개수	8개 이하	9~12개	13~14개	15~16개
학습 방법	개념을 다시 공부하세요.	조금 더 노력 하세요.	실수하면 안 돼요.	참 잘했어요.

분수의 나눗셈 (6)

월	일
분	초
	/16

정답 19쪽

✎ 나눗셈을 하세요.

❶ $\frac{3}{4} \div 1\frac{1}{5} =$

❷ $3\frac{2}{3} \div \frac{5}{6} =$

❸ $\frac{1}{9} \div 5\frac{1}{2} =$

❹ $\frac{4}{7} \div 1\frac{1}{2} =$

❺ $1\frac{2}{3} \div 2\frac{1}{2} =$

❻ $4\frac{1}{6} \div 8\frac{1}{2} =$

❼ $4\frac{1}{2} \div 2\frac{5}{8} =$

❽ $1\frac{5}{9} \div \frac{7}{10} =$

❾ $1\frac{2}{5} \div \frac{3}{4} =$

❿ $2\frac{1}{7} \div \frac{11}{14} =$

⓫ $1\frac{1}{2} \div \frac{3}{7} =$

⓬ $2\frac{2}{7} \div 1\frac{2}{3} =$

⓭ $3\frac{1}{5} \div 1\frac{3}{10} =$

⓮ $2\frac{1}{3} \div 1\frac{3}{5} =$

⓯ $1\frac{2}{7} \div \frac{9}{11} =$

⓰ $2\frac{1}{3} \div 2\frac{4}{5} =$

자기 점수에 ○표 하세요

맞힌 개수	8개 이하	9~12개	13~14개	15~16개
학습 방법	개념을 다시 공부하세요.	조금 더 노력 하세요.	실수하면 안 돼요.	참 잘했어요.

분수의 나눗셈 (6)

월	일
분	초
	/16

✎ 나눗셈을 하세요.

❶ $6 \div \frac{3}{4} =$

❷ $12 \div \frac{9}{14} =$

❸ $9 \div \frac{6}{13} =$

❹ $10 \div \frac{4}{7} =$

❺ $7 \div \frac{2}{5} =$

❻ $14 \div \frac{8}{9} =$

❼ $8 \div \frac{6}{13} =$

❽ $15 \div \frac{12}{13} =$

❾ $2 \div \frac{7}{8} =$

❿ $20 \div \frac{5}{6} =$

⓫ $4 \div \frac{5}{9} =$

⓬ $21 \div \frac{7}{9} =$

⓭ $5 \div \frac{10}{13} =$

⓮ $9 \div \frac{6}{7} =$

⓯ $3 \div \frac{12}{13} =$

⓰ $18 \div \frac{6}{13} =$

자기 점수에 ○표 하세요

맞힌 개수	8개 이하	9~12개	13~14개	15~16개
학습 방법	개념을 다시 공부하세요.	조금 더 노력하세요.	실수하면 안 돼요.	참 잘했어요.

분수의 나눗셈 (6)

월	일
분	초
	/16

정답 20쪽

나눗셈을 하세요.

❶ $1\frac{3}{4} \div \frac{7}{12} =$

❷ $\frac{7}{8} \div 1\frac{1}{6} =$

❸ $\frac{8}{15} \div 2\frac{2}{3} =$

❹ $\frac{3}{5} \div 1\frac{7}{8} =$

❺ $7\frac{3}{5} \div 2\frac{3}{8} =$

❻ $\frac{5}{6} \div 1\frac{2}{3} =$

❼ $\frac{8}{15} \div 2\frac{2}{7} =$

❽ $\frac{7}{9} \div 4\frac{2}{3} =$

❾ $3\frac{3}{5} \div 2\frac{1}{4} =$

❿ $5\frac{4}{7} \div 2\frac{1}{6} =$

⓫ $6\frac{3}{7} \div 1\frac{4}{11} =$

⓬ $5\frac{5}{8} \div 1\frac{3}{17} =$

⓭ $2\frac{4}{13} \div 3\frac{4}{7} =$

⓮ $3\frac{7}{15} \div 1\frac{5}{8} =$

⓯ $8\frac{4}{9} \div 2\frac{6}{7} =$

⓰ $4\frac{5}{6} \div 1\frac{5}{8} =$

자기 점수에 ○표 하세요

맞힌 개수	8개 이하	9~12개	13~14개	15~16개
학습 방법	개념을 다시 공부하세요.	조금 더 노력 하세요.	실수하면 안 돼요.	참 잘했어요.

분수의 나눗셈 (6)

4일차 A형

월 일
분 초
/16

나눗셈을 하세요.

① $10 \div 4\frac{1}{3} =$

② $9 \div \frac{4}{7} =$

③ $16 \div 1\frac{1}{6} =$

④ $8 \div \frac{3}{7} =$

⑤ $9 \div 1\frac{2}{3} =$

⑥ $7 \div \frac{8}{15} =$

⑦ $7 \div 1\frac{2}{15} =$

⑧ $24 \div \frac{6}{7} =$

⑨ $6 \div 1\frac{2}{13} =$

⑩ $25 \div \frac{15}{17} =$

⑪ $9 \div 1\frac{1}{3} =$

⑫ $14 \div \frac{16}{19} =$

⑬ $21 \div 1\frac{4}{13} =$

⑭ $12 \div \frac{15}{22} =$

⑮ $8 \div 1\frac{7}{8} =$

⑯ $17 \div 5\frac{1}{2} =$

자기 점수에 ○표 하세요

맞힌 개수	8개 이하	9~12개	13~14개	15~16개
학습 방법	개념을 다시 공부하세요.	조금 더 노력하세요.	실수하면 안 돼요.	참 잘했어요.

4일차 B형

분수의 나눗셈(6)

월 일
분 초
/16

정답 21쪽

나눗셈을 하세요.

❶ $\frac{6}{15} \div 1\frac{1}{8} =$

❷ $2\frac{8}{11} \div \frac{2}{5} =$

❸ $\frac{4}{9} \div 1\frac{5}{7} =$

❹ $\frac{9}{16} \div 1\frac{3}{15} =$

❺ $2\frac{5}{8} \div \frac{7}{13} =$

❻ $\frac{7}{8} \div 2\frac{6}{11} =$

❼ $\frac{16}{19} \div 3\frac{1}{5} =$

❽ $\frac{20}{23} \div 3\frac{2}{11} =$

❾ $3\frac{3}{17} \div 1\frac{5}{7} =$

❿ $\frac{3}{5} \div 1\frac{5}{7} =$

⓫ $6\frac{8}{15} \div 2\frac{5}{8} =$

⓬ $\frac{9}{20} \div 2\frac{2}{9} =$

⓭ $6\frac{6}{11} \div 3\frac{1}{5} =$

⓮ $3\frac{3}{7} \div 1\frac{1}{9} =$

⓯ $7\frac{7}{12} \div 8\frac{2}{3} =$

⓰ $1\frac{13}{15} \div 2\frac{1}{3} =$

자기 점수에 ○표 하세요

맞힌 개수	8개 이하	9~12개	13~14개	15~16개
학습 방법	개념을 다시 공부하세요.	조금 더 노력하세요.	실수하면 안 돼요.	참 잘했어요.

5일차 A형

분수의 나눗셈 (6)

월 일
분 초
/16

나눗셈을 하세요.

❶ $4\div\frac{8}{9}=$

❷ $15\div\frac{24}{25}=$

❸ $14\div\frac{21}{25}=$

❹ $16\div\frac{4}{13}=$

❺ $9\div\frac{21}{25}=$

❻ $18\div2\frac{2}{7}=$

❼ $21\div1\frac{5}{9}=$

❽ $22\div3\frac{3}{10}=$

❾ $27\div2\frac{4}{7}=$

❿ $25\div1\frac{2}{13}=$

⓫ $12\div3\frac{3}{7}=$

⓬ $30\div4\frac{1}{8}=$

⓭ $32\div3\frac{1}{5}=$

⓮ $28\div1\frac{5}{9}=$

⓯ $24\div1\frac{5}{13}=$

⓰ $15\div2\frac{6}{17}=$

자기 점수에 ○표 하세요

맞힌 개수	8개 이하	9~12개	13~14개	15~16개
학습 방법	개념을 다시 공부하세요.	조금 더 노력하세요.	실수하면 안 돼요.	참 잘했어요.

분수의 나눗셈(6)

월	일
분	초
	/16

정답 22쪽

나눗셈을 하세요.

❶ $\frac{3}{5} \div 1\frac{1}{9} =$

❷ $\frac{7}{12} \div 2\frac{2}{3} =$

❸ $\frac{8}{15} \div 4\frac{2}{3} =$

❹ $\frac{17}{18} \div 2\frac{5}{6} =$

❺ $\frac{21}{25} \div 1\frac{5}{9} =$

❻ $\frac{25}{27} \div 1\frac{1}{9} =$

❼ $\frac{13}{28} \div 2\frac{7}{16} =$

❽ $\frac{17}{32} \div 2\frac{4}{15} =$

❾ $1\frac{1}{9} \div 2\frac{1}{2} =$

❿ $2\frac{3}{4} \div 3\frac{2}{3} =$

⓫ $1\frac{2}{13} \div 1\frac{1}{9} =$

⓬ $2\frac{4}{15} \div 1\frac{5}{9} =$

⓭ $7\frac{3}{5} \div 3\frac{1}{6} =$

⓮ $2\frac{6}{7} \div 2\frac{4}{13} =$

⓯ $2\frac{2}{7} \div 3\frac{3}{5} =$

⓰ $2\frac{3}{8} \div 8\frac{4}{9} =$

자기 점수에 ○표 하세요

맞힌 개수	8개 이하	9~12개	13~14개	15~16개
학습 방법	개념을 다시 공부하세요.	조금 더 노력하세요.	실수하면 안 돼요.	참 잘했어요.

115 단계 소수의 나눗셈 (8)

◆스스로 학습 관리표◆

- 매일 맞힌 개수를 적고, 걸린 시간만큼 색칠해 보세요. (눈금 1칸은 1분이며, 초는 표의 상단에 적으세요.)
- 하루하루 지날수록 실력이 자라고, 계산 속도가 빨라지는 것을 눈으로 직접 확인할 수 있습니다.

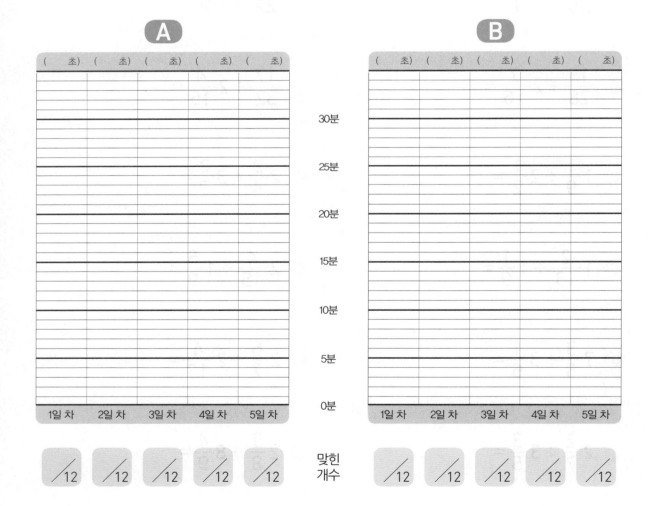

A

(초)	(초)	(초)	(초)	(초)	
					30분
					25분
					20분
					15분
					10분
					5분
					0분
1일 차	2일 차	3일 차	4일 차	5일 차	
/12	/12	/12	/12	/12	맞힌 개수

B

(초)	(초)	(초)	(초)	(초)	
					30분
					25분
					20분
					15분
					10분
					5분
					0분
1일 차	2일 차	3일 차	4일 차	5일 차	
/12	/12	/12	/12	/12	맞힌 개수

◆개념 포인트◆

나누어떨어지는 같은 자리수의 소수의 나눗셈

소수로 나누는 나눗셈은 나누는 소수를 자연수로 만든 다음 계산합니다.
9.1÷1.3을 계산해봅시다.

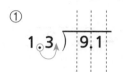

① $1.3\overline{)\,9.1}$

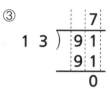

나누는 수를 10배하면, 자연수 13이 됩니다. 즉, 소수점을 오른쪽으로 하나 옮긴 것입니다.

② $13\overline{)\,9.1}$

나누어지는 수도 똑같이 10배를 하여 소수점을 오른쪽으로 하나 옮깁니다.

③
$$\begin{array}{r} 7 \\ 13\overline{)\,91} \\ \underline{91} \\ 0 \end{array}$$

91÷13의 (자연수)÷(자연수)로 바꾸어 계산할 수 있습니다.

소수로 나누는 나눗셈은 나누는 소수가 자연수가 되도록 10배, 100배, … 등을 하고, 나누어지는 수도 똑같이 10배, 100배, …을 해서 (자연수)÷(자연수)의 나눗셈으로 고쳐 계산합니다.

예시

나누어떨어지는 같은 자리수의 (소수)÷(소수)

① $0.6\overline{)\,4.2}$

②
$$\begin{array}{r} 7 \\ 6\overline{)\,42} \\ \underline{42} \\ 0 \end{array}$$

③
$$\begin{array}{r} 7 \\ 0.6_{\wedge}\overline{)\,4.2_{\wedge}} \\ \underline{4\ 2} \\ 0 \end{array}$$

소수의 나눗셈에서는 나누는 소수를 자연수로 만드는 것이 핵심입니다. 소수점을 오른쪽으로 하나 옮긴다는 것은 10을 곱한다는 것과 같으며 나누는 수와 나누어지는 수 모두에게 같은 수를 곱해야 된다는 것을 꼭 기억하게 해 주세요.

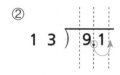

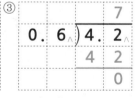

1일차 A형

소수의 나눗셈 (8)

월	일
분	초
	/12

✎ 다음 나눗셈을 완전히 나누어떨어질 때까지 계산하세요.

❶ $0.7 \overline{)1.4}$

❷ $2.8 \overline{)22.4}$

❸ $0.4 \overline{)3.2}$

❹ $4.5 \overline{)40.5}$

❺ $0.7 \overline{)4.9}$

❻ $5.3 \overline{)47.7}$

❼ $0.9 \overline{)3.6}$

❽ $1.7 \overline{)5.1}$

❾ $3.7 \overline{)33.3}$

❿ $1.4 \overline{)18.2}$

⓫ $6.2 \overline{)74.4}$

⓬ $0.8 \overline{)20.8}$

자기 점수에 ○표 하세요

맞힌 개수	6개 이하	7~8개	9~10개	11~12개
학습 방법	개념을 다시 공부하세요.	조금 더 노력하세요.	실수하면 안 돼요.	참 잘했어요.

소수의 나눗셈(8)

월 일
분 초
/12

나누는 수를
자연수로 만들려면
100을 곱해야 돼!

정답 23쪽

✎ 다음 나눗셈을 완전히 나누어떨어질 때까지 계산하세요.

❶ $1.59\overline{)6.36}$

❷ $8.89\overline{)35.56}$

❸ $0.12\overline{)0.96}$

❹ $9.38\overline{)18.76}$

❺ $0.64\overline{)15.36}$

❻ $0.58\overline{)6.96}$

❼ $0.53\overline{)3.71}$

❽ $0.12\overline{)0.84}$

❾ $0.23\overline{)2.07}$

❿ $0.17\overline{)1.87}$

⓫ $0.14\overline{)1.82}$

⓬ $0.26\overline{)4.68}$

자기 점수에 ○표 하세요

맞힌 개수	6개 이하	7~8개	9~10개	11~12개
학습 방법	개념을 다시 공부하세요.	조금 더 노력하세요.	실수하면 안 돼요.	참 잘했어요.

소수의 나눗셈 (8)

월 일
분 초
/12

다음 나눗셈을 완전히 나누어떨어질 때까지 계산하세요.

❶ $1.8 \overline{)5.4}$

❷ $1.2 \overline{)8.4}$

❸ $0.3 \overline{)2.4}$

❹ $2.1 \overline{)12.6}$

❺ $0.4 \overline{)1.6}$

❻ $1.2 \overline{)10.8}$

❼ $0.4 \overline{)10.4}$

❽ $0.4 \overline{)6.4}$

❾ $0.8 \overline{)36.8}$

❿ $0.4 \overline{)23.2}$

⓫ $1.6 \overline{)19.2}$

⓬ $3.2 \overline{)38.4}$

자기 점수에 ○표 하세요

맞힌 개수	6개 이하	7~8개	9~10개	11~12개
학습 방법	개념을 다시 공부하세요.	조금 더 노력 하세요.	실수하면 안 돼요.	참 잘했어요.

소수의 나눗셈 (8)

월 일
분 초
/12

정답 24쪽

다음 나눗셈을 완전히 나누어떨어질 때까지 계산하세요.

❶ $1.23\overline{)4.92}$

❷ $0.24\overline{)1.68}$

❸ $0.14\overline{)0.84}$

❹ $0.16\overline{)1.28}$

❺ $0.13\overline{)1.17}$

❻ $0.23\overline{)1.61}$

❼ $0.06\overline{)6.24}$

❽ $0.07\overline{)5.18}$

❾ $0.21\overline{)5.46}$

❿ $0.32\overline{)4.48}$

⓫ $0.62\overline{)9.92}$

⓬ $0.27\overline{)8.37}$

자기 점수에 ○표 하세요

맞힌 개수	6개 이하	7~8개	9~10개	11~12개
학습 방법	개념을 다시 공부하세요.	조금 더 노력 하세요.	실수하면 안 돼요.	참 잘했어요.

소수의 나눗셈 (8)

월 일
분 초
/12

✎ 다음 나눗셈을 완전히 나누어떨어질 때까지 계산하세요.

❶ $6.4 \overline{)51.2}$

❷ $9.3 \overline{)83.7}$

❸ $1.8 \overline{)10.8}$

❹ $7.2 \overline{)43.2}$

❺ $7.6 \overline{)60.8}$

❻ $1.7 \overline{)15.3}$

❼ $0.3 \overline{)27.9}$

❽ $0.9 \overline{)15.3}$

❾ $8.4 \overline{)92.4}$

❿ $1.8 \overline{)30.6}$

⓫ $2.8 \overline{)36.4}$

⓬ $4.8 \overline{)52.8}$

자기 점수에 ○표 하세요

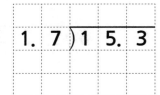

맞힌 개수	6개 이하	7~8개	9~10개	11~12개
학습 방법	개념을 다시 공부하세요.	조금 더 노력 하세요.	실수하면 안 돼요.	참 잘했어요.

소수의 나눗셈(8)

월 일
분 초
/12

정답 25쪽

다음 나눗셈을 완전히 나누어떨어질 때까지 계산하세요.

❶ $1.58\overline{)6.32}$

❷ $0.61\overline{)3.05}$

❸ $0.72\overline{)4.32}$

❹ $1.08\overline{)8.64}$

❺ $0.14\overline{)1.26}$

❻ $0.26\overline{)2.08}$

❼ $0.15\overline{)1.95}$

❽ $0.09\overline{)4.14}$

❾ $0.12\overline{)2.52}$

❿ $0.19\overline{)7.22}$

⓫ $0.36\overline{)6.84}$

⓬ $0.22\overline{)3.74}$

자기 점수에 ○표 하세요

맞힌 개수	6개 이하	7~8개	9~10개	11~12개
학습 방법	개념을 다시 공부하세요.	조금 더 노력 하세요.	실수하면 안 돼요.	참 잘했어요.

4일차 A형

소수의 나눗셈 (8)

월 일
분 초
/12

다음 나눗셈을 완전히 나누어떨어질 때까지 계산하세요.

❶ $1.1\overline{)4.4}$

❷ $1.5\overline{)10.5}$

❸ $4.4\overline{)26.4}$

❹ $6.8\overline{)54.4}$

❺ $6.5\overline{)32.5}$

❻ $5.6\overline{)33.6}$

❼ $2.1\overline{)35.7}$

❽ $3.7\overline{)51.8}$

❾ $4.5\overline{)76.5}$

❿ $3.8\overline{)91.2}$

⓫ $5.9\overline{)112.1}$

⓬ $6.2\overline{)229.4}$

자기 점수에 ○표 하세요

맞힌 개수	6개 이하	7~8개	9~10개	11~12개
학습 방법	개념을 다시 공부하세요.	조금 더 노력 하세요.	실수하면 안 돼요.	참 잘했어요.

소수의 나눗셈 (8)

월 일
분 초
/12

정답 26쪽

다음 나눗셈을 완전히 나누어떨어질 때까지 계산하세요.

❶ $0.45\overline{)3.15}$

❷ $1.25\overline{)6.25}$

❸ $0.61\overline{)3.05}$

❹ $1.08\overline{)8.64}$

❺ $6.25\overline{)31.25}$

❻ $6.44\overline{)45.08}$

❼ $2.12\overline{)36.04}$

❽ $1.82\overline{)23.66}$

❾ $3.54\overline{)60.18}$

❿ $0.48\overline{)5.28}$

⓫ $0.32\overline{)5.76}$

⓬ $0.12\overline{)5.64}$

자기 점수에 ○표 하세요

맞힌 개수	6개 이하	7~8개	9~10개	11~12개
학습 방법	개념을 다시 공부하세요.	조금 더 노력 하세요.	실수하면 안 돼요.	참 잘했어요.

5일차 A형

소수의 나눗셈 (8)

월 일
분 초
/12

✎ 다음 나눗셈을 완전히 나누어떨어질 때까지 계산하세요.

❶ $1.3 \overline{)9.1}$

❷ $0.4 \overline{)2.8}$

❸ $0.5 \overline{)4.5}$

❹ $0.9 \overline{)7.2}$

❺ $1.2 \overline{)10.8}$

❻ $2.2 \overline{)17.6}$

❼ $1.6 \overline{)17.6}$

❽ $1.9 \overline{)26.6}$

❾ $2.1 \overline{)31.5}$

❿ $2.6 \overline{)54.6}$

⓫ $4.5 \overline{)103.5}$

⓬ $8.1 \overline{)259.2}$

자기 점수에 ○표 하세요

맞힌 개수	6개 이하	7~8개	9~10개	11~12개
학습 방법	개념을 다시 공부하세요.	조금 더 노력하세요.	실수하면 안 돼요.	참 잘했어요.

소수의 나눗셈(8)

월 일
분 초
/12

정답 27쪽

✎ 다음 나눗셈을 완전히 나누어떨어질 때까지 계산하세요.

❶ $0.58\overline{)4.64}$

❷ $1.26\overline{)10.08}$

❸ $4.89\overline{)29.34}$

❹ $0.62\overline{)3.72}$

❺ $2.47\overline{)19.76}$

❻ $1.38\overline{)11.04}$

❼ $5.14\overline{)82.24}$

❽ $3.12\overline{)71.76}$

❾ $3.26\overline{)74.98}$

❿ $0.28\overline{)7.56}$

⓫ $0.38\overline{)6.08}$

⓬ $0.45\overline{)7.65}$

자기 점수에 ○표 하세요

맞힌 개수	6개 이하	7~8개	9~10개	11~12개
학습 방법	개념을 다시 공부하세요.	조금 더 노력하세요.	실수하면 안 돼요.	참 잘했어요.

116 단계 소수의 나눗셈 (9)

◆스스로 학습 관리표◆

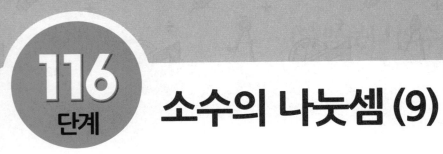

- 매일 맞힌 개수를 적고, 걸린 시간만큼 색칠해 보세요.
  (눈금 1칸은 1분이며, 초는 표의 상단에 적으세요.)
- 하루하루 지날수록 실력이 자라고, 계산 속도가
  빨라지는 것을 눈으로 직접 확인할 수 있습니다.

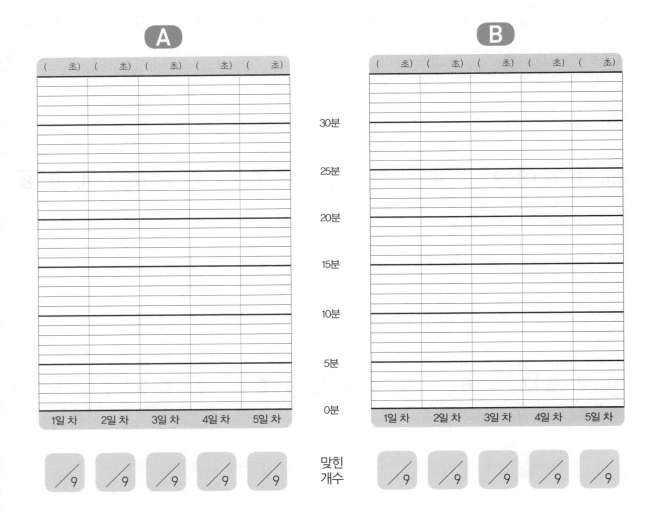

A

(초)	(초)	(초)	(초)	(초)
1일 차	2일 차	3일 차	4일 차	5일 차
/9	/9	/9	/9	/9

B

(초)	(초)	(초)	(초)	(초)
1일 차	2일 차	3일 차	4일 차	5일 차
/9	/9	/9	/9	/9

30분
25분
20분
15분
10분
5분
0분

맞힌 개수

개념 포인트

나누어떨어지는 다른 자리수의 소수의 나눗셈

소수로 나누는 나눗셈은 나누는 소수를 자연수로 만든 다음 계산합니다.
5.88÷4.2를 계산해봅시다.

①
```
4.2 ) 5.88
```
나누는 수를 10배하면, 자연수가 됩니다. 즉, 소수점을 오른쪽으로 하나 옮긴 것입니다.

②
```
          1.4
42 ) 58.8
        42
      ----
       168
       168
      ----
         0
```
나누어지는 수도 똑같이 10배를 하여 소수점을 오른쪽으로 하나 옮깁니다.

③
```
          1.4
4.2 ) 5.88
        42
      ----
       168
       168
      ----
         0
```
58.8÷42의 (소수)÷(자연수)로 바꾸어 계산할 수 있습니다.

옮겨지는 소수점의 위치를 꼭 표시해 놓으세요. 몫의 소수점 위치를 찍을 때, 옮겨진 소수점의 위치와 같게 찍어주면 됩니다.

예시

나누어떨어지는 다른 자리수의 (소수)÷(소수)

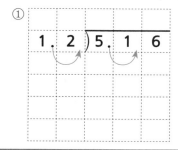

①
```
1.2 ) 5.16
```

②
```
          4.3
12 ) 51.6
        48
      ----
        36
        36
      ----
         0
```

③
```
          4.3
1.2 ) 5.16
        48
      ----
        36
        36
      ----
         0
```

소수의 나눗셈에서는 나누는 소수를 자연수로 만드는 것이 핵심입니다. 나누는 수와 나누어지는 수 모두에게 같은 수를 곱해야 된다는 것을 꼭 기억하게 해 주세요.
나눗셈 계산을 다 하고도 소수점 위치를 몰라 틀리는 아이들이 많습니다. 옮겨진 소수점의 위치를 반드시 표시하게 해 주세요.

1일차 A형

소수의 나눗셈 (9)

월	일
분	초
	/9

3번 문제는 나누는
수를 자연수로 만들려면
10을 곱해야 돼!

다음 나눗셈을 완전히 나누어떨어질 때까지 계산하세요.

❶ $1.4\overline{)4.06}$

❷ $4.4\overline{)11.88}$

❸ $4.6\overline{)31.28}$

❹ $5.3\overline{)2.597}$

❺ $5.7\overline{)52.44}$

❻ $0.6\overline{)5.58}$

❼ $4.8\overline{)7.776}$

❽ $3.6\overline{)16.272}$

❾ $6.6\overline{)56.562}$

자기 점수에 ○표 하세요

맞힌 개수	4개 이하	5~6개	7~8개	9개
학습 방법	개념을 다시 공부하세요.	조금 더 노력하세요.	실수하면 안 돼요.	참 잘했어요.

1일차 B형

소수의 나눗셈 (9)

월	일
분	초
	/9

7번 문제는 몫이 소수
둘째 자리까지 있는
나눗셈이야!

정답 28쪽

✎ 다음 나눗셈을 완전히 나누어떨어질 때까지 계산하세요.

❶ 7.36÷1.6

❷ 0.126÷0.18

❸ 0.207÷0.69

❹ 11.28÷4.7

❺ 1.852÷4.63

❻ 25.16÷3.7

❼ 7.738÷5.3

❽ 25.198÷4.3

❾ 25.776÷7.2

자기 점수에 ○표 하세요

맞힌 개수	4개 이하	5~6개	7~8개	9개
학습 방법	개념을 다시 공부하세요.	조금 더 노력하세요.	실수하면 안 돼요.	참 잘했어요.

2일차 A형

소수의 나눗셈 (9)

월 일
분 초
/9

✎ 다음 나눗셈을 완전히 나누어떨어질 때까지 계산하세요.

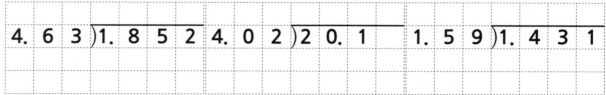

❶ $4.63\overline{)1.852}$

❷ $4.02\overline{)20.1}$

❸ $1.59\overline{)1.431}$

❹ $4.4\overline{)9.24}$

❺ $7.8\overline{)8.58}$

❻ $3.7\overline{)0.703}$

❼ $1.5\overline{)0.807}$

❽ $1.2\overline{)95.04}$

❾ $2.6\overline{)16.874}$

자기 점수에 ○표 하세요

맞힌 개수	4개 이하	5~6개	7~8개	9개
학습 방법	개념을 다시 공부하세요.	조금 더 노력하세요.	실수하면 안 돼요.	참 잘했어요.

소수의 나눗셈 (9)

월 일
분 초
/9

정답 29쪽

다음 나눗셈을 완전히 나누어떨어질 때까지 계산하세요.

❶ $0.891 \div 3.3$

❷ $9.75 \div 3.9$

❸ $14.84 \div 2.8$

❹ $50.56 \div 7.9$

❺ $8.64 \div 2.4$

❻ $33.39 \div 5.3$

❼ $10.114 \div 2.6$

❽ $33.507 \div 7.3$

❾ $22.032 \div 2.7$

자기 점수에 ○표 하세요

맞힌 개수	4개 이하	5~6개	7~8개	9개
학습 방법	개념을 다시 공부하세요.	조금 더 노력하세요.	실수하면 안 돼요.	참 잘했어요.

소수의 나눗셈 (9)

월	일
분	초
	/9

✎ 다음 나눗셈을 완전히 나누어떨어질 때까지 계산하세요.

❶ $1.9\overline{)6.46}$

❷ $3.7\overline{)21.83}$

❸ $2.7\overline{)9.72}$

❹ $2.1\overline{)7.98}$

❺ $1.7\overline{)14.11}$

❻ $3.3\overline{)7.59}$

❼ $5.4\overline{)20.844}$

❽ $7.6\overline{)21.736}$

❾ $4.7\overline{)6.345}$

자기 점수에 ○표 하세요

맞힌 개수	4개 이하	5~6개	7~8개	9개
학습 방법	개념을 다시 공부하세요.	조금 더 노력하세요.	실수하면 안 돼요.	참 잘했어요.

소수의 나눗셈 (9)

월	일
분	초
	/9

정답 30쪽

다음 나눗셈을 완전히 나누어떨어질 때까지 계산하세요.

❶ $26.32 \div 4.7$

❷ $8.84 \div 3.4$

❸ $8.74 \div 3.8$

❹ $9.36 \div 2.4$

❺ $28.98 \div 6.9$

❻ $5.88 \div 4.2$

❼ $38.097 \div 8.3$

❽ $17.037 \div 2.7$

❾ $20.068 \div 5.8$

자기 점수에 ○표 하세요

맞힌 개수	4개 이하	5~6개	7~8개	9개
학습 방법	개념을 다시 공부하세요.	조금 더 노력 하세요.	실수하면 안 돼요.	참 잘했어요.

4일차 A형

소수의 나눗셈(9)

월	일
분	초
	/9

다음 나눗셈을 완전히 나누어떨어질 때까지 계산하세요.

❶ $1.1 \overline{)1.98}$

❷ $3.6 \overline{)6.84}$

❸ $4.2 \overline{)9.24}$

❹ $5.7 \overline{)13.11}$

❺ $10.1 \overline{)25.25}$

❻ $13.4 \overline{)45.56}$

❼ $4.1 \overline{)173.43}$

❽ $9.8 \overline{)123.48}$

❾ $2.1 \overline{)12.075}$

자기 점수에 ○표 하세요

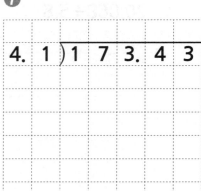

맞힌 개수	4개 이하	5~6개	7~8개	9개
학습 방법	개념을 다시 공부하세요.	조금 더 노력하세요.	실수하면 안 돼요.	참 잘했어요.

소수의 나눗셈 (9)

월 일
분 초
/28

정답 31쪽

다음 나눗셈을 완전히 나누어떨어질 때까지 계산하세요.

❶ $5.22 \div 5.8$

❷ $6.09 \div 2.1$

❸ $8.64 \div 3.2$

❹ $15.04 \div 4.7$

❺ $17.49 \div 5.3$

❻ $21.08 \div 6.8$

❼ $39.55 \div 11.3$

❽ $49.64 \div 14.6$

❾ $88.06 \div 23.8$

자기 점수에 ○표 하세요

맞힌 개수	4개 이하	5~6개	7~8개	9개
학습 방법	개념을 다시 공부하세요.	조금 더 노력 하세요.	실수하면 안 돼요.	참 잘했어요.

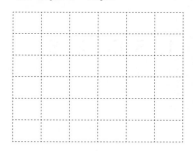

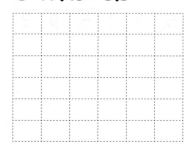

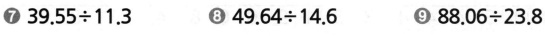

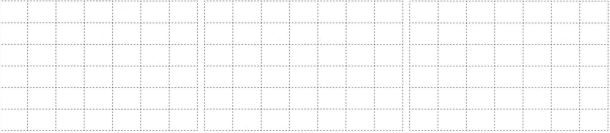

5일차 A형

소수의 나눗셈 (9)

월	일
분	초
	/9

✎ 다음 나눗셈을 완전히 나누어떨어질 때까지 계산하세요.

❶ $1.3\overline{)3.25}$

❷ $2.6\overline{)7.54}$

❸ $3.8\overline{)10.26}$

❹ $4.4\overline{)12.32}$

❺ $5.9\overline{)15.93}$

❻ $7.5\overline{)24.75}$

❼ $4.4\overline{)15.444}$

❽ $3.3\overline{)19.008}$

❾ $4.3\overline{)18.275}$

자기 점수에 ○표 하세요

맞힌 개수	4개 이하	5~6개	7~8개	9개
학습 방법	개념을 다시 공부하세요.	조금 더 노력하세요.	실수하면 안 돼요.	참 잘했어요.

소수의 나눗셈 (9)

월 일
분 초
/9

정답 32쪽

다음 나눗셈을 완전히 나누어떨어질 때까지 계산하세요.

❶ 6.48÷5.4

❷ 0.72÷0.3

❸ 7.02÷7.8

❹ 10.89÷3.3

❺ 15.36÷4.8

❻ 19.44÷5.4

❼ 33.25÷9.5

❽ 27.232÷4.6

❾ 13.376÷3.8

자기 점수에 ○표 하세요

맞힌 개수	4개 이하	5~6개	7~8개	9개
학습 방법	개념을 다시 공부하세요.	조금 더 노력하세요.	실수하면 안 돼요.	참 잘했어요.

세 단계 묶어 풀기 114 ~ 116단계
분수의 나눗셈 (6) / 소수의 나눗셈 (8)~(9)

월 일
분 초
/12

정답 33쪽

나눗셈을 하세요.

❶ $4 \div \frac{1}{5} =$

❷ $8 \div \frac{3}{5} =$

❸ $12 \div \frac{6}{7} =$

❹ $1\frac{2}{7} \div \frac{3}{35} =$

❺ $\frac{4}{9} \div 2\frac{1}{4} =$

❻ $\frac{16}{33} \div 3\frac{1}{5} =$

다음 나눗셈을 완전히 나누어떨어질 때까지 계산하세요.

❼ $46.2 \div 2.1$

❽ $75.6 \div 2.7$

❾ $33.15 \div 1.95$

❿ $9.24 \div 4.4$

⓫ $2.597 \div 5.3$

⓬ $15.13 \div 1.7$

창의력 쑥쑥! 수학 퀴즈

소수의 나눗셈을 배웠으니 이것으로 풀 수 있는 문제를 하나 내 볼게요.
아래 나눗셈에서 몫을 반올림하여 소수 둘째 자리까지 나타내면 몫이 3.78이 됩니다. 0에서 9까지의 수 중에서 □ 안에 들어갈 수 있는 수를 모두 구해 보세요.

12.8□÷3.4

답 이 문제는 나누어지는 수에 □가 있기 때문에 직접 나누기에는 무척 힘이 들어요. 이럴 때는 나눗셈의 검산을 이용하면 문제를 해결할 수 있어요. 그럼 문제를 다시 보면서 차근차근, 아는 것부터 해결해 봅시다.

몫을 반올림하여 소수 둘째 자리까지 나타냈으므로 몫은 소수 셋째 자리까지 구해야 합니다.

이때 3.780부터 3.784까지는 반올림하면 3.78이 되고 3.775부터 3.779까지도 반올림하면 3.78이 되는 것을 알 수가 있어요.

따라서 3.775 이상 3.785 미만이 모두 반올림하여 소수 둘째자리까지 나타내었을 때 3.78이 됩니다.

그럼 몫이 3.775라고 가정하고 검산식을 써보면　　12.8□=3.4×3.775=12.835

또 몫이 3.785라고 가정하고 검산식을 써보면　　12.8□=3.4×3.785=12.869

자, 이제 □ 안에 들어갈 답을 찾아보는 시간이에요.

몫이 3.775 이상 3.785 미만이 되니깐 12.8□도 12.835 이상 12.869 미만이 되면 되겠네요.

따라서 □ 안에 들어갈 수는 4, 5, 6이 됩니다.

117 단계 소수의 나눗셈 (10)

◆스스로 학습 관리표◆

- 매일 맞힌 개수를 적고, 걸린 시간만큼 색칠해 보세요.
(눈금 1칸은 1분이며, 초는 표의 상단에 적으세요.)
- 하루하루 지날수록 실력이 자라고, 계산 속도가
빨라지는 것을 눈으로 직접 확인할 수 있습니다.

A

	1일 차	2일 차	3일 차	4일 차	5일 차
	(　초)	(　초)	(　초)	(　초)	(　초)
30분					
25분					
20분					
15분					
10분					
5분					
0분					
맞힌 개수	/12	/12	/12	/12	/12

B

	1일 차	2일 차	3일 차	4일 차	5일 차
	(　초)	(　초)	(　초)	(　초)	(　초)
30분					
25분					
20분					
15분					
10분					
5분					
0분					
맞힌 개수	/9	/9	/9	/9	/9

◆개념 포인트◆

(자연수)÷(소수)

나누는 수가 자연수가 되도록 두 수의 소수점을 오른쪽으로 똑같이 옮깁니다. 이때 나누어지는 수의 소수점을 오른쪽으로 옮길 수 없으면 0을 쓰고 계산합니다.
13÷2.6을 계산해봅시다.

① 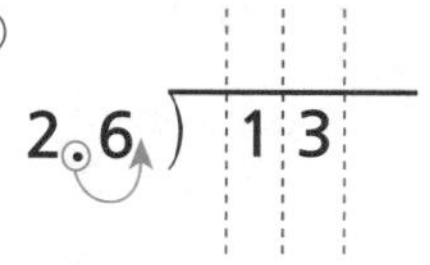

나누는 소수를 10배하면, 자연수 26이 됩니다. 즉, 소수점을 오른쪽으로 하나 옮긴 것입니다.

② 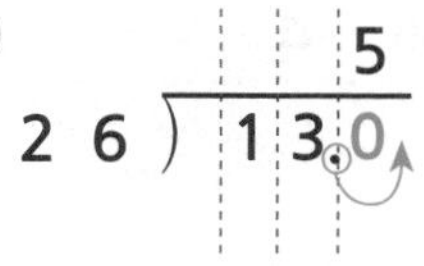

나누는 소수를 10배했으니 나누어지는 수도 10배합니다. 이때 나누어지는 수의 소수점을 오른쪽으로 옮길 수 없으므로 일의 자리 옆에 0을 하나 더 붙여 줍니다.

③ 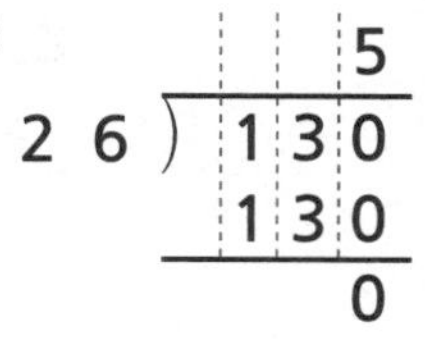

13÷2.6은 130÷26으로 계산할 수 있습니다.
130÷26=5
즉, 13÷2.6=5입니다.

예시

(자연수)÷(소수)

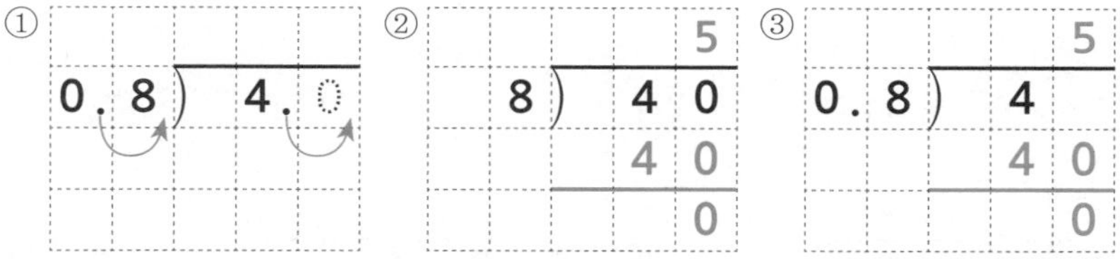

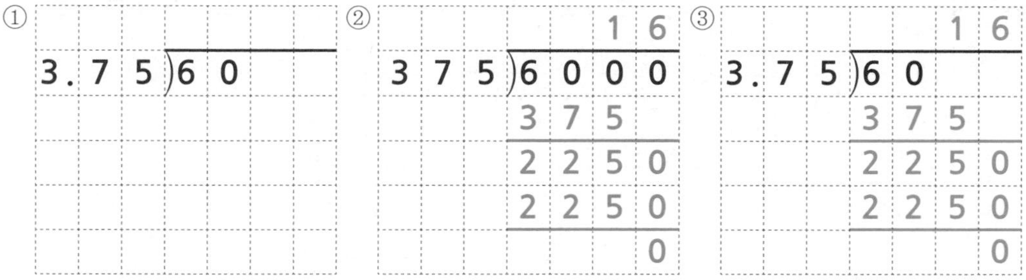

나누어지는 수가 자연수일 때의 소수의 나눗셈을 배우는 단계입니다. 기본적으로 앞에서 배운 것과 같이 나누는 소수를 자연수로 만들어주는 것이 중요합니다. 나누는 수를 10배하면 나누어지는 자연수도 10배 해주고, 나누는 수를 100배하면 나누어지는 자연수도 100배 해주는 것을 강조해 주세요. 그리고 (자연수)÷(소수)의 경우 몫이 자연수로 나오는 것도 이해시켜 주세요.

1일차 A형

소수의 나눗셈(10)

월 일
분 초
/12

나누는 수가
자연수가 되도록
소수점을 이동해 봐!

나눗셈을 하세요.

❶ $3.2\overline{)16}$

❷ $2.4\overline{)144}$

❸ $4.25\overline{)17}$

❹ $3.6\overline{)18}$

❺ $3.5\overline{)28}$

❻ $1.25\overline{)25}$

❼ $1.8\overline{)45}$

❽ $1.6\overline{)24}$

❾ $5.25\overline{)63}$

❿ $1.4\overline{)21}$

⓫ $2.5\overline{)40}$

⓬ $3.75\overline{)90}$

자기 점수에 ○표 하세요

맞힌 개수	6개 이하	7~8개	9~10개	11~12개
학습 방법	개념을 다시 공부하세요.	조금 더 노력하세요.	실수하면 안 돼요.	참 잘했어요.

소수의 나눗셈(10)

월 일
분 초
/9

나누는 수의 소수점을
옮긴 것만큼 나누어지는
수에 0을 붙여줘!

정답 34쪽

나눗셈을 하세요.

❶ $6 \div 1.5$

❷ $8 \div 1.6$

❸ $63 \div 3.15$

❹ $108 \div 2.7$

❺ $70 \div 2.5$

❻ $62 \div 1.24$

❼ $99 \div 4.5$

❽ $153 \div 8.5$

❾ $49 \div 1.96$

자기 점수에 ○표 하세요

맞힌 개수	4개 이하	5~6개	7~8개	9개
학습 방법	개념을 다시 공부하세요.	조금 더 노력하세요.	실수하면 안 돼요.	참 잘했어요.

2일차 A형

소수의 나눗셈(10)

월 일
분 초
/12

나눗셈을 하세요.

❶ $0.6\overline{)3}$

❷ $8.5\overline{)34}$

❸ $1.75\overline{)14}$

❹ $14.5\overline{)58}$

❺ $5.9\overline{)177}$

❻ $11.5\overline{)345}$

❼ $4.5\overline{)54}$

❽ $1.5\overline{)18}$

❾ $1.16\overline{)29}$

❿ $7.2\overline{)252}$

⓫ $2.4\overline{)84}$

⓬ $13.2\overline{)198}$

자기 점수에 ○표 하세요

맞힌 개수	6개 이하	7~8개	9~10개	11~12개
학습 방법	개념을 다시 공부하세요.	조금 더 노력 하세요.	실수하면 안 돼요.	참 잘했어요.

소수의 나눗셈 (10)

월	일
분	초
	/9

정답 35쪽

나눗셈을 하세요.

❶ 9÷1.5

❷ 12÷1.5

❸ 13÷3.25

❹ 78÷2.6

❺ 30÷7.5

❻ 85÷4.25

❼ 77÷3.5

❽ 495÷6.6

❾ 34÷1.36

자기 점수에 ○표 하세요

맞힌 개수	4개 이하	5~6개	7~8개	9개
학습 방법	개념을 다시 공부하세요.	조금 더 노력 하세요.	실수하면 안 돼요.	참 잘했어요.

소수의 나눗셈(10)

월 일
분 초
/12

✎ 나눗셈을 하세요.

❶ $1.2\overline{)96}$

❷ $1.3\overline{)52}$

❸ $1.25\overline{)50}$

❹ $0.75\overline{)3}$

❺ $6.5\overline{)52}$

❻ $17.5\overline{)350}$

❼ $4.6\overline{)69}$

❽ $6.8\overline{)102}$

❾ $21.5\overline{)258}$

❿ $0.75\overline{)9}$

⓫ $7.4\overline{)481}$

⓬ $36.5\overline{)511}$

자기 점수에 ○표 하세요

맞힌 개수	6개 이하	7~8개	9~10개	11~12개
학습 방법	개념을 다시 공부하세요.	조금 더 노력하세요.	실수하면 안 돼요.	참 잘했어요.

소수의 나눗셈 (10)

월	일
분	초
	/9

정답 36쪽

나눗셈을 하세요.

❶ 42÷1.4

❷ 116÷5.8

❸ 87÷7.25

❹ 130÷5.2

❺ 66÷4.4

❻ 20÷1.25

❼ 6÷0.24

❽ 117÷7.8

❾ 78÷3.25

자기 점수에 ○표 하세요

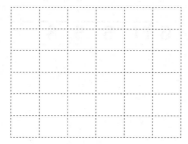

맞힌 개수	4개 이하	5~6개	7~8개	9개
학습 방법	개념을 다시 공부하세요.	조금 더 노력 하세요.	실수하면 안 돼요.	참 잘했어요.

소수의 나눗셈 (10)

월	일
분	초
	/12

나눗셈을 하세요.

❶ $9.5\overline{)190}$

❷ $6.3\overline{)189}$

❸ $0.85\overline{)34}$

❹ $3.7\overline{)185}$

❺ $7.4\overline{)37}$

❻ $6.25\overline{)50}$

❼ $5.6\overline{)140}$

❽ $7.5\overline{)165}$

❾ $7.4\overline{)1110}$

❿ $3.8\overline{)57}$

⓫ $9.5\overline{)152}$

⓬ $7.6\overline{)1558}$

자기 점수에 ○표 하세요

맞힌 개수	6개 이하	7~8개	9~10개	11~12개
학습 방법	개념을 다시 공부하세요.	조금 더 노력하세요.	실수하면 안 돼요.	참 잘했어요.

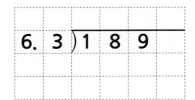

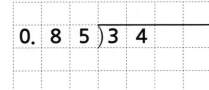

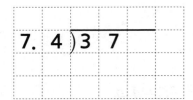

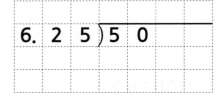

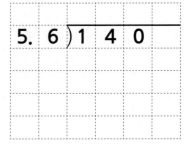

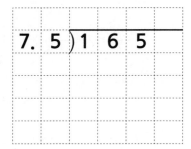

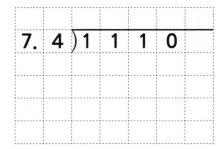

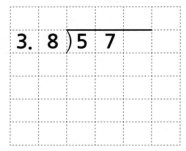

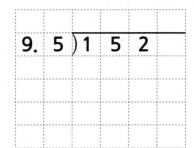

소수의 나눗셈 (10)

월	일
분	초
	/9

정답 37쪽

나눗셈을 하세요.

❶ $3 \div 0.05$

❷ $52 \div 6.5$

❸ $31 \div 1.55$

❹ $135 \div 5.4$

❺ $91 \div 1.4$

❻ $45 \div 3.75$

❼ $8 \div 0.25$

❽ $115 \div 4.6$

❾ $36 \div 2.25$

자기 점수에 ○표 하세요

맞힌 개수	4개 이하	5~6개	7~8개	9개
학습 방법	개념을 다시 공부하세요.	조금 더 노력하세요.	실수하면 안 돼요.	참 잘했어요.

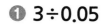

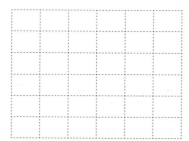

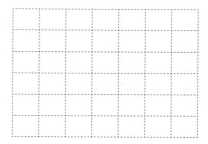

소수의 나눗셈(10)

월 일
분 초
/12

나눗셈을 하세요.

❶ $3.5\overline{)14}$

❷ $9.2\overline{)46}$

❸ $3.85\overline{)77}$

❹ $4.7\overline{)94}$

❺ $3.4\overline{)17}$

❻ $51.2\overline{)256}$

❼ $7.5\overline{)105}$

❽ $0.5\overline{)19}$

❾ $2.25\overline{)27}$

❿ $3.6\overline{)162}$

⓫ $5.4\overline{)405}$

⓬ $8.25\overline{)99}$

자기 점수에 ○표 하세요

맞힌 개수	6개 이하	7~8개	9~10개	11~12개
학습 방법	개념을 다시 공부하세요.	조금 더 노력 하세요.	실수하면 안 돼요.	참 잘했어요.

소수의 나눗셈 (10)

월 일
분 초
/9

정답 38쪽

✎ 나눗셈을 하세요.

❶ 115÷2.3

❷ 42÷10.5

❸ 51÷2.04

❹ 99÷6.6

❺ 132÷5.5

❻ 3402÷8.4

❼ 9÷2.25

❽ 141÷9.4

❾ 72÷2.25

자기 점수에 ○표 하세요

맞힌 개수	4개 이하	5~6개	7~8개	9개
학습 방법	개념을 다시 공부하세요.	조금 더 노력 하세요.	실수하면 안 돼요.	참 잘했어요.

118 단계 소수의 나눗셈 (11)

◆스스로 학습 관리표◆

- 매일 맞힌 개수를 적고, 걸린 시간만큼 색칠해 보세요. (눈금 1칸은 1분이며, 초는 표의 상단에 적으세요.)
- 하루하루 지날수록 실력이 자라고, 계산 속도가 빨라지는 것을 눈으로 직접 확인할 수 있습니다.

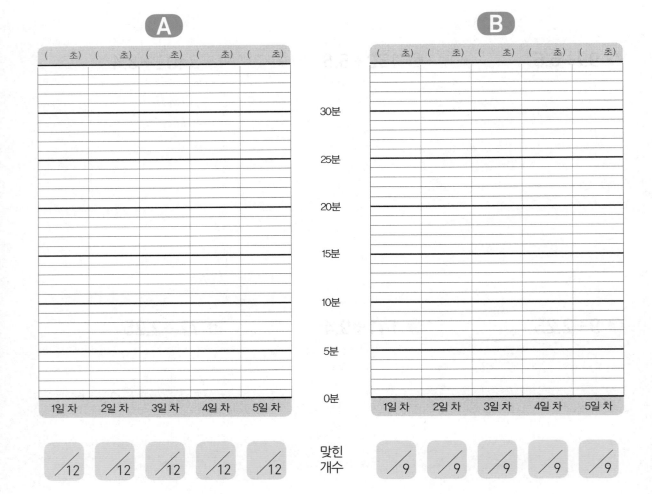

A

(초)	(초)	(초)	(초)	(초)
1일 차	2일 차	3일 차	4일 차	5일 차
/12	/12	/12	/12	/12

B

(초)	(초)	(초)	(초)	(초)
1일 차	2일 차	3일 차	4일 차	5일 차
/9	/9	/9	/9	/9

30분
25분
20분
15분
10분
5분
0분

맞힌 개수

◆개념 포인트◆

나머지가 있는 소수의 나눗셈

자, 이번에는 4.9÷1.2라는 식을 계산하면서 나머지가 있는 소수의 나눗셈을 어떻게 계산하는지 알아봅시다.

앞 단계에서 소수의 나눗셈은 나누는 소수를 자연수로 만들어 계산한다고 했습니다. 나누는 수와 나누어지는 수 모두에게 10을 곱하여 49÷12를 계산합니다.

(소수)÷(소수)의 몫은 나누어지는 수의 옮긴 소수점 위치와 같고, 나머지는 나누어지는 수의 처음 소수점의 위치와 같습니다.

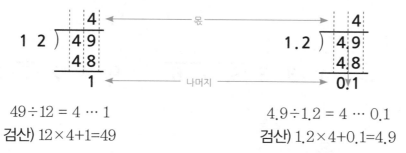

```
        4    ←── 몫 ──→        4
12 ) 4 9              1.2 ) 4.9
     4 8                    4.8
       1  ←── 나머지 ──→    0.1
```

49÷12 = 4 ⋯ 1

검산) 12×4+1=49

4.9÷1.2 = 4 ⋯ 0.1

검산) 1.2×4+0.1=4.9

나머지가 있는 소수의 나눗셈을 할 때는 반드시 검산을 해서 확인해 주세요.

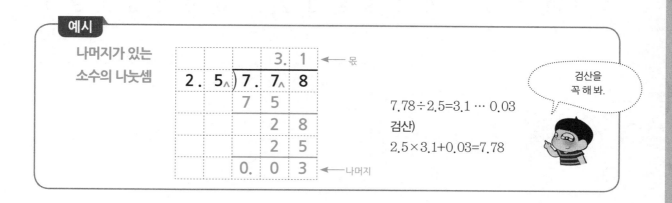

예시

나머지가 있는 소수의 나눗셈

```
             3. 1   ← 몫
2. 5∧ ) 7. 7∧ 8
        7  5
           2  8
           2  5
        0. 0  3   ← 나머지
```

7.78÷2.5=3.1 ⋯ 0.03

검산)

2.5×3.1+0.03=7.78

소수의 나눗셈에서 몫과 나머지의 소수점 위치를 정하는 방법이 다르다는 것에 주의하면서 계산하도록 도와주세요. 몫의 소수점은 나누는 수를 자연수로 만들면서 변화된 나누어지는 수의 소수점 위치와 같고, 나머지의 소수점 위치는 원래 나누어지는 수의 소수점 위치와 같습니다.

소수의 나눗셈에 완전히 익숙해지기 전까지는 계산이 좀 많더라도 검산을 통해 바르게 나눗셈을 하고 있는지 점검하는 것이 중요합니다. 소수점 위치를 헷갈리지 않고 계산할 수 있도록 연습시켜 주세요.

1일차 A형

소수의 나눗셈(11)

월 일
분 초
/12

✎ 다음 나눗셈의 몫을 자연수 부분까지 구하고 나머지를 알아보세요.

❶ 0.7)4.6

❷ 1.6)13.2

❸ 3.13)96.12

❹ 1.6)9.4

❺ 1.33)3.76

❻ 9.12)72

❼ 0.4)9.75

❽ 0.7)58.32

❾ 0.92)39.91

❿ 0.6)8.3

⓫ 0.9)74.06

⓬ 0.45)29

자기 점수에 ○표 하세요

맞힌 개수	6개 이하	7~8개	9~10개	11~12개
학습 방법	개념을 다시 공부하세요.	조금 더 노력하세요.	실수하면 안 돼요.	참 잘했어요.

소수의 나눗셈(11)

월	일
분	초
	/9

정답 39쪽

✎ 다음 나눗셈의 몫을 자연수 부분까지 구하고 나머지를 알아보세요.

❶ 27.44÷0.87

❷ 39.9÷0.62

❸ 65.2÷3.62

❹ 26.52÷2.17

❺ 38÷0.58

❻ 43.84÷2.56

❼ 97.07÷4.51

❽ 78.83÷6.49

❾ 10.79÷0.67

자기 점수에 ○표 하세요

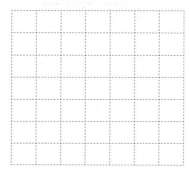

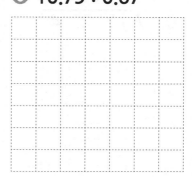

맞힌 개수	4개 이하	5~6개	7~8개	9개
학습 방법	개념을 다시 공부하세요.	조금 더 노력하세요.	실수하면 안 돼요.	참 잘했어요.

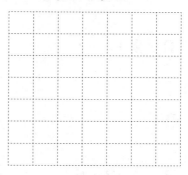

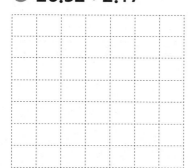

2일차 A형

소수의 나눗셈(11)

월 일
분 초
/12

다음 나눗셈의 몫을 자연수 부분까지 구하고 나머지를 알아보세요.

❶ $0.9\overline{)7.1}$

❷ $5.02\overline{)5.1}$

❸ $15.2\overline{)107.3}$

❹ $3.2\overline{)8.6}$

❺ $5.8\overline{)41.3}$

❻ $0.73\overline{)6.823}$

❼ $0.9\overline{)28.7}$

❽ $0.23\overline{)6.2}$

❾ $0.44\overline{)35.01}$

❿ $0.7\overline{)12.4}$

⓫ $0.54\overline{)9.2}$

⓬ $0.97\overline{)16}$

자기 점수에 ○표 하세요

맞힌 개수	6개 이하	7~8개	9~10개	11~12개
학습 방법	개념을 다시 공부하세요.	조금 더 노력하세요.	실수하면 안 돼요.	참 잘했어요.

소수의 나눗셈(11)

월 일
분 초
/9

정답 40쪽

다음 나눗셈의 몫을 자연수 부분까지 구하고 나머지를 알아보세요.

❶ 28.4÷4.6

❷ 37.23÷0.47

❸ 68.2÷2.83

❹ 62.15÷1.8

❺ 87÷4.5

❻ 94.23÷3.31

❼ 52.38÷3.63

❽ 46.72÷2.84

❾ 37÷2.73

자기 점수에 ○표 하세요

맞힌 개수	4개 이하	5~6개	7~8개	9개
학습 방법	개념을 다시 공부하세요.	조금 더 노력하세요.	실수하면 안 돼요.	참 잘했어요.

3일차 A형

소수의 나눗셈(11)

월 일
분 초
/12

✎ 다음 나눗셈의 몫을 자연수 부분까지 구하고 나머지를 알아보세요.

❶ $0.9\overline{)6.4}$

❷ $3.52\overline{)3.64}$

❸ $21.3\overline{)183.5}$

❹ $1.3\overline{)6.8}$

❺ $7.2\overline{)27.4}$

❻ $0.54\overline{)3.924}$

❼ $0.8\overline{)52.6}$

❽ $0.42\overline{)5.8}$

❾ $0.73\overline{)62.47}$

❿ $0.8\overline{)30.7}$

⓫ $0.35\overline{)8.1}$

⓬ $0.74\overline{)23}$

자기 점수에 ○표 하세요

맞힌 개수	6개 이하	7~8개	9~10개	11~12개
학습 방법	개념을 다시 공부하세요.	조금 더 노력 하세요.	실수하면 안 돼요.	참 잘했어요.

소수의 나눗셈(11)

월 일
분 초
/9

정답 41쪽

다음 나눗셈의 몫을 자연수 부분까지 구하고 나머지를 알아보세요.

❶ 63.4÷4.7

❷ 43.9÷2.9

❸ 26.34÷5.72

❹ 72.35÷4.83

❺ 27÷0.49

❻ 37.24÷2.68

❼ 73.53÷6.13

❽ 88.35÷5.97

❾ 11.39÷0.82

자기 점수에 ○표 하세요

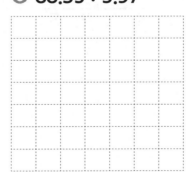

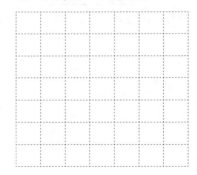

맞힌 개수	4개 이하	5~6개	7~8개	9개
학습 방법	개념을 다시 공부하세요.	조금 더 노력하세요.	실수하면 안 돼요.	참 잘했어요.

4일차 A형

소수의 나눗셈(11)

월 일
분 초
/12

✎ 다음 나눗셈의 몫을 자연수 부분까지 구하고 나머지를 알아보세요.

❶ $0.6\overline{)4.5}$

❷ $3.34\overline{)7.1}$

❸ $45.6\overline{)277.3}$

❹ $3.7\overline{)8.8}$

❺ $6.8\overline{)42.3}$

❻ $0.94\overline{)7.253}$

❼ $0.8\overline{)63.4}$

❽ $0.54\overline{)8.4}$

❾ $0.89\overline{)75.32}$

❿ $0.9\overline{)32.8}$

⓫ $3.6\overline{)122.5}$

⓬ $0.84\overline{)37}$

자기 점수에 ○표 하세요

맞힌 개수	6개 이하	7~8개	9~10개	11~12개
학습 방법	개념을 다시 공부하세요.	조금 더 노력 하세요.	실수하면 안 돼요.	참 잘했어요.

소수의 나눗셈(11)

월	일
분	초
	/9

정답 42쪽

다음 나눗셈의 몫을 자연수 부분까지 구하고 나머지를 알아보세요.

❶ $35.64 \div 0.92$

❷ $49.3 \div 0.79$

❸ $73.8 \div 4.25$

❹ $34.85 \div 5.34$

❺ $37 \div 0.49$

❻ $63.24 \div 3.21$

❼ $67.24 \div 3.51$

❽ $58.27 \div 4.09$

❾ $12.75 \div 0.54$

자기 점수에 ○표 하세요

맞힌 개수	4개 이하	5~6개	7~8개	9개
학습 방법	개념을 다시 공부하세요.	조금 더 노력하세요.	실수하면 안 돼요.	참 잘했어요.

소수의 나눗셈(11)

월 일
분 초
/12

다음 나눗셈의 몫을 자연수 부분까지 구하고 나머지를 알아보세요.

❶ $0.8 \overline{)5.8}$

❷ $3.45 \overline{)8.5}$

❸ $34.7 \overline{)214.3}$

❹ $4.2 \overline{)9.7}$

❺ $4.2 \overline{)35.9}$

❻ $0.86 \overline{)7.482}$

❼ $1.4 \overline{)28.7}$

❽ $0.53 \overline{)6.2}$

❾ $0.35 \overline{)46.51}$

❿ $0.8 \overline{)17.4}$

⓫ $0.64 \overline{)9.8}$

⓬ $0.49 \overline{)26}$

자기 점수에 ○표 하세요

맞힌 개수	6개 이하	7~8개	9~10개	11~12개
학습 방법	개념을 다시 공부하세요.	조금 더 노력하세요.	실수하면 안 돼요.	참 잘했어요.

소수의 나눗셈(11)

월	일
분	초
	/9

정답 43쪽

다음 나눗셈의 몫을 자연수 부분까지 구하고 나머지를 알아보세요.

❶ 32.44÷0.77

❷ 53.9÷0.67

❸ 45.2÷2.93

❹ 36.81÷3.17

❺ 52÷3.58

❻ 13.65÷3.26

❼ 76.34÷4.51

❽ 38.85÷2.49

❾ 11.29÷0.83

자기 점수에 ○표 하세요

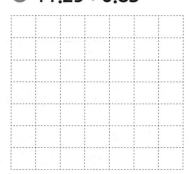

맞힌 개수	4개 이하	5~6개	7~8개	9개
학습 방법	개념을 다시 공부하세요.	조금 더 노력 하세요.	실수하면 안 돼요.	참 잘했어요.

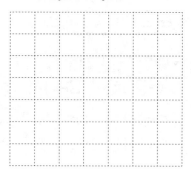

119 단계 가장 작은 자연수의 비로 나타내기

◆스스로 학습 관리표◆

- 매일 맞힌 개수를 적고, 걸린 시간만큼 색칠해 보세요.
(눈금 1칸은 1분이며, 초는 표의 상단에 적으세요.)
- 하루하루 지날수록 실력이 자라고, 계산 속도가 빨라지는 것을 눈으로 직접 확인할 수 있습니다.

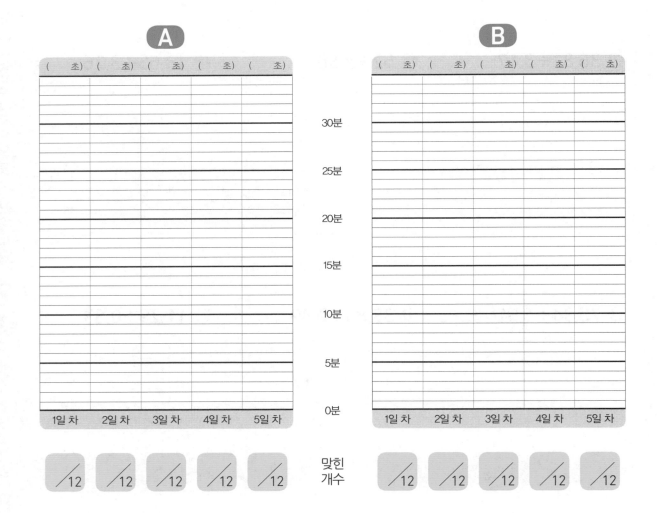

A

(초)	(초)	(초)	(초)	(초)
1일 차	2일 차	3일 차	4일 차	5일 차

30분
25분
20분
15분
10분
5분
0분

B

(초)	(초)	(초)	(초)	(초)
1일 차	2일 차	3일 차	4일 차	5일 차

	A 1일 차	A 2일 차	A 3일 차	A 4일 차	A 5일 차	B 1일 차	B 2일 차	B 3일 차	B 4일 차	B 5일 차
맞힌 개수	/12	/12	/12	/12	/12	/12	/12	/12	/12	/12

◆개념 포인트◆

항, 전항, 후항

3 : 1에서 3, 1을 비의 항이라고 하고, 앞에 있는 3을 전항, 뒤에 있는 1을 후항이라고 합니다.

비의 성질

(1) 비의 전항과 후항에 0이 아닌 같은 수를 곱하여도 비의 값은 같습니다.
(2) 비의 전항과 후항을 0이 아닌 같은 수로 나누어도 비의 값은 같습니다.

가장 작은 자연수의 비로 나타내기

비의 성질을 이용하면 복잡한 비를 간단한 자연수의 비로 나타낼 수 있습니다.
(1) 분수로 되어 있는 비는 분모의 최소공배수를 곱해 줍니다.
(2) 소수로 되어 있는 비는 10, 100, 또는 1000 등을 곱해 줍니다.
(3) 자연수로 되어 있는 비는 두 수의 최대공약수로 나누어 가장 간단한 자연수의 비로 나타냅니다.

예시

(분수) : (분수) $\frac{1}{4} : \frac{1}{7} = \frac{1}{4} \times 28 : \frac{1}{7} \times 28 = 7 : 4$

(소수) : (소수) $0.5 : 0.7 = 0.5 \times 10 : 0.7 \times 10 = 5 : 7$

(자연수) : (자연수) $27 : 36 = (27 \div 9) : (36 \div 9) = 3 : 4$

27과 36의 최대공약수 9로 나누기

(분수) : (소수) $\frac{2}{5} : 0.3 = \frac{2}{5} : \frac{3}{10} = \frac{2}{5} \times 10 : \frac{3}{10} \times 10 = 4 : 3$

소수를 분수로 5와 10의 최소공배수 10 곱하기

비의 전항과 후항에 같은 수를 곱하거나 나눠 봐.

대분수로 되어 있는 비는 대분수를 가분수로 고쳐 준 다음, 분모의 최소공배수를 곱해 주면 됩니다. (분수) : (소수)의 비는 분수를 소수로 바꾸어 (소수) : (소수)의 비로 만들어 간단하게 해 줄 수도 있습니다. 단, 어떤 분수는 소수로 나타내기 힘들기 때문에 간단하게 소수로 나타낼 수 있는 경우를 제외하고는 소수를 분수로 나타내는 것이 좋습니다.

1일차 A형

가장 작은 자연수의 비로 나타내기

월	일
분	초
	/12

✎ 가장 작은 자연수의 비로 나타내세요.

❶ $\frac{1}{4}:\frac{1}{6}=$

❷ $\frac{2}{3}:\frac{3}{7}=$

❸ $\frac{3}{5}:\frac{4}{11}=$

❹ $1\frac{3}{4}:2\frac{1}{3}=$

❺ $2\frac{3}{5}:2\frac{7}{10}=$

❻ $1\frac{7}{9}:2\frac{5}{12}=$

❼ $0.2:0.9=$

❽ $0.37:0.45=$

❾ $0.1:0.01=$

❿ $0.15:0.45=$

⓫ $2.1:0.7=$

⓬ $3.5:0.07=$

자기 점수에 ○표 하세요

맞힌 개수	6개 이하	7~8개	9~10개	11~12개
학습 방법	개념을 다시 공부하세요.	조금 더 노력하세요.	실수하면 안 돼요.	참 잘했어요.

가장 작은 자연수의 비로 나타내기

월 일
분 초
/12

정답 44쪽

✎ 가장 작은 자연수의 비로 나타내세요.

❶ $12:16=$

❷ $17:68=$

❸ $30:42=$

❹ $25:60=$

❺ $48:64=$

❻ $45:72=$

❼ $\frac{3}{4}:0.5=$

❽ $0.3:\frac{7}{9}=$

❾ $\frac{3}{5}:1.6=$

❿ $1.5:\frac{2}{3}=$

⓫ $\frac{3}{8}:0.25=$

⓬ $3.25:2\frac{1}{6}=$

자기 점수에 ○표 하세요

맞힌 개수	6개 이하	7~8개	9~10개	11~12개
학습 방법	개념을 다시 공부하세요.	조금 더 노력 하세요.	실수하면 안 돼요.	참 잘했어요.

가장 작은 자연수의 비로 나타내기

월 일
분 초
/12

가장 작은 자연수의 비로 나타내세요.

❶ $\frac{1}{7}:\frac{5}{9}=$

❷ $\frac{3}{5}:\frac{3}{8}=$

❸ $1\frac{4}{5}:1\frac{3}{7}=$

❹ $1\frac{5}{6}:\frac{4}{9}=$

❺ $1\frac{1}{4}:\frac{3}{2}=$

❻ $\frac{4}{5}:\frac{13}{25}=$

❼ 0.45 : 0.63 =

❽ 1.2 : 3.9 =

❾ 0.51 : 0.34 =

❿ 0.56 : 0.96 =

⓫ 1.44 : 1.2 =

⓬ 3.5 : 0.56 =

자기 점수에 ○표 하세요

맞힌 개수	6개 이하	7~8개	9~10개	11~12개
학습 방법	개념을 다시 공부하세요.	조금 더 노력하세요.	실수하면 안 돼요.	참 잘했어요.

가장 작은 자연수의 비로 나타내기

월 일
분 초
/12

정답 45쪽

가장 작은 자연수의 비로 나타내세요.

❶ $42:70=$

❷ $45:108=$

❸ $20:52=$

❹ $56:96=$

❺ $45:70=$

❻ $90:144=$

❼ $\frac{5}{6}:1.1=$

❽ $1.25:3\frac{1}{3}=$

❾ $1\frac{3}{5}:0.52=$

❿ $1.5:\frac{9}{10}=$

⓫ $2\frac{1}{2}:0.625=$

⓬ $4.2:1\frac{3}{4}=$

자기 점수에 ○표 하세요

맞힌 개수	6개 이하	7~8개	9~10개	11~12개
학습 방법	개념을 다시 공부하세요.	조금 더 노력 하세요.	실수하면 안 돼요.	참 잘했어요.

3일차 A형

가장 작은 자연수의 비로 나타내기

월 일
분 초
/12

가장 작은 자연수의 비로 나타내세요.

❶ $\frac{1}{2}:\frac{3}{4}=$

❷ $\frac{1}{2}:1\frac{2}{7}=$

❸ $\frac{3}{5}:\frac{4}{11}=$

❹ $2\frac{2}{3}:1\frac{3}{5}=$

❺ $3\frac{1}{3}:1\frac{2}{7}=$

❻ $1\frac{1}{3}:\frac{2}{5}=$

❼ $0.75:2.25=$

❽ $1.05:1.8=$

❾ $0.8:0.32=$

❿ $0.6:2.7=$

⓫ $1.4:1.05=$

⓬ $1.26:1.4=$

자기 점수에 ○표 하세요

맞힌 개수	6개 이하	7~8개	9~10개	11~12개
학습 방법	개념을 다시 공부하세요.	조금 더 노력하세요.	실수하면 안 돼요.	참 잘했어요.

3일차 B형

가장 작은 자연수의 비로 나타내기

월 일
분 초
/12

정답 46쪽

가장 작은 자연수의 비로 나타내세요.

❶ $63:70=$

❷ $39:91=$

❸ $72:56=$

❹ $9:144=$

❺ $91:98=$

❻ $24:84=$

❼ $\frac{5}{6}:\frac{3}{8}=$

❽ $\frac{1}{4}:\frac{3}{5}=$

❾ $1\frac{2}{5}:1\frac{5}{9}=$

❿ $1.8:\frac{2}{3}=$

⓫ $\frac{2}{3}:2.75=$

⓬ $2.8:3\frac{1}{4}=$

자기 점수에 ○표 하세요

맞힌 개수	6개 이하	7~8개	9~10개	11~12개
학습 방법	개념을 다시 공부하세요.	조금 더 노력 하세요.	실수하면 안 돼요.	참 잘했어요.

4일차 A형

가장 작은 자연수의 비로 나타내기

월	일
분	초
	/12

✎ 가장 작은 자연수의 비로 나타내세요.

❶ $\frac{1}{3}:\frac{7}{8}=$

❷ $\frac{3}{8}:\frac{4}{7}=$

❸ $\frac{1}{2}:\frac{3}{8}=$

❹ $1\frac{1}{3}:\frac{5}{8}=$

❺ $\frac{2}{3}:1\frac{3}{7}=$

❻ $3\frac{3}{7}:3\frac{3}{8}=$

❼ 0.96 : 1.8=

❽ 0.25 : 0.6=

❾ 1.43 : 0.33=

❿ 0.24 : 1.8=

⓫ 3.5 : 8.75=

⓬ 1.26 : 8.1=

자기 점수에 ○표 하세요

맞힌 개수	6개 이하	7~8개	9~10개	11~12개
학습 방법	개념을 다시 공부하세요.	조금 더 노력하세요.	실수하면 안 돼요.	참 잘했어요.

가장 작은 자연수의 비로 나타내기

월	일
분	초
	/12

정답 47쪽

가장 작은 자연수의 비로 나타내세요.

❶ $48:36=$

❷ $72:135=$

❸ $105:165=$

❹ $104:120=$

❺ $65:25=$

❻ $144:24=$

❼ $2\frac{1}{5}:5.5=$

❽ $0.75:1\frac{5}{7}=$

❾ $1\frac{1}{3}:0.875=$

❿ $0.7:1\frac{1}{3}=$

⓫ $\frac{2}{3}:0.75=$

⓬ $2.25:5\frac{17}{20}=$

자기 점수에 ○표 하세요

맞힌 개수	6개 이하	7~8개	9~10개	11~12개
학습 방법	개념을 다시 공부하세요.	조금 더 노력 하세요.	실수하면 안 돼요.	참 잘했어요.

5일차 A형

가장 작은 자연수의 비로 나타내기

월	일
분	초
	/12

✎ 가장 작은 자연수의 비로 나타내세요.

❶ $\frac{1}{5}:\frac{1}{3}=$

❷ $\frac{3}{4}:1\frac{2}{9}=$

❸ $2\frac{1}{4}:\frac{5}{7}=$

❹ $1\frac{3}{8}:1\frac{2}{3}=$

❺ $\frac{1}{3}:\frac{3}{7}=$

❻ $\frac{6}{7}:\frac{7}{9}=$

❼ 0.54 : 1.26=

❽ 0.48 : 0.6=

❾ 1.75 : 0.5=

❿ 0.625 : 0.6=

⓫ 0.48 : 1.2=

⓬ 3.5 : 0.56=

자기 점수에 ○표 하세요

맞힌 개수	6개 이하	7~8개	9~10개	11~12개
학습 방법	개념을 다시 공부하세요.	조금 더 노력하세요.	실수하면 안 돼요.	참 잘했어요.

가장 작은 자연수의 비로 나타내기

월	일
분	초
	/12

정답 48쪽

가장 작은 자연수의 비로 나타내세요.

❶ $22:143=$

❷ $176:44=$

❸ $36:135=$

❹ $39:18=$

❺ $176:110=$

❻ $48:156=$

❼ $\frac{24}{25}:1.32=$

❽ $2.5:\frac{1}{3}=$

❾ $\frac{3}{7}:0.2=$

❿ $0.375:\frac{2}{3}=$

⓫ $\frac{5}{7}:0.3=$

⓬ $0.12:\frac{3}{10}=$

자기 점수에 ○표 하세요

맞힌 개수	6개 이하	7~8개	9~10개	11~12개
학습 방법	개념을 다시 공부하세요.	조금 더 노력 하세요.	실수하면 안 돼요.	참 잘했어요.

세 단계 묶어 풀기 117 ~ 119단계
소수의 나눗셈 (10)~(11) / 가장 작은 자연수의 비로 나타내기

월	일
분	초
	/10

정답 49쪽

다음 나눗셈을 완전히 나누어떨어질 때까지 계산하세요.

❶ $133 \div 9.5$

❷ $170 \div 6.8$

❸ $51 \div 4.25$

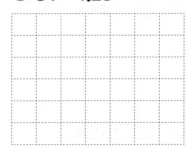

다음 나눗셈의 몫을 자연수 부분까지 구하고 나머지를 알아보세요.

❹ $32.42 \div 0.87$

❺ $67.6 \div 0.98$

❻ $28 \div 0.84$

가장 작은 자연수의 비로 나타내세요.

❼ $30 : 42 =$

❽ $0.7 : 2.8 =$

❾ $1.75 : 2\frac{1}{3} =$

❿ $1\frac{7}{9} : 2\frac{5}{12} =$

재미있는 수학이야기

왜 미지수를 x로 나타낼까요?

(1) □+3=5　　(2) $x \times 7 = 21$　　(3) $30 \div y = 2$

두 식 사이에 등호(=)를 쓰면 두 식이 같다는 뜻이에요. 위에 있는 세 개의 식은 모두 등식이에요. 등호가 들어 있으니까요.

빈칸과 x, y에 어떤 수가 들어가야 이 세 개의 식이 옳은 식이 될까요? x와 y는 풀기 전까지는 아직 모르는 수이고, 알고 싶은 수예요. 이런 수를 미지수라고 하지요.

아주 옛날에는 미지수를 나타내는 기호는 물론이고 덧셈, 뺄셈, 곱셈, 나눗셈을 나타내는 기호나 등호와 같은 기호도 없었어요. 때문에 수학 문제를 말로 길게 설명해야 했지요.

중학교, 고등학교 수학책을 펴 보면 x, y가 참 많이 나온답니다. 왜 미지수로 x, y 등을 많이 쓰는 걸까요? 미지수 x를 처음으로 사용한 사람은 프랑스 철학자이자 수학자인 데카르트(1596~1650)입니다.

데카르트는 수학에 관련된 많은 글을 쓰고 자신의 글을 모아 인쇄소에 맡겨서 책으로 만들고는 했습니다. 수학에 관련된 책이다 보니 '미지의 그 무엇'이라는 표현이 많았지요. 데카르트의 원고에 이 표현이 자주 나오니까 인쇄공은 '미지의 그 무엇'을 간단하게 한 문자로 표현하고 싶었던 것 같아요. 프랑스어에는 x자가 들어간 단어가 많아요. 그래서 금속활자로 책을 찍어 내던 프랑스의 인쇄소에는 다른 글자에 비해 x자 활자가 넉넉했지요. 결국 이 활자를 '미지의 그 무엇' 대신에 사용하자는 인쇄공의 의견이 받아들여졌답니다.

데카르트의 책이 나온 후 많은 사람들이 미지수를 x로 나타내는 것이 편리하다고 느끼게 되었습니다. 이후 우리는 이 기호를 오늘날까지 편리하게 사용하고 있지요.

120 단계 비례식과 비례배분

◆스스로 학습 관리표◆

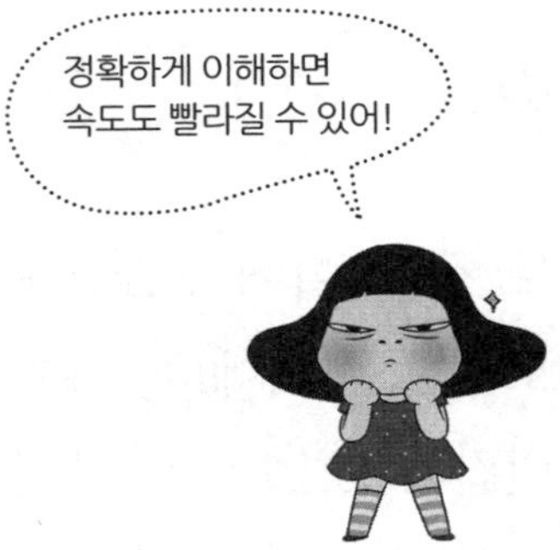

- 매일 맞힌 개수를 적고, 걸린 시간만큼 색칠해 보세요. (눈금 1칸은 1분이며, 초는 표의 상단에 적으세요.)
- 하루하루 지날수록 실력이 자라고, 계산 속도가 빨라지는 것을 눈으로 직접 확인할 수 있습니다.

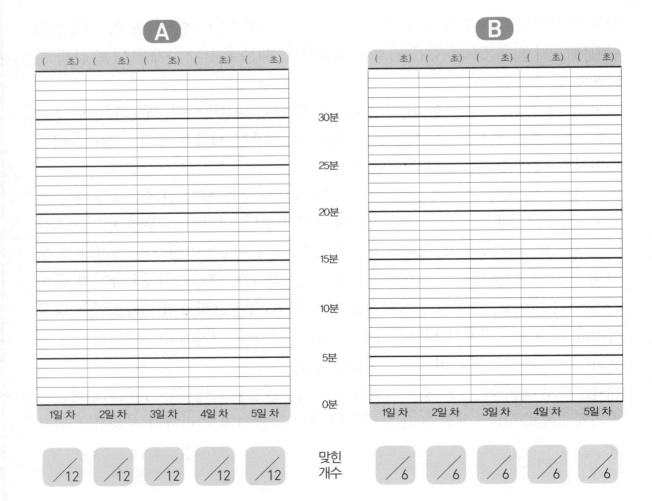

A

(초)	(초)	(초)	(초)	(초)
1일 차	2일 차	3일 차	4일 차	5일 차
/12	/12	/12	/12	/12

30분
25분
20분
15분
10분
5분
0분

맞힌 개수

B

(초)	(초)	(초)	(초)	(초)
1일 차	2일 차	3일 차	4일 차	5일 차
/6	/6	/6	/6	/6

개념 포인트

비례식의 성질

2 : 4=3 : 6처럼 비의 값이 같은 두 비를 등식으로 나타낸 것을 비례식이라고 하고, 바깥쪽에 있는 2와 6을 외항, 안쪽에 있는 4와 3을 내항이라고 합니다.
이때 비례식에서 외항의 곱과 내항의 곱은 크기가 같습니다.

비례배분

전체를 주어진 비로 나누는 것을 비례배분이라고 합니다. 형과 동생이 딱지 5개를 3 : 2의 비로 나누어 가지려면 형은 5개 중에 3개, 전체의 $\frac{3}{5}$을 가지고, 동생은 5개 가운데 2개, 전체의 $\frac{2}{5}$를 가지면 됩니다.

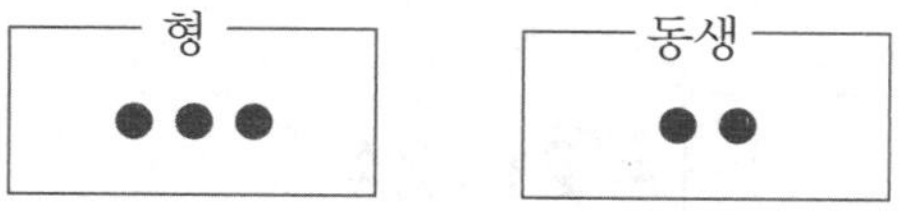

15개의 딱지를 같은 3 : 2의 비로 형과 동생이 나누어 가지려면 어떻게 해야 할까요?
비는 똑같고 전체의 개수만 달라졌으니까 형은 전체의 $\frac{3}{5}$, 즉 $15\times\frac{3}{5}=9$개, 동생은 전체의 $\frac{2}{5}$, 즉 $15\times\frac{2}{5}=6$개를 가지면 됩니다.

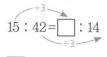

예시

비례식 풀기

(1) 비의 성질 이용

$15 : 42 = \square : 14$ (÷3, ÷3)

$\square = 15 \div 3 = 5$

(2) 비례식의 성질 이용

$3 : 8 = 15 : \square$

$3\times\square = 8\times15$ (비례식의 성질: 외항의 곱 = 내항의 곱)

$3\times\square = 120$, $\square = 40$

24를 5 : 3으로 비례배분

• $24\times\frac{5}{(5+3)}=24\times\frac{5}{8}=15$

• $24\times\frac{3}{(5+3)}=24\times\frac{3}{8}=9$

비례식 풀기의 두 가지 방법을 모두 익힐 수 있도록 지도해 주세요. 비례식의 성질을 이용하여 푸는 방법은 계산하는 수가 커지는 경우가 많으므로 계산하는 수가 비교적 작은 수일 때 비례식의 성질을 이용하는 것이 좋습니다. 그리고 비례배분을 할 때, 전체에 곱하는 분수의 분모는 비에 포함된 모든 수를 더한 합이라는 것에 주의해서 계산하도록 지도해 주세요.

1일차 A형

비례식과 비례배분

월 일
분 초
/12

먼저 빈칸이 없는 쪽을
간단한 자연수의 비로
나타내 봐!

✎ 비례식에서 □를 구하세요.

❶ $3:5=6:\square$

❷ $5:8=\square:24$

❸ $7:\square=21:24$

❹ $\square:7=20:28$

❺ $12:10=54:\square$

❻ $28:60=\square:75$

❼ $\frac{1}{7}:\square=36:28$

❽ $\square:5=\frac{2}{5}:1$

❾ $\frac{2}{3}:8=\frac{3}{4}:\square$

❿ $5:8=\square:\frac{2}{3}$

⓫ $1.4:3.5=2:\square$

⓬ $\square:11=5.6:7.7$

자기 점수에 ○표 하세요

맞힌 개수	6개 이하	7~8개	9~10개	11~12개
학습 방법	개념을 다시 공부하세요.	조금 더 노력하세요.	실수하면 안 돼요.	참 잘했어요.

1일차 B형

비례식과 비례배분

월 일
분 초
/6

정답 50쪽

수를 주어진 비로 비례배분하세요.

❶ 20을 1 : 3으로 비례배분

$20 \times \frac{1}{(1+3)} = \square$

$20 \times \frac{3}{(1+3)} = \square$

→ ______, ______

❷ 30을 3 : 7로 비례배분

→ ______, ______

❸ 51을 2 : 15로 비례배분

→ ______, ______

❹ 75를 4 : 11로 비례배분

→ ______, ______

❺ 125를 2 : 3으로 비례배분

→ ______, ______

❻ 140을 13 : 15로 비례배분

→ ______, ______

자기 점수에 ○표 하세요

맞힌 개수	3개 이하	4개	5개	6개
학습 방법	개념을 다시 공부하세요.	조금 더 노력하세요.	실수하면 안 돼요.	참 잘했어요.

비례식과 비례배분

월	일
분	초
	/12

비례식에서 □를 구하세요.

❶ □ : 39 = 24 : 78

❷ 14 : 15 = □ : 45

❸ 30 : 33 = □ : 121

❹ 6 : □ = 15 : 40

❺ □ : 26 = 45 : 117

❻ 5 : 9 = 30 : □

❼ 8 : □ = $1\frac{3}{5}$: 4

❽ 21 : 18 = □ : $\frac{2}{3}$

❾ $\frac{2}{5}$: 1 = 4 : □

❿ 9 : □ = $\frac{2}{5}$: $\frac{2}{3}$

⓫ 0.2 : 0.9 = 4 : □

⓬ □ : 22 = 3.2 : 4.4

자기 점수에 ○표 하세요

맞힌 개수	6개 이하	7~8개	9~10개	11~12개
학습 방법	개념을 다시 공부하세요.	조금 더 노력 하세요.	실수하면 안 돼요.	참 잘했어요.

비례식과 비례배분

월	일
분	초
	/6

정답 51쪽

수를 주어진 비로 비례배분하세요.

❶ 50을 3 : 2로 비례배분

$50\times\frac{3}{(3+2)}=\square$

$50\times\frac{2}{(3+2)}=\square$

→ ______, ______

❷ 50을 12 : 13으로 비례배분

→ ______, ______

❸ 78을 4 : 9로 비례배분

→ ______, ______

❹ 48을 11 : 13으로 비례배분

→ ______, ______

❺ 238을 6 : 11로 비례배분

→ ______, ______

❻ 475를 7 : 12로 비례배분

→ ______, ______

자기 점수에 ○표 하세요

맞힌 개수	3개 이하	4개	5개	6개
학습 방법	개념을 다시 공부하세요.	조금 더 노력하세요.	실수하면 안 돼요.	참 잘했어요.

비례식과 비례배분

월	일
분	초
	/12

✎ 비례식에서 □를 구하세요.

❶ 52 : 60 = 13 : □

❷ 3 : 10 = □ : 90

❸ 12 : □ = 16 : 20

❹ □ : 26 = 8 : 13

❺ 27 : 30 = 18 : □

❻ 42 : 48 = □ : 56

❼ $\frac{3}{5}$: 12 = $\frac{3}{4}$: □

❽ 5 : 9 = □ : $\frac{3}{4}$

❾ 1.4 : 2.4 = 28 : □

❿ □ : 2.6 = 4 : 13

⓫ 91 : □ = 1.3 : 1.4

⓬ 5 : 9 = □ : 0.36

자기 점수에 ○표 하세요

맞힌 개수	6개 이하	7~8개	9~10개	11~12개
학습 방법	개념을 다시 공부하세요.	조금 더 노력하세요.	실수하면 안 돼요.	참 잘했어요.

비례식과 비례배분

월	일
분	초
	/6

정답 52쪽

수를 주어진 비로 비례배분하세요.

❶ 18을 2 : 7로 비례배분

$18 \times \frac{2}{(2+7)} = \square$

$18 \times \frac{7}{(2+7)} = \square$

→ ______, ______

❷ 48을 3 : 5로 비례배분

→ ______, ______

❸ 96을 11 : 13으로 비례배분

→ ______, ______

❹ 110을 9 : 13으로 비례배분

→ ______, ______

❺ 375를 7 : 8로 비례배분

→ ______, ______

❻ 550을 7 : 15로 비례배분

→ ______, ______

자기 점수에 ○표 하세요

맞힌 개수	3개 이하	4개	5개	6개
학습 방법	개념을 다시 공부하세요.	조금 더 노력하세요.	실수하면 안 돼요.	참 잘했어요.

4일차 A형

비례식과 비례배분

월	일
분	초
	/12

비례식에서 □를 구하세요.

❶ $6:14=21:\square$

❷ $21:28=\square:12$

❸ $7:\square=21:45$

❹ $\square:39=24:78$

❺ $6:20=9:\square$

❻ $5:11=\square:55$

❼ $\frac{4}{5}:20=\frac{8}{25}:\square$

❽ $2\frac{1}{3}:7=\square:21$

❾ $0.4:1.8=2:\square$

❿ $\square:13=1.8:2.6$

⓫ $2:\square=0.6:4.5$

⓬ $9:39=\square:1.3$

자기 점수에 ○표 하세요

맞힌 개수	6개 이하	7~8개	9~10개	11~12개
학습 방법	개념을 다시 공부하세요.	조금 더 노력하세요.	실수하면 안 돼요.	참 잘했어요.

비례식과 비례배분

월	일
분	초
	/6

정답 53쪽

수를 주어진 비로 비례배분하세요.

❶ 85를 8 : 9로 비례배분

$85 \times \frac{8}{(8+9)} = \square$

$85 \times \frac{9}{(8+9)} = \square$

→ ______, ______

❷ 75를 4 : 11로 비례배분

→ ______, ______

❸ 116을 14 : 15로 비례배분

→ ______, ______

❹ 525를 10 : 11로 비례배분

→ ______, ______

❺ 800을 3 : 13으로 비례배분

→ ______, ______

❻ 1000을 7 : 13으로 비례배분

→ ______, ______

자기 점수에 ○표 하세요

맞힌 개수	3개 이하	4개	5개	6개
학습 방법	개념을 다시 공부하세요.	조금 더 노력하세요.	실수하면 안 돼요.	참 잘했어요.

비례식과 비례배분

월 일
분 초
/12

✎ 비례식에서 □를 구하세요.

❶ $30:78=5:\square$

❷ $42:72=\square:24$

❸ $7:\square=21:24$

❹ $\square:26=54:78$

❺ $12:21=28:\square$

❻ $16:44=\square:11$

❼ $\frac{3}{4}:\frac{1}{5}=\square:\frac{4}{5}$

❽ $24:28=\square:2\frac{1}{3}$

❾ $2:2.4=5:\square$

❿ $\square:13=1.2:5.2$

⓫ $12:\square=0.3:1$

⓬ $0.35:0.98=\square:84$

자기 점수에 ○표 하세요

맞힌 개수	6개 이하	7~8개	9~10개	11~12개
학습 방법	개념을 다시 공부하세요.	조금 더 노력하세요.	실수하면 안 돼요.	참 잘했어요.

비례식과 비례배분

월 일
분 초
/6

정답 54쪽

✎ 수를 주어진 비로 비례배분하세요.

❶ 38을 6 : 13으로 비례배분

$38\times\frac{6}{(6+13)}=\square$

$38\times\frac{13}{(6+13)}=\square$

→ ______, ______

❷ 161을 11 : 12로 비례배분

→ ______, ______

❸ 325를 2 : 11로 비례배분

→ ______, ______

❹ 550을 3 : 8로 비례배분

→ ______, ______

❺ 600을 5 : 7로 비례배분

→ ______, ______

❻ 675를 13 : 14로 비례배분

→ ______, ______

자기 점수에 ○표 하세요

맞힌 개수	3개 이하	4개	5개	6개
학습 방법	개념을 다시 공부하세요.	조금 더 노력하세요.	실수하면 안 돼요.	참 잘했어요.

전체 묶어 풀기 111 ~ 120 단계
분수와 소수의 나눗셈 · 비례식과 비례배분

월	일
분	초
	/11

정답 55쪽

나눗셈을 하세요.

❶ $6 \div \frac{1}{17} =$

❷ $\frac{9}{16} \div \frac{7}{12} =$

❸ $8 \div \frac{10}{13} =$

❹ $1\frac{2}{3} \div 2\frac{2}{9} =$

다음 나눗셈을 완전히 나누어떨어질 때까지 계산하세요.

❺ $13.8 \div 2.3$

❻ $54 \div 3.6$

❼ $1.8 \div 0.45$

비례식에서 □를 구하세요.

❽ $2 : 7 = 16 : \square$

❾ $\frac{3}{4} : \square = 27 : 15$

❿ $2.4 : 3.2 = \square : 20$

⓫ $1\frac{2}{3} : 2 = 15 : \square$

재미있는 수학이야기

수학 마술 속 방정식

두 친구가 수 맞히기 놀이를 하고 있어요.

지수 : 네가 좋아하는 수를 하나 생각해 봐.
태윤 : 응. 생각했어.
지수 : 그럼, 네가 생각한 수에 5를 곱하고 10을 더해. 얼마가 나왔니?
태윤 : 잠깐…… 계산하면…… 45가 나오네.
지수 : 네가 좋아하는 수를 알아맞힐 수 있어.
(머릿속으로 뭔가 계산하면서) 음…… 네가 좋아하는 수는 7이구나!
태윤 : 어떻게 알았어?

지수는 태윤이가 좋아하는 수를 어떻게 알아냈을까요? 좋아하는 수를 x라고 해서 지수가 태윤이에게 하라고 한 계산을 다시 써 봅시다.

좋아하는 수를 하나 생각해 봐.	x
그 수에 5를 곱해.	$5\times x$
거기에 10을 더해.	$5\times x+10$
얼마가 나왔니?	$5\times x+10=45$

지수는 태윤이의 대답을 듣고 방정식 $5\times x+10=45$를 풀어 x를 찾은 거예요.

방정식을 잘 공부한 우리 친구들은 멋진 수학 마술을 선보일 수 있겠지요?

우와~ 계산의 신 12권을 드디어 마쳤어요! 실력과 성적이 쑥쑥 올라간 것을 느낄 수 있나요?

《계산의 신》 12권까지 배운 내용들은 모두 중학 수학의 기초가 되요. 어때요? 수학이 결코 어렵지 않지요? 지금까지 공부한 내용들을 잘 이해하고 있다면 중학교 가서도 수학에 자신감이 생길 거예요.^^

친구들,
중학교 가서도 꿈을담는틀
수학 교재와 함께 해요~

개발 책임 이운영
편집 관리 이채원
디자인 이현지 임성자
온라인 강진식
마케팅 박진용
관리 장희정
용지 영지페이퍼
인쇄 제본 벽호·GKC
유통 북앤북

학부모 체험단의 교재 Review

강현아 (서울_신중초) **김명진** (서울_신도초) **김정선** (원주_문막초) **김진영** (서울_백운초)
나현경 (인천_원당초) **방윤정** (서울_강서초) **안조혁** (전주_온빛초) **오정화** (광주_양산초)
이향숙 (서울_금양초) **이혜선** (서울_홍파초) **전예원** (서울_금양초)

♥ <계산의 신>은 초등학교 학생들의 기본 계산력을 향상시킬 수 있는 최적의 교재입니다. 처음에는 반복 계산이 많아 아이가 지루해하고 계산 실수를 많이 하는 것 같았는데, 점점 계산 속도가 빨라지고 실수도 확연히 줄어 아주 좋았어요.^^

- 서울 서초구 신중초등학교 학부모 강현아

♥ 우리 아이는 수학을 싫어해서 수학 문제집을 좀처럼 풀지 않으려 했는데, 의외로 <계산의 신>은 하루에 2쪽씩 꾸준히 푸네요. 너무 신기하고 뿌듯하여 아이에게 물었더니 “이 책은 숫자만 있어서 쉬운 것 같고, 빨리빨리 풀 수 있어서 좋아요.” 라고 하네요. 요즘은 일반 문제집도 집중하여 잘 푸는 것 같아 기특합니다.^^ <계산의 신>은 우리 아이에게 수학에 대한 흥미와 재미를 주는 고마운 책입니다.

- 전주 덕진구 온빛초등학교 학부모 안조혁

♥ 초등 3학년인 우리 아이는 수학을 잘하는 편은 아니지만 제 나름대로 하루에 4~6쪽을 풀었어요. 그러면서 “엄마, 이 책 다 풀고 책 제목처럼 계산의 신이 될 거예요~” 하며 능청떠는 아이의 모습이 정말 예쁘고 대견하네요. <계산의 신>이 비록 계산력을 연습시키는 쉬운 교재이지만 이 교재로 인해 우리 아이가 수학에 관심을 갖고, 앞으로도 수학을 계속 좋아했으면 하는 바람입니다.

- 광주 북구 양산초등학교 학부모 오정화

♥ <계산의 신>은 학부모의 마음까지 헤아려 만든 좋은 책인 것 같아요. 아이가 평소 ‘시간의 합과 차’를 어려워하여 걱정을 많이 했었는데, <계산의 신>은 그 부분까지 상세하게 다루고 있어 무척 좋았어요. 학생들이 힘들어하는 부분까지 세심하게 파악하여 만든 문제집이라고 생각해요.

- 서울 용산구 금양초등학교 학부모 이향숙

《계산의 신》은

★ 최신 교육과정에 맞춘 단계별 계산 프로그램으로 계산법 완벽 습득
★ '단계별 묶어 풀기', '전체 묶어 풀기'로 체계적 복습까지 한 번에!
★ 좌뇌와 우뇌를 고르게 계발하는 수학 이야기와 수학 퀴즈로 창의성 쑥쑥!

아이들이 수학 문제를 풀 때 자꾸 실수하는 이유는 바로 계산력이 부족하기 때문입니다.
계산 문제에서 실수를 줄이면 점수가 오르고, 점수가 오르면 수학에 자신감이 생깁니다.
아이들에게 《계산의 신》으로 수학의 재미와 자신감을 심어 주세요.

	《계산의 신》 권별 핵심 내용		
초등 1학년	1권	자연수의 덧셈과 뺄셈 기본(1)	합과 차가 9까지인 덧셈과 뺄셈 받아올림/내림이 없는 (두 자리 수)±(한 자리 수)
	2권	자연수의 덧셈과 뺄셈 기본(2)	받아올림/내림이 없는 (두 자리 수)±(두 자리 수) 받아올림/내림이 있는 (한/두 자리 수)±(한 자리 수)
초등 2학년	3권	자연수의 덧셈과 뺄셈 발전	(두 자리 수)±(한 자리 수) (두 자리 수)±(두 자리 수)
	4권	네 자리 수/곱셈구구	네 자리 수 곱셈구구
초등 3학년	5권	자연수의 덧셈과 뺄셈/곱셈과 나눗셈	(세 자리 수)±(세 자리 수), (두 자리 수)×(한 자리 수) 곱셈구구 범위에서의 나눗셈
	6권	자연수의 곱셈과 나눗셈 발전	(세 자리 수)×(한 자리 수), (두 자리 수)×(두 자리 수) (두/세 자리 수)÷(한 자리 수)
초등 4학년	7권	자연수의 곱셈과 나눗셈 심화	(세 자리 수)×(두 자리 수) (두/세 자리 수)÷(두 자리 수)
	8권	분수와 소수의 덧셈과 뺄셈 기본	분모가 같은 분수의 덧셈과 뺄셈 소수의 덧셈과 뺄셈
초등 5학년	9권	자연수의 혼합 계산/분수의 덧셈과 뺄셈	자연수의 혼합 계산, 약수와 배수, 약분과 통분 분모가 다른 분수의 덧셈과 뺄셈
	10권	분수와 소수의 곱셈	(분수)×(자연수), (분수)×(분수) (소수)×(자연수), (소수)×(소수)
초등 6학년	11권	분수와 소수의 나눗셈 기본	(분수)÷(자연수), (소수)÷(자연수) (자연수)÷(자연수)
	12권	분수와 소수의 나눗셈 발전	(분수)÷(분수), (자연수)÷(분수), (소수)÷(소수), (자연수)÷(소수), 비례식과 비례배분

KAIST 출신 수학 선생님들이 집필한

계산의 신 神

송명진·박종하 지음

12 초등 6-2

분수와 소수의
나눗셈 발전

정답 및 풀이

KAIST 출신 수학 선생님들이 집필한

계산의 신 神

송명진·박종하 지음

12 초등 6학년 2학기

정답 및 풀이

1일차 A형

분수의 나눗셈 (3)

월 일
분 초
/18

÷을 ×로 고치면
나누는 수인 단위분수는
자연수가 되는구나!

나눗셈을 하세요.

❶ $\frac{4}{5}\div\frac{1}{5}=4$

❷ $\frac{3}{8}\div\frac{1}{8}=3$

❸ $\frac{2}{4}\div\frac{1}{4}=2$

❹ $\frac{8}{9}\div\frac{1}{9}=8$

❺ $\frac{4}{6}\div\frac{1}{6}=4$

❻ $\frac{3}{4}\div\frac{1}{4}=3$

❼ $\frac{6}{7}\div\frac{1}{7}=6$

❽ $\frac{7}{8}\div\frac{1}{8}=7$

❾ $\frac{2}{5}\div\frac{1}{5}=2$

❿ $\frac{8}{12}\div\frac{1}{12}=8$

⓫ $\frac{3}{9}\div\frac{1}{9}=3$

⓬ $\frac{7}{11}\div\frac{1}{11}=7$

⓭ $\frac{5}{7}\div\frac{1}{7}=5$

⓮ $\frac{6}{10}\div\frac{1}{10}=6$

⓯ $\frac{5}{16}\div\frac{1}{16}=5$

⓰ $\frac{3}{5}\div\frac{1}{5}=3$

⓱ $\frac{9}{13}\div\frac{1}{13}=9$

⓲ $\frac{3}{7}\div\frac{1}{7}=3$

자기 점수에 ○표 하세요.

맞힌 개수	10개 이하	11~14개	15~16개	17~18개
학습 방법	개념을 다시 공부하세요.	조금 더 노력하세요.	실수하면 안 돼요.	참 잘했어요.

1일차 B형

분수의 나눗셈 (3)

월 일
분 초
/16

정답 2쪽

분모가 같아서 분자끼리의
나눗셈의 값과 같아!

나눗셈을 하세요.

❶ $\frac{14}{17}\div\frac{2}{17}=7$

❷ $\frac{8}{13}\div\frac{2}{13}=4$

❸ $\frac{12}{23}\div\frac{2}{23}=6$

❹ $\frac{36}{47}\div\frac{18}{47}=2$

❺ $\frac{9}{11}\div\frac{3}{11}=3$

❻ $\frac{15}{19}\div\frac{3}{19}=5$

❼ $\frac{15}{22}\div\frac{3}{22}=5$

❽ $\frac{10}{11}\div\frac{2}{11}=5$

❾ $\frac{4}{9}\div\frac{2}{9}=2$

❿ $\frac{8}{31}\div\frac{2}{31}=4$

⓫ $\frac{20}{21}\div\frac{5}{21}=4$

⓬ $\frac{12}{13}\div\frac{6}{13}=2$

⓭ $\frac{9}{10}\div\frac{3}{10}=3$

⓮ $\frac{12}{29}\div\frac{4}{29}=3$

⓯ $\frac{8}{15}\div\frac{4}{15}=2$

⓰ $\frac{6}{7}\div\frac{3}{7}=2$

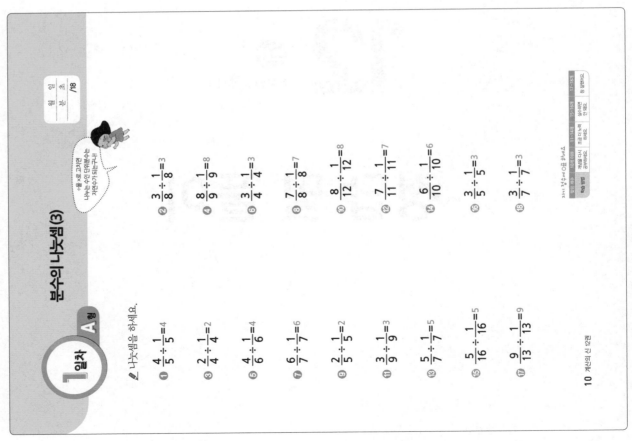

자기 점수에 ○표 하세요.

맞힌 개수	8개 이하	9~12개	13~14개	15~16개
학습 방법	개념을 다시 공부하세요.	조금 더 노력하세요.	실수하면 안 돼요.	참 잘했어요.

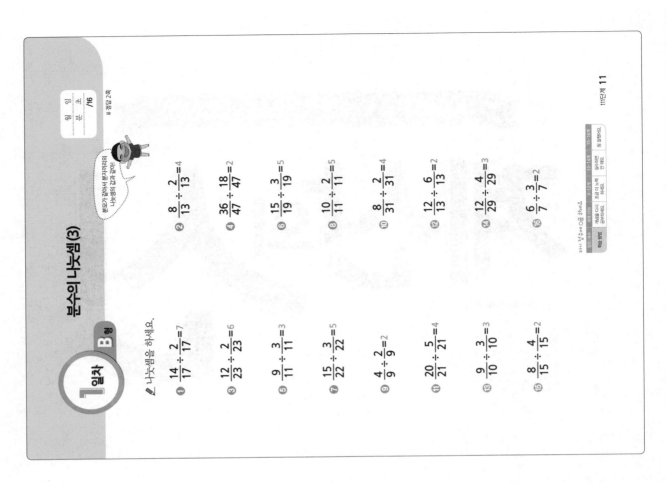

2일차 A형

분수의 나눗셈(3)

월 일
분 초
/18

나눗셈을 하세요.

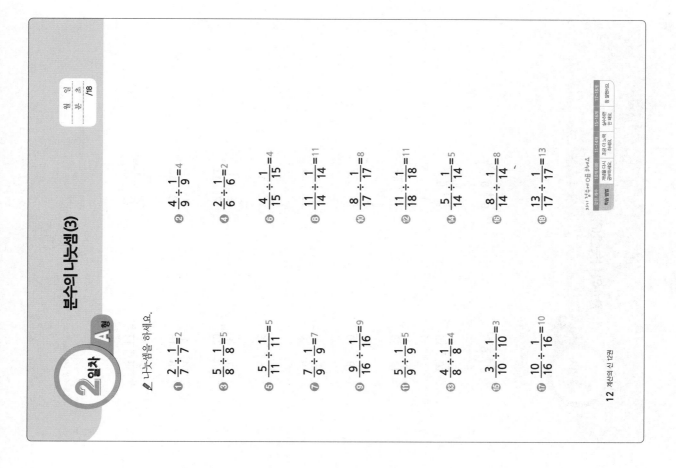

1. $\frac{2}{7} \div \frac{1}{7} = 2$
2. $\frac{4}{9} \div \frac{1}{9} = 4$
3. $\frac{5}{8} \div \frac{1}{8} = 5$
4. $\frac{2}{6} \div \frac{1}{6} = 2$
5. $\frac{5}{11} \div \frac{1}{11} = 5$
6. $\frac{4}{15} \div \frac{1}{15} = 4$
7. $\frac{7}{9} \div \frac{1}{9} = 7$
8. $\frac{11}{14} \div \frac{1}{14} = 11$
9. $\frac{9}{16} \div \frac{1}{16} = 9$
10. $\frac{8}{17} \div \frac{1}{17} = 8$
11. $\frac{5}{9} \div \frac{1}{9} = 5$
12. $\frac{11}{18} \div \frac{1}{18} = 11$
13. $\frac{4}{8} \div \frac{1}{8} = 4$
14. $\frac{5}{14} \div \frac{1}{14} = 5$
15. $\frac{3}{10} \div \frac{1}{10} = 3$
16. $\frac{8}{14} \div \frac{1}{14} = 8$
17. $\frac{10}{16} \div \frac{1}{16} = 10$
18. $\frac{13}{17} \div \frac{1}{17} = 13$

자기 점수에 ○표 하세요.

맞힌 개수	10개 이하	11~14개	15~16개	17~18개
학습 방법	개념을 다시 공부하세요.	조금 더 노력하세요.	실수하면 안 돼요.	참 잘했어요.

2일차 B형

분수의 나눗셈(3)

월 일
분 초
/16

정답 3쪽

나눗셈을 하세요.

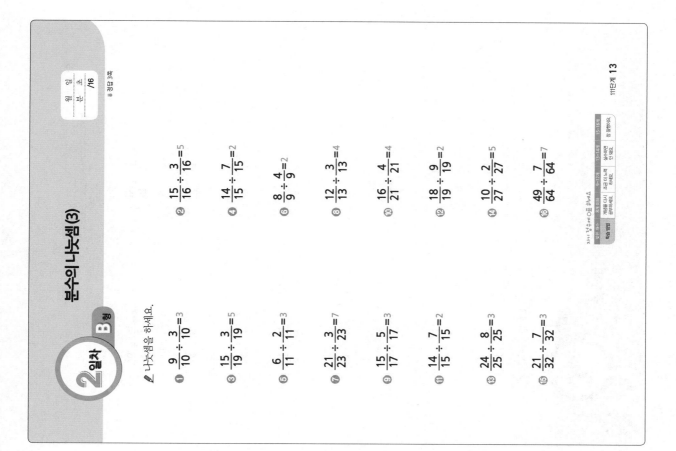

1. $\frac{9}{10} \div \frac{3}{10} = 3$
2. $\frac{15}{16} \div \frac{3}{16} = 5$
3. $\frac{15}{19} \div \frac{3}{19} = 5$
4. $\frac{14}{15} \div \frac{7}{15} = 2$
5. $\frac{6}{11} \div \frac{2}{11} = 3$
6. $\frac{8}{9} \div \frac{4}{9} = 2$
7. $\frac{21}{23} \div \frac{3}{23} = 7$
8. $\frac{12}{13} \div \frac{3}{13} = 4$
9. $\frac{15}{17} \div \frac{5}{17} = 3$
10. $\frac{16}{21} \div \frac{4}{21} = 4$
11. $\frac{14}{15} \div \frac{7}{15} = 2$
12. $\frac{18}{19} \div \frac{9}{19} = 2$
13. $\frac{24}{25} \div \frac{8}{25} = 3$
14. $\frac{10}{27} \div \frac{2}{27} = 5$
15. $\frac{21}{32} \div \frac{7}{32} = 3$
16. $\frac{49}{64} \div \frac{7}{64} = 7$

자기 점수에 ○표 하세요.

맞힌 개수	8개 이하	9~12개	13~14개	15~16개
학습 방법	개념을 다시 공부하세요.	조금 더 노력하세요.	실수하면 안 돼요.	참 잘했어요.

3일차 A형 분수의 나눗셈(3)

월 일 / 분 초 / /18

나눗셈을 하세요.

① $\frac{3}{6} \div \frac{1}{6} = 3$

② $\frac{2}{8} \div \frac{1}{8} = 2$

③ $\frac{9}{10} \div \frac{1}{10} = 9$

④ $\frac{6}{9} \div \frac{1}{9} = 6$

⑤ $\frac{8}{13} \div \frac{1}{13} = 8$

⑥ $\frac{5}{17} \div \frac{1}{17} = 5$

⑦ $\frac{12}{19} \div \frac{1}{19} = 12$

⑧ $\frac{9}{12} \div \frac{1}{12} = 9$

⑨ $\frac{4}{10} \div \frac{1}{10} = 4$

⑩ $\frac{7}{13} \div \frac{1}{13} = 7$

⑪ $\frac{11}{15} \div \frac{1}{15} = 11$

⑫ $\frac{14}{17} \div \frac{1}{17} = 14$

⑬ $\frac{17}{20} \div \frac{1}{20} = 17$

⑭ $\frac{3}{12} \div \frac{1}{12} = 3$

⑮ $\frac{14}{16} \div \frac{1}{16} = 14$

⑯ $\frac{7}{18} \div \frac{1}{18} = 7$

⑰ $\frac{9}{14} \div \frac{1}{14} = 9$

⑱ $\frac{20}{23} \div \frac{1}{23} = 20$

자기 점수에 ○표 하세요.

맞힌 개수	10개 이하	11~14개	15~16개	17~18개
학습 방법	개념을 다시 공부하세요.	조금 더 노력하세요.	실수하면 안 돼요.	참 잘했어요.

3일차 B형 분수의 나눗셈(3)

월 일 / 분 초 / /16

정답 4쪽

나눗셈을 하세요.

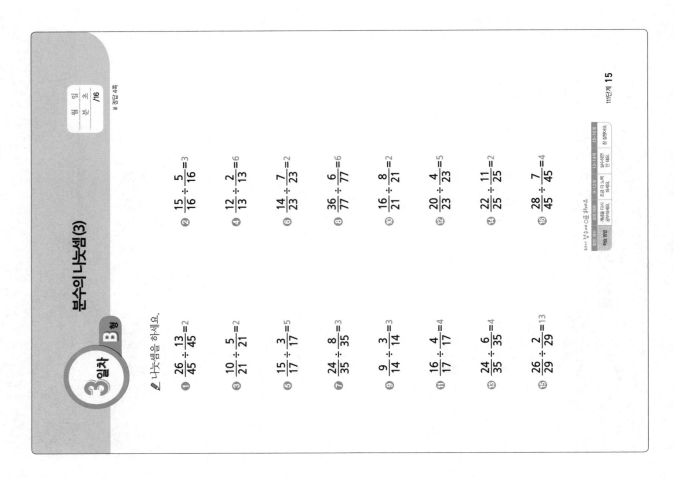

① $\frac{26}{45} \div \frac{13}{45} = 2$

② $\frac{15}{16} \div \frac{5}{16} = 3$

③ $\frac{10}{21} \div \frac{5}{21} = 2$

④ $\frac{12}{13} \div \frac{2}{13} = 6$

⑤ $\frac{15}{17} \div \frac{3}{17} = 5$

⑥ $\frac{14}{23} \div \frac{7}{23} = 2$

⑦ $\frac{24}{35} \div \frac{8}{35} = 3$

⑧ $\frac{36}{77} \div \frac{6}{77} = 6$

⑨ $\frac{9}{14} \div \frac{3}{14} = 3$

⑩ $\frac{16}{21} \div \frac{8}{21} = 2$

⑪ $\frac{16}{17} \div \frac{4}{17} = 4$

⑫ $\frac{20}{23} \div \frac{4}{23} = 5$

⑬ $\frac{24}{35} \div \frac{6}{35} = 4$

⑭ $\frac{22}{25} \div \frac{11}{25} = 2$

⑮ $\frac{26}{29} \div \frac{2}{29} = 13$

⑯ $\frac{28}{45} \div \frac{7}{45} = 4$

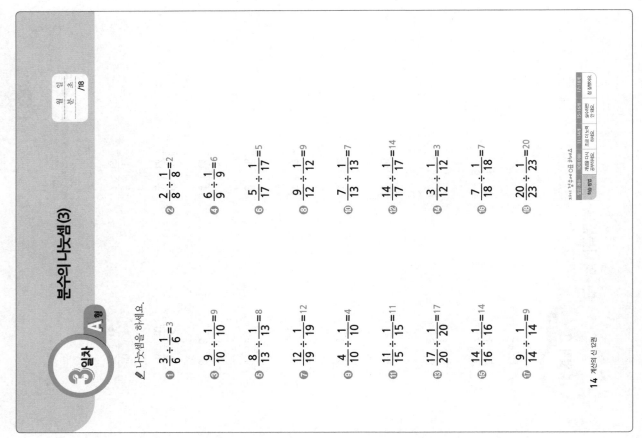

자기 점수에 ○표 하세요.

맞힌 개수	8개 이하	9~12개	13~14개	15~16개
학습 방법	개념을 다시 공부하세요.	조금 더 노력하세요.	실수하면 안 돼요.	참 잘했어요.

4일차 A형

분수의 나눗셈(3)

월 일 / 분 초 / /18

나눗셈을 하세요.

1. $\frac{4}{14} \div \frac{1}{14} = 4$
2. $\frac{2}{5} \div \frac{1}{5} = 2$
3. $\frac{11}{13} \div \frac{1}{13} = 11$
4. $\frac{4}{11} \div \frac{1}{11} = 4$
5. $\frac{15}{16} \div \frac{1}{16} = 15$
6. $\frac{8}{19} \div \frac{1}{19} = 8$
7. $\frac{3}{11} \div \frac{1}{11} = 3$
8. $\frac{12}{15} \div \frac{1}{15} = 12$
9. $\frac{7}{20} \div \frac{1}{20} = 7$
10. $\frac{5}{18} \div \frac{1}{18} = 5$
11. $\frac{12}{14} \div \frac{1}{14} = 12$
12. $\frac{10}{12} \div \frac{1}{12} = 10$
13. $\frac{17}{18} \div \frac{1}{18} = 17$
14. $\frac{16}{23} \div \frac{1}{23} = 16$
15. $\frac{14}{15} \div \frac{1}{15} = 14$
16. $\frac{3}{13} \div \frac{1}{13} = 3$
17. $\frac{6}{19} \div \frac{1}{19} = 6$
18. $\frac{17}{20} \div \frac{1}{20} = 17$

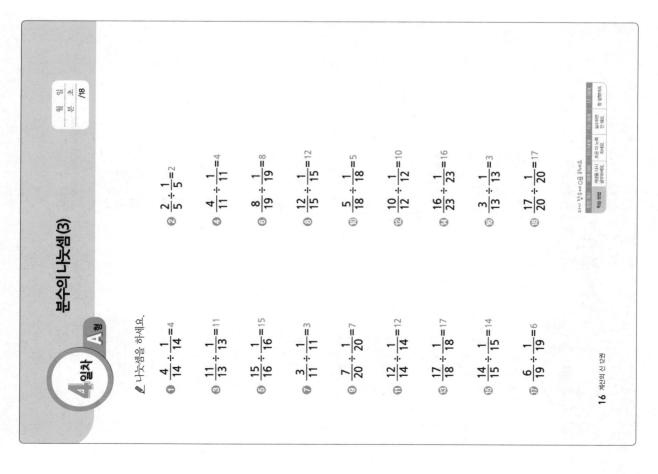

자기 점수에 ○표 하세요.

맞힌 개수	10개 이하	11~14개	15~16개	17~18개
학습 방법	개념을 다시 공부하세요.	조금 더 노력 하세요.	실수하면 안 돼요.	참 잘했어요.

4일차 B형

분수의 나눗셈(3)

월 일 / 분 초 / /16

정답 5쪽

나눗셈을 하세요.

1. $\frac{18}{19} \div \frac{9}{19} = 2$
2. $\frac{15}{17} \div \frac{5}{17} = 3$
3. $\frac{16}{21} \div \frac{4}{21} = 4$
4. $\frac{20}{23} \div \frac{5}{23} = 4$
5. $\frac{8}{13} \div \frac{4}{13} = 2$
6. $\frac{21}{26} \div \frac{7}{26} = 3$
7. $\frac{24}{29} \div \frac{6}{29} = 4$
8. $\frac{51}{61} \div \frac{17}{61} = 3$
9. $\frac{25}{38} \div \frac{5}{38} = 5$
10. $\frac{15}{22} \div \frac{5}{22} = 3$
11. $\frac{24}{25} \div \frac{8}{25} = 3$
12. $\frac{49}{50} \div \frac{7}{50} = 7$
13. $\frac{9}{11} \div \frac{3}{11} = 3$
14. $\frac{14}{25} \div \frac{7}{25} = 2$
15. $\frac{25}{34} \div \frac{5}{34} = 5$
16. $\frac{50}{63} \div \frac{10}{63} = 5$

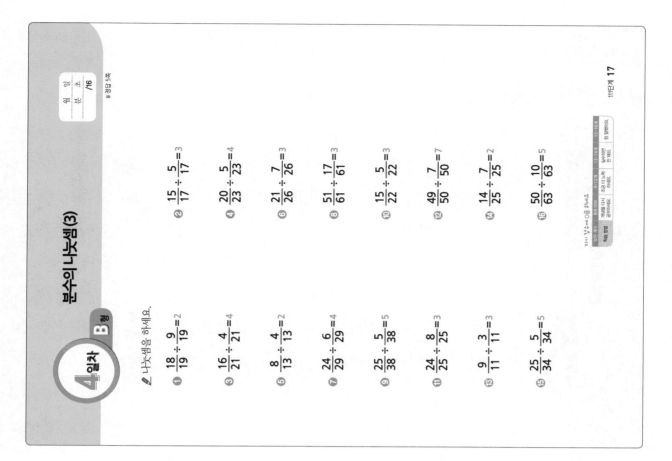

자기 점수에 ○표 하세요.

맞힌 개수	8개 이하	9~12개	13~14개	15~16개
학습 방법	개념을 다시 공부하세요.	조금 더 노력 하세요.	실수하면 안 돼요.	참 잘했어요.

5일차 A형 분수의 나눗셈(3)

월 일
분 초
/18

나눗셈을 하세요.

❶ $\frac{6}{11} \div \frac{1}{11} = 6$

❷ $\frac{4}{5} \div \frac{1}{5} = 4$

❸ $\frac{12}{16} \div \frac{1}{16} = 12$

❹ $\frac{18}{21} \div \frac{1}{21} = 18$

❺ $\frac{13}{19} \div \frac{1}{19} = 13$

❻ $\frac{8}{14} \div \frac{1}{14} = 8$

❼ $\frac{15}{16} \div \frac{1}{16} = 15$

❽ $\frac{2}{19} \div \frac{1}{19} = 2$

❾ $\frac{18}{26} \div \frac{1}{26} = 18$

❿ $\frac{8}{12} \div \frac{1}{12} = 8$

⓫ $\frac{15}{18} \div \frac{1}{18} = 15$

⓬ $\frac{9}{13} \div \frac{1}{13} = 9$

⓭ $\frac{10}{11} \div \frac{1}{11} = 10$

⓮ $\frac{2}{14} \div \frac{1}{14} = 2$

⓯ $\frac{5}{15} \div \frac{1}{15} = 5$

⓰ $\frac{16}{18} \div \frac{1}{18} = 16$

⓱ $\frac{23}{25} \div \frac{1}{25} = 23$

⓲ $\frac{20}{29} \div \frac{1}{29} = 20$

자기 점수에 ○표 하세요.

맞힌 개수	10개 이하	11~14개	15~16개	17~18개
학습 방법	개념을 다시 공부하세요.	조금 더 노력 하세요.	실수하면 안 돼요.	참 잘했어요.

5일차 B형 분수의 나눗셈(3)

월 일
분 초
/16

정답 6쪽

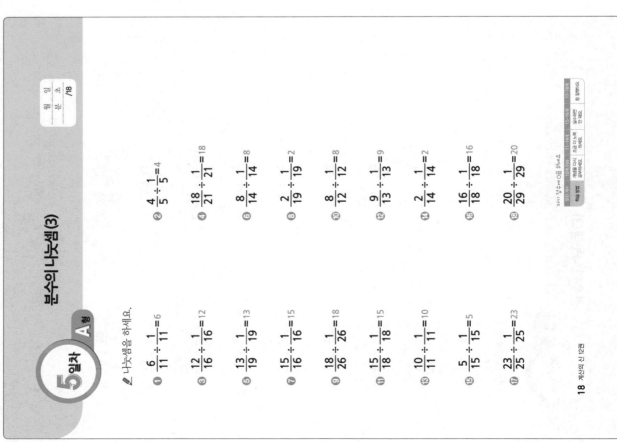

이번 단계에서는 분모가 같은 (진분수)÷(단위분수), (진분수)÷(진분수)를 배웠습니다. 다음 단계에서는 분자끼리 나누어떨어지지 않는 (진분수)÷(진분수)를 배웁니다.

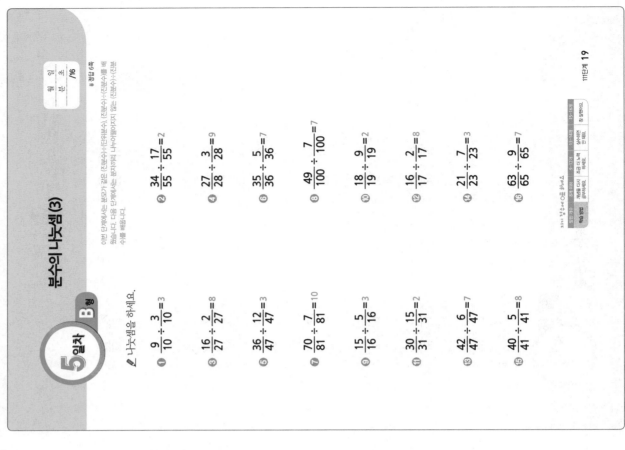

나눗셈을 하세요.

❶ $\frac{9}{10} \div \frac{3}{10} = 3$

❷ $\frac{34}{55} \div \frac{17}{55} = 2$

❸ $\frac{16}{27} \div \frac{2}{27} = 8$

❹ $\frac{27}{28} \div \frac{3}{28} = 9$

❺ $\frac{36}{47} \div \frac{12}{47} = 3$

❻ $\frac{35}{36} \div \frac{5}{36} = 7$

❼ $\frac{70}{81} \div \frac{7}{81} = 10$

❽ $\frac{49}{100} \div \frac{7}{100} = 7$

❾ $\frac{15}{16} \div \frac{5}{16} = 3$

❿ $\frac{18}{19} \div \frac{9}{19} = 2$

⓫ $\frac{30}{31} \div \frac{15}{31} = 2$

⓬ $\frac{16}{17} \div \frac{2}{17} = 8$

⓭ $\frac{42}{47} \div \frac{6}{47} = 7$

⓮ $\frac{21}{23} \div \frac{7}{23} = 3$

⓯ $\frac{40}{41} \div \frac{5}{41} = 8$

⓰ $\frac{63}{65} \div \frac{9}{65} = 7$

자기 점수에 ○표 하세요.

맞힌 개수	8개 이하	9~12개	13~14개	15~16개
학습 방법	개념을 다시 공부하세요.	조금 더 노력 하세요.	실수하면 안 돼요.	참 잘했어요.

1일차 A형

분수의 나눗셈(4)

월 일 / 분 초 / /16

분자끼리 나누어떨어지지 않을 때에는 몫을 분수로 나타내줘!

나눗셈을 하세요.

① $\frac{2}{5} \div \frac{3}{5} = \frac{2}{3}$

$2 \div 3 = \frac{2}{3}$

② $\frac{4}{7} \div \frac{6}{7} = \frac{2}{3}$

$4 \div 6 = \frac{4}{6} = \frac{2}{3}$

③ $\frac{4}{15} \div \frac{11}{15} = \frac{4}{11}$

$4 \div 11 = \frac{4}{11}$

④ $\frac{3}{11} \div \frac{9}{11} = \frac{1}{3}$

$3 \div 9 = \frac{3}{9} = \frac{1}{3}$

⑤ $\frac{5}{13} \div \frac{11}{13} = \frac{5}{11}$

$5 \div 11 = \frac{5}{11}$

⑥ $\frac{2}{9} \div \frac{5}{9} = \frac{2}{5}$

$2 \div 5 = \frac{2}{5}$

⑦ $\frac{5}{12} \div \frac{7}{12} = \frac{5}{7}$

$5 \div 7 = \frac{5}{7}$

⑧ $\frac{3}{7} \div \frac{4}{7} = \frac{3}{4}$

$3 \div 4 = \frac{3}{4}$

⑨ $\frac{5}{13} \div \frac{12}{13} = \frac{5}{12}$

$5 \div 12 = \frac{5}{12}$

⑩ $\frac{3}{7} \div \frac{5}{7} = \frac{3}{5}$

$3 \div 5 = \frac{3}{5}$

⑪ $\frac{3}{8} \div \frac{7}{8} = \frac{3}{7}$

$3 \div 7 = \frac{3}{7}$

⑫ $\frac{4}{11} \div \frac{8}{11} = \frac{1}{2}$

$4 \div 8 = \frac{4}{8} = \frac{1}{2}$

⑬ $\frac{7}{30} \div \frac{23}{30} = \frac{7}{23}$

$7 \div 23 = \frac{7}{23}$

⑭ $\frac{23}{25} \div \frac{24}{25} = \frac{23}{24}$

$23 \div 24 = \frac{23}{24}$

⑮ $\frac{3}{50} \div \frac{7}{50} = \frac{3}{7}$

$3 \div 7 = \frac{3}{7}$

⑯ $\frac{3}{22} \div \frac{9}{22} = \frac{1}{3}$

$3 \div 9 = \frac{3}{9} = \frac{1}{3}$

자기 점수에 ○표 하세요

맞힌 개수	8개 이하	9~12개	13~14개	15~16개
학습 방법	개념을 다시 공부하세요.	조금 더 노력하세요.	실수하면 안 돼요.	참 잘했어요.

1일차 B형

분수의 나눗셈(4)

월 일 / 분 초 / /16

계산 결과가 가분수면 대분수로 고쳐 줘!

정답 7쪽

나눗셈을 하세요.

① $\frac{8}{35} \div \frac{3}{35} = 2\frac{2}{3}$

$8 \div 3 = \frac{8}{3} = 2\frac{2}{3}$

② $\frac{8}{9} \div \frac{5}{9} = 1\frac{3}{5}$

$8 \div 5 = \frac{8}{5} = 1\frac{3}{5}$

③ $\frac{12}{13} \div \frac{7}{13} = 1\frac{5}{7}$

$12 \div 7 = \frac{12}{7} = 1\frac{5}{7}$

④ $\frac{17}{28} \div \frac{3}{28} = 5\frac{2}{3}$

$17 \div 3 = \frac{17}{3} = 5\frac{2}{3}$

⑤ $\frac{19}{24} \div \frac{5}{24} = 3\frac{4}{5}$

$19 \div 5 = \frac{19}{5} = 3\frac{4}{5}$

⑥ $\frac{5}{7} \div \frac{3}{7} = 1\frac{2}{3}$

$5 \div 3 = \frac{5}{3} = 1\frac{2}{3}$

⑦ $\frac{7}{12} \div \frac{5}{12} = 1\frac{2}{5}$

$7 \div 5 = \frac{7}{5} = 1\frac{2}{5}$

⑧ $\frac{25}{43} \div \frac{10}{43} = 2\frac{1}{2}$

$25 \div 10 = \frac{25}{10} = 2\frac{5}{10} = 2\frac{1}{2}$

⑨ $\frac{10}{13} \div \frac{9}{13} = 1\frac{1}{9}$

$10 \div 9 = \frac{10}{9} = 1\frac{1}{9}$

⑩ $\frac{25}{38} \div \frac{17}{38} = 1\frac{8}{17}$

$25 \div 17 = \frac{25}{17} = 1\frac{8}{17}$

⑪ $\frac{6}{7} \div \frac{4}{7} = 1\frac{1}{2}$

$6 \div 4 = \frac{6}{4} = 1\frac{2}{4} = 1\frac{1}{2}$

⑫ $\frac{14}{27} \div \frac{8}{27} = 1\frac{3}{4}$

$14 \div 8 = \frac{14}{8} = 1\frac{6}{8} = 1\frac{3}{4}$

⑬ $\frac{4}{5} \div \frac{3}{5} = 1\frac{1}{3}$

$4 \div 3 = \frac{4}{3} = 1\frac{1}{3}$

⑭ $\frac{5}{8} \div \frac{3}{8} = 1\frac{2}{3}$

$5 \div 3 = \frac{5}{3} = 1\frac{2}{3}$

⑮ $\frac{8}{9} \div \frac{5}{9} = 1\frac{3}{5}$

$8 \div 5 = \frac{8}{5} = 1\frac{3}{5}$

⑯ $\frac{19}{31} \div \frac{14}{31} = 1\frac{5}{14}$

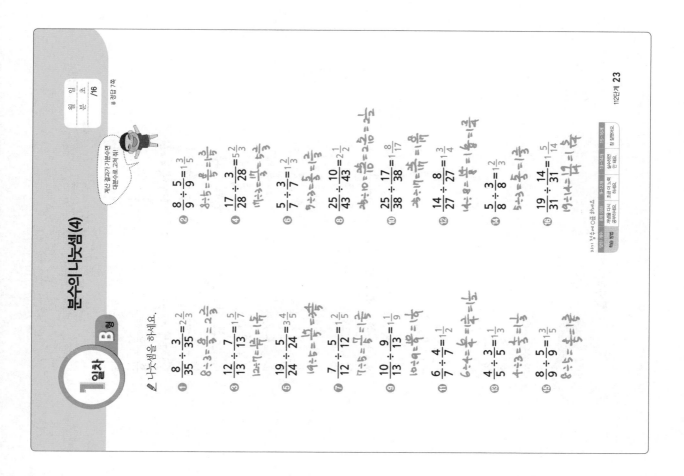

$19 \div 14 = \frac{19}{14} = 1\frac{5}{14}$

자기 점수에 ○표 하세요

맞힌 개수	8개 이하	9~12개	13~14개	15~16개
학습 방법	개념을 다시 공부하세요.	조금 더 노력하세요.	실수하면 안 돼요.	참 잘했어요.

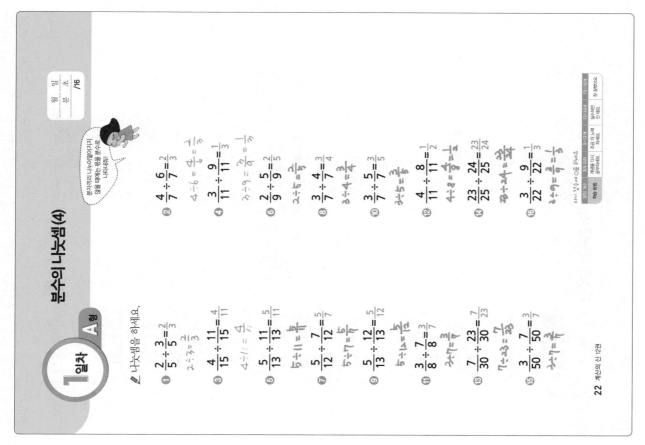

2일차 A형 분수의 나눗셈(4)

월 일 / 분 초 / /16

나눗셈을 하세요.

① $\frac{7}{26} \div \frac{21}{26} = \frac{1}{3}$

$7 \div 21 = \frac{7}{21} = \frac{1}{3}$

② $\frac{24}{29} \div \frac{28}{29} = \frac{6}{7}$

$24 \div 28 = \frac{24}{28} = \frac{6}{7}$

③ $\frac{17}{60} \div \frac{51}{60} = \frac{1}{3}$

$17 \div 51 = \frac{17}{51} = \frac{1}{3}$

④ $\frac{5}{18} \div \frac{13}{18} = \frac{5}{13}$

$5 \div 13 = \frac{5}{13}$

⑤ $\frac{13}{27} \div \frac{14}{27} = \frac{13}{14}$

$13 \div 14 = \frac{13}{14}$

⑥ $\frac{17}{30} \div \frac{23}{30} = \frac{17}{23}$

$17 \div 23 = \frac{17}{23}$

⑦ $\frac{15}{33} \div \frac{26}{33} = \frac{15}{26}$

$15 \div 26 = \frac{15}{26}$

⑧ $\frac{13}{27} \div \frac{26}{27} = \frac{1}{2}$

$13 \div 26 = \frac{13}{26} = \frac{1}{2}$

⑨ $\frac{4}{17} \div \frac{16}{17} = \frac{1}{4}$

$4 \div 16 = \frac{4}{16} = \frac{1}{4}$

⑩ $\frac{3}{14} \div \frac{5}{14} = \frac{3}{5}$

$3 \div 5 = \frac{3}{5}$

⑪ $\frac{6}{13} \div \frac{9}{13} = \frac{2}{3}$

$6 \div 9 = \frac{6}{9} = \frac{2}{3}$

⑫ $\frac{3}{16} \div \frac{7}{16} = \frac{3}{7}$

$3 \div 7 = \frac{3}{7}$

⑬ $\frac{13}{20} \div \frac{17}{20} = \frac{13}{17}$

$13 \div 17 = \frac{13}{17}$

⑭ $\frac{1}{8} \div \frac{7}{8} = \frac{1}{7}$

$1 \div 7 = \frac{1}{7}$

⑮ $\frac{2}{11} \div \frac{5}{11} = \frac{2}{5}$

$2 \div 5 = \frac{2}{5}$

⑯ $\frac{9}{15} \div \frac{13}{15} = \frac{9}{13}$

$9 \div 13 = \frac{9}{13}$

자기 점수에 ○표 하세요.

맞힌 개수	8개 이하	9~12개	13~14개	15~16개
학습 방법	개념을 다시 공부하세요.	조금 더 노력 하세요.	실수하면 안 돼요.	참 잘했어요.

2일차 B형 분수의 나눗셈(4)

월 일 / 분 초 / /16

정답 8쪽

나눗셈을 하세요.

① $\frac{9}{28} \div \frac{5}{28} = 1\frac{4}{5}$

$9 \div 5 = \frac{9}{5} = 1\frac{4}{5}$

② $\frac{7}{9} \div \frac{2}{9} = 3\frac{1}{2}$

$7 \div 2 = \frac{7}{2} = 3\frac{1}{2}$

③ $\frac{7}{9} \div \frac{4}{9} = 1\frac{3}{4}$

$7 \div 4 = \frac{7}{4} = 1\frac{3}{4}$

④ $\frac{9}{13} \div \frac{8}{13} = 1\frac{1}{8}$

$9 \div 8 = \frac{9}{8} = 1\frac{1}{8}$

⑤ $\frac{25}{38} \div \frac{15}{38} = 1\frac{2}{3}$

$25 \div 15 = \frac{25}{15} = 1\frac{10}{15} = 1\frac{2}{3}$

⑥ $\frac{9}{11} \div \frac{4}{11} = 2\frac{1}{4}$

$9 \div 4 = \frac{9}{4} = 2\frac{1}{4}$

⑦ $\frac{14}{25} \div \frac{9}{25} = 1\frac{5}{9}$

$14 \div 9 = \frac{14}{9} = 1\frac{5}{9}$

⑧ $\frac{6}{7} \div \frac{5}{7} = 1\frac{1}{5}$

$6 \div 5 = \frac{6}{5} = 1\frac{1}{5}$

⑨ $\frac{8}{19} \div \frac{3}{19} = 2\frac{2}{3}$

$8 \div 3 = \frac{8}{3} = 2\frac{2}{3}$

⑩ $\frac{5}{11} \div \frac{2}{11} = 2\frac{1}{2}$

$5 \div 2 = \frac{5}{2} = 2\frac{1}{2}$

⑪ $\frac{27}{31} \div \frac{15}{31} = 1\frac{4}{5}$

$27 \div 15 = \frac{27}{15} = 1\frac{12}{15} = 1\frac{4}{5}$

⑫ $\frac{8}{9} \div \frac{5}{9} = 1\frac{3}{5}$

$8 \div 5 = \frac{8}{5} = 1\frac{3}{5}$

⑬ $\frac{13}{16} \div \frac{3}{16} = 4\frac{1}{3}$

$13 \div 3 = \frac{13}{3} = 4\frac{1}{3}$

⑭ $\frac{17}{23} \div \frac{7}{23} = 2\frac{3}{7}$

$17 \div 7 = \frac{17}{7} = 2\frac{3}{7}$

⑮ $\frac{8}{11} \div \frac{5}{11} = 1\frac{3}{5}$

$8 \div 5 = \frac{8}{5} = 1\frac{3}{5}$

⑯ $\frac{11}{21} \div \frac{5}{21} = 2\frac{1}{5}$

$11 \div 5 = \frac{11}{5} = 2\frac{1}{5}$

자기 점수에 ○표 하세요.

맞힌 개수	8개 이하	9~12개	13~14개	15~16개
학습 방법	개념을 다시 공부하세요.	조금 더 노력 하세요.	실수하면 안 돼요.	참 잘했어요.

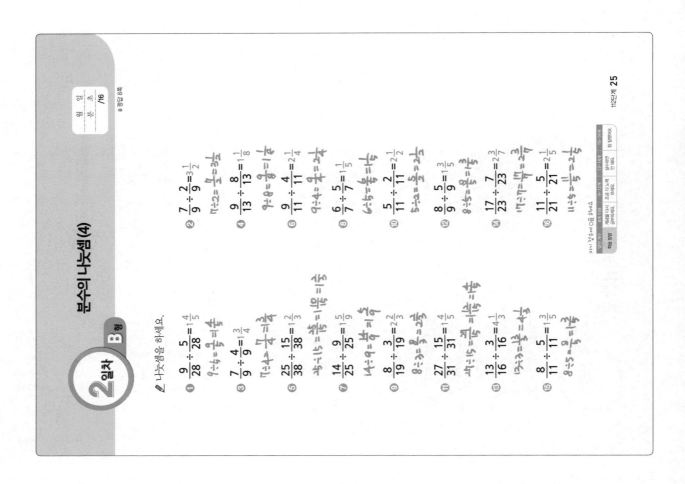

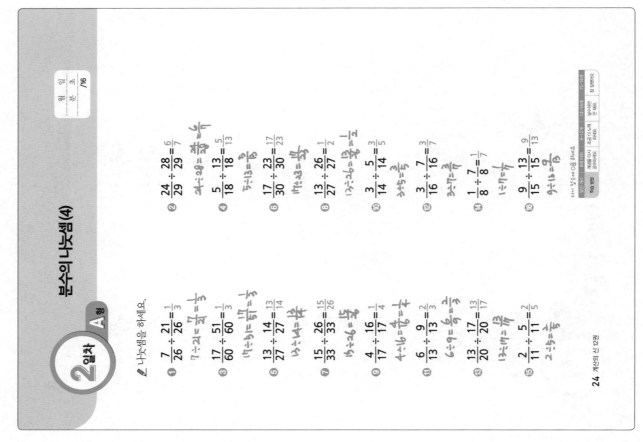

3일차 A형 분수의 나눗셈(4)

월 일 / 분 초 / /16

나눗셈을 하세요.

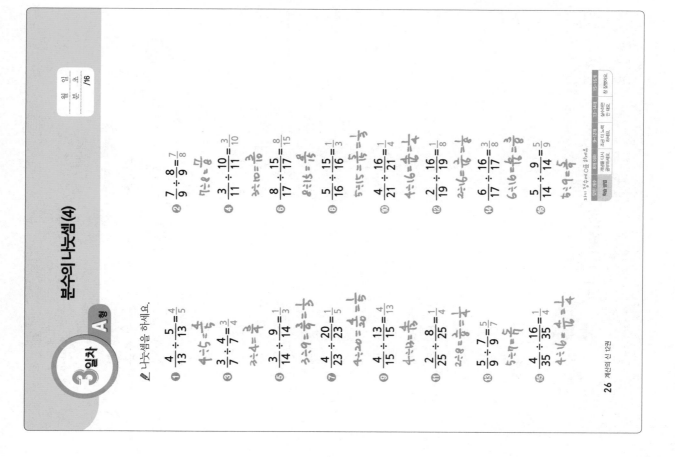

① $\frac{4}{13} \div \frac{5}{13} = \frac{4}{5}$

$4 \div 5 = \frac{4}{5}$

② $\frac{7}{9} \div \frac{8}{9} = \frac{7}{8}$

$7 \div 8 = \frac{7}{8}$

③ $\frac{3}{7} \div \frac{4}{7} = \frac{3}{4}$

$3 \div 4 = \frac{3}{4}$

④ $\frac{3}{11} \div \frac{10}{11} = \frac{3}{10}$

$3 \div 10 = \frac{3}{10}$

⑤ $\frac{3}{14} \div \frac{9}{14} = \frac{1}{3}$

$3 \div 9 = \frac{3}{9} = \frac{1}{3}$

⑥ $\frac{8}{17} \div \frac{15}{17} = \frac{8}{15}$

$8 \div 15 = \frac{8}{15}$

⑦ $\frac{4}{23} \div \frac{20}{23} = \frac{1}{5}$

$4 \div 20 = \frac{4}{20} = \frac{1}{5}$

⑧ $\frac{5}{16} \div \frac{15}{16} = \frac{1}{3}$

$5 \div 15 = \frac{5}{15} = \frac{1}{3}$

⑨ $\frac{4}{15} \div \frac{13}{15} = \frac{4}{13}$

$4 \div 13 = \frac{4}{13}$

⑩ $\frac{4}{21} \div \frac{16}{21} = \frac{1}{4}$

$4 \div 16 = \frac{4}{16} = \frac{1}{4}$

⑪ $\frac{2}{25} \div \frac{8}{25} = \frac{1}{4}$

$2 \div 8 = \frac{2}{8} = \frac{1}{4}$

⑫ $\frac{2}{19} \div \frac{16}{19} = \frac{1}{8}$

$2 \div 16 = \frac{2}{16} = \frac{1}{8}$

⑬ $\frac{5}{9} \div \frac{7}{9} = \frac{5}{7}$

$5 \div 7 = \frac{5}{7}$

⑭ $\frac{6}{17} \div \frac{16}{17} = \frac{3}{8}$

$6 \div 16 = \frac{6}{16} = \frac{3}{8}$

⑮ $\frac{4}{35} \div \frac{16}{35} = \frac{1}{4}$

$4 \div 16 = \frac{4}{16} = \frac{1}{4}$

⑯ $\frac{5}{14} \div \frac{9}{14} = \frac{5}{9}$

$5 \div 9 = \frac{5}{9}$

자기 점수에 ○표 하세요.

맞힌 개수	8개 이하	9~12개	13~14개	15~16개
학습 방법	개념을 다시 공부하세요.	조금 더 노력 하세요.	실수하면 안 돼요.	참 잘했어요.

3일차 B형 분수의 나눗셈(4)

월 일 / 분 초 / /16

정답 9쪽

나눗셈을 하세요.

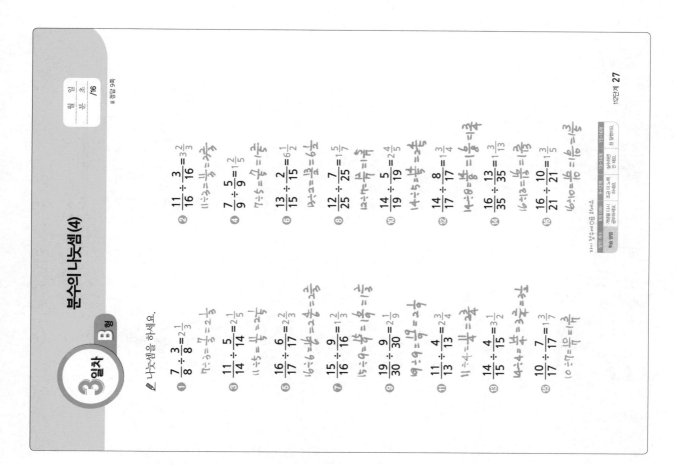

① $\frac{7}{8} \div \frac{3}{8} = 2\frac{1}{3}$

$7 \div 3 = \frac{7}{3} = 2\frac{1}{3}$

② $\frac{11}{16} \div \frac{3}{16} = 3\frac{2}{3}$

$11 \div 3 = \frac{11}{3} = 3\frac{2}{3}$

③ $\frac{11}{14} \div \frac{5}{14} = 2\frac{1}{5}$

$11 \div 5 = \frac{11}{5} = 2\frac{1}{5}$

④ $\frac{7}{9} \div \frac{5}{9} = 1\frac{2}{5}$

$7 \div 5 = \frac{7}{5} = 1\frac{2}{5}$

⑤ $\frac{16}{17} \div \frac{6}{17} = 2\frac{2}{3}$

$16 \div 6 = \frac{16}{6} = 2\frac{4}{6} = 2\frac{2}{3}$

⑥ $\frac{13}{15} \div \frac{2}{15} = 6\frac{1}{2}$

$13 \div 2 = \frac{13}{2} = 6\frac{1}{2}$

⑦ $\frac{15}{16} \div \frac{9}{16} = 1\frac{2}{3}$

$15 \div 9 = \frac{15}{9} = 1\frac{6}{9} = 1\frac{2}{3}$

⑧ $\frac{12}{25} \div \frac{7}{25} = 1\frac{5}{7}$

$12 \div 7 = \frac{12}{7} = 1\frac{5}{7}$

⑨ $\frac{19}{30} \div \frac{9}{30} = 2\frac{1}{9}$

$19 \div 9 = \frac{19}{9} = 2\frac{1}{9}$

⑩ $\frac{14}{19} \div \frac{5}{19} = 2\frac{4}{5}$

$14 \div 5 = \frac{14}{5} = 2\frac{4}{5}$

⑪ $\frac{11}{13} \div \frac{4}{13} = 2\frac{3}{4}$

$11 \div 4 = \frac{11}{4} = 2\frac{3}{4}$

⑫ $\frac{14}{17} \div \frac{8}{17} = 1\frac{3}{4}$

$14 \div 8 = \frac{14}{8} = 1\frac{6}{8} = 1\frac{3}{4}$

⑬ $\frac{14}{15} \div \frac{4}{15} = 3\frac{1}{2}$

$14 \div 4 = \frac{14}{4} = 3\frac{2}{4} = 3\frac{1}{2}$

⑭ $\frac{16}{35} \div \frac{13}{35} = 1\frac{3}{13}$

$16 \div 13 = \frac{16}{13} = 1\frac{3}{13}$

⑮ $\frac{10}{17} \div \frac{7}{17} = 1\frac{3}{7}$

$10 \div 7 = \frac{10}{7} = 1\frac{3}{7}$

⑯ $\frac{16}{21} \div \frac{10}{21} = 1\frac{3}{5}$

$16 \div 10 = \frac{16}{10} = 1\frac{6}{10} = 1\frac{3}{5}$

자기 점수에 ○표 하세요.

맞힌 개수	8개 이하	9~12개	13~14개	15~16개
학습 방법	개념을 다시 공부하세요.	조금 더 노력 하세요.	실수하면 안 돼요.	참 잘했어요.

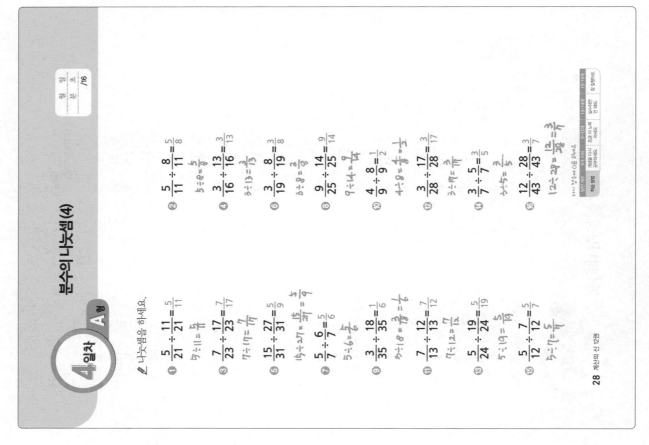

4일차 A형 분수의 나눗셈(4)

월 일 / 분 초 / /16

나눗셈을 하세요.

❶ $\frac{5}{21} \div \frac{11}{21} = \frac{5}{11}$

$5 \div 11 = \frac{5}{11}$

❷ $\frac{5}{11} \div \frac{8}{11} = \frac{5}{8}$

$5 \div 8 = \frac{5}{8}$

❸ $\frac{7}{23} \div \frac{17}{23} = \frac{7}{17}$

$7 \div 17 = \frac{7}{17}$

❹ $\frac{3}{16} \div \frac{13}{16} = \frac{3}{13}$

$3 \div 13 = \frac{3}{13}$

❺ $\frac{15}{31} \div \frac{27}{31} = \frac{5}{9}$

$15 \div 27 = \frac{15}{27} = \frac{5}{9}$

❻ $\frac{3}{19} \div \frac{8}{19} = \frac{3}{8}$

$3 \div 8 = \frac{3}{8}$

❼ $\frac{5}{7} \div \frac{6}{7} = \frac{5}{6}$

$5 \div 6 = \frac{5}{6}$

❽ $\frac{9}{25} \div \frac{14}{25} = \frac{9}{14}$

$9 \div 14 = \frac{9}{14}$

❾ $\frac{3}{35} \div \frac{18}{35} = \frac{1}{6}$

$3 \div 18 = \frac{3}{18} = \frac{1}{6}$

❿ $\frac{4}{9} \div \frac{8}{9} = \frac{1}{2}$

$4 \div 8 = \frac{4}{8} = \frac{1}{2}$

⓫ $\frac{7}{13} \div \frac{12}{13} = \frac{7}{12}$

$7 \div 12 = \frac{7}{12}$

⓬ $\frac{3}{28} \div \frac{17}{28} = \frac{3}{17}$

$3 \div 17 = \frac{3}{17}$

⓭ $\frac{5}{24} \div \frac{19}{24} = \frac{5}{19}$

$5 \div 19 = \frac{5}{19}$

⓮ $\frac{3}{7} \div \frac{5}{7} = \frac{3}{5}$

$3 \div 5 = \frac{3}{5}$

⓯ $\frac{5}{12} \div \frac{7}{12} = \frac{5}{7}$

$5 \div 7 = \frac{5}{7}$

⓰ $\frac{12}{43} \div \frac{28}{43} = \frac{3}{7}$

$12 \div 28 = \frac{12}{28} = \frac{3}{7}$

자기 점수에 ○표 하세요.

맞힌 개수	8개 이하	9~12개	13~14개	15~16개
학습 방법	개념을 다시 공부하세요.	조금 더 노력하세요.	실수하면 안 돼요.	참 잘했어요.

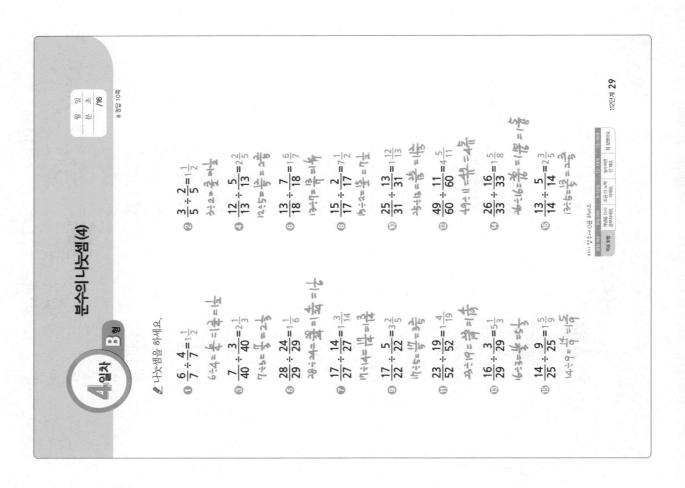

4일차 B형 분수의 나눗셈(4)

월 일 / 분 초 / /16

정답 10쪽

나눗셈을 하세요.

❶ $\frac{6}{7} \div \frac{4}{7} = 1\frac{1}{2}$

$6 \div 4 = \frac{6}{4} = 1\frac{2}{4} = 1\frac{1}{2}$

❷ $\frac{3}{5} \div \frac{2}{5} = 1\frac{1}{2}$

$3 \div 2 = \frac{3}{2} = 1\frac{1}{2}$

❸ $\frac{7}{40} \div \frac{3}{40} = 2\frac{1}{3}$

$7 \div 3 = \frac{7}{3} = 2\frac{1}{3}$

❹ $\frac{12}{13} \div \frac{5}{13} = 2\frac{2}{5}$

$12 \div 5 = \frac{12}{5} = 2\frac{2}{5}$

❺ $\frac{28}{29} \div \frac{24}{29} = 1\frac{1}{6}$

$28 \div 24 = \frac{28}{24} = 1\frac{4}{24} = 1\frac{1}{6}$

❻ $\frac{13}{18} \div \frac{7}{18} = 1\frac{6}{7}$

$13 \div 7 = \frac{13}{7} = 1\frac{6}{7}$

❼ $\frac{17}{27} \div \frac{14}{27} = 1\frac{3}{14}$

$17 \div 14 = \frac{17}{14} = 1\frac{3}{14}$

❽ $\frac{15}{17} \div \frac{2}{17} = 7\frac{1}{2}$

$15 \div 2 = \frac{15}{2} = 7\frac{1}{2}$

❾ $\frac{17}{22} \div \frac{5}{22} = 3\frac{2}{5}$

$17 \div 5 = \frac{17}{5} = 3\frac{2}{5}$

❿ $\frac{25}{31} \div \frac{13}{31} = 1\frac{12}{13}$

$25 \div 13 = \frac{25}{13} = 1\frac{12}{13}$

⓫ $\frac{23}{52} \div \frac{19}{52} = 1\frac{4}{19}$

$23 \div 19 = \frac{23}{19} = 1\frac{4}{19}$

⓬ $\frac{49}{60} \div \frac{11}{60} = 4\frac{5}{11}$

$49 \div 11 = \frac{49}{11} = 4\frac{5}{11}$

⓭ $\frac{16}{29} \div \frac{3}{29} = 5\frac{1}{3}$

$16 \div 3 = \frac{16}{3} = 5\frac{1}{3}$

⓮ $\frac{26}{33} \div \frac{16}{33} = 1\frac{5}{8}$

$26 \div 16 = \frac{26}{16} = 1\frac{10}{16} = 1\frac{5}{8}$

⓯ $\frac{14}{25} \div \frac{9}{25} = 1\frac{5}{9}$

$14 \div 9 = \frac{14}{9} = 1\frac{5}{9}$

⓰ $\frac{13}{14} \div \frac{5}{14} = 2\frac{3}{5}$

$13 \div 5 = \frac{13}{5} = 2\frac{3}{5}$

자기 점수에 ○표 하세요.

맞힌 개수	8개 이하	9~12개	13~14개	15~16개
학습 방법	개념을 다시 공부하세요.	조금 더 노력하세요.	실수하면 안 돼요.	참 잘했어요.

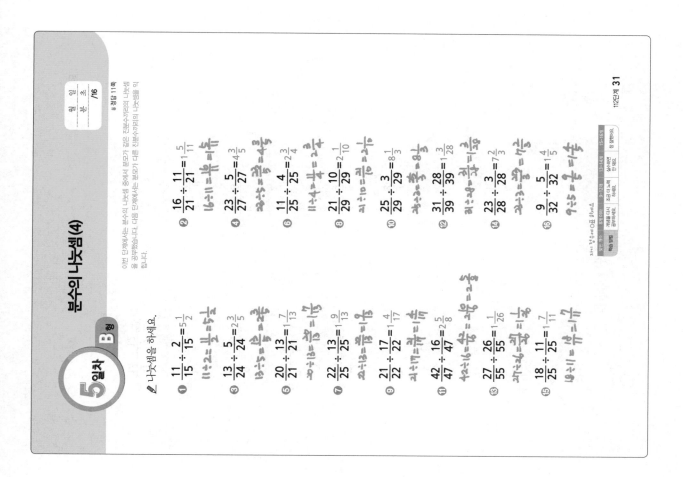

5일차 A형 분수의 나눗셈(4)

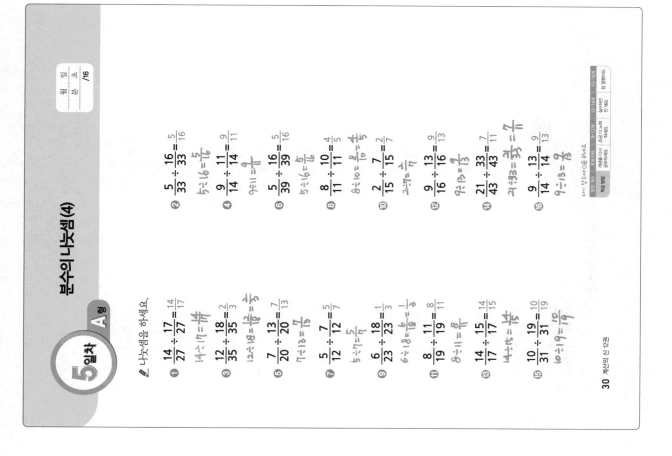

월 일 / 분 초 / /16

나눗셈을 하세요.

① $\frac{14}{27} \div \frac{17}{27} = \frac{14}{17}$

② $\frac{5}{33} \div \frac{16}{33} = \frac{5}{16}$

③ $\frac{12}{35} \div \frac{18}{35} = \frac{2}{3}$

④ $\frac{9}{14} \div \frac{11}{14} = \frac{9}{11}$

⑤ $\frac{7}{20} \div \frac{13}{20} = \frac{7}{13}$

⑥ $\frac{5}{39} \div \frac{16}{39} = \frac{5}{16}$

⑦ $\frac{5}{12} \div \frac{7}{12} = \frac{5}{7}$

⑧ $\frac{8}{11} \div \frac{10}{11} = \frac{4}{5}$

⑨ $\frac{6}{23} \div \frac{18}{23} = \frac{1}{3}$

⑩ $\frac{2}{15} \div \frac{7}{15} = \frac{2}{7}$

⑪ $\frac{8}{19} \div \frac{11}{19} = \frac{8}{11}$

⑫ $\frac{9}{16} \div \frac{13}{16} = \frac{9}{13}$

⑬ $\frac{14}{17} \div \frac{15}{17} = \frac{14}{15}$

⑭ $\frac{21}{43} \div \frac{33}{43} = \frac{7}{11}$

⑮ $\frac{10}{31} \div \frac{19}{31} = \frac{10}{19}$

⑯ $\frac{9}{14} \div \frac{13}{14} = \frac{9}{13}$

맞힌 개수	8개 이하	9~12개	13~14개	15~16개
학습 방법	개념을 다시 공부하세요.	조금 더 노력하세요.	실수하면 안 돼요.	참 잘했어요.

5일차 B형 분수의 나눗셈(4)

월 일 / 분 초 / /16

정답 11쪽

이번 단계에서는 분수의 나눗셈 중에서 분모가 같은 진분수끼리의 나눗셈을 공부했습니다. 다음 단계에서는 분모가 다른 진분수끼리의 나눗셈을 익힙니다.

나눗셈을 하세요.

① $\frac{11}{15} \div \frac{2}{15} = 5\frac{1}{2}$

② $\frac{16}{21} \div \frac{11}{21} = 1\frac{5}{11}$

③ $\frac{13}{24} \div \frac{5}{24} = 2\frac{3}{5}$

④ $\frac{23}{27} \div \frac{5}{27} = 4\frac{3}{5}$

⑤ $\frac{20}{21} \div \frac{13}{21} = 1\frac{7}{13}$

⑥ $\frac{11}{25} \div \frac{4}{25} = 2\frac{3}{4}$

⑦ $\frac{22}{25} \div \frac{13}{25} = 1\frac{9}{13}$

⑧ $\frac{21}{29} \div \frac{10}{29} = 2\frac{1}{10}$

⑨ $\frac{21}{22} \div \frac{17}{22} = 1\frac{4}{17}$

⑩ $\frac{25}{29} \div \frac{3}{29} = 8\frac{1}{3}$

⑪ $\frac{42}{47} \div \frac{16}{47} = 2\frac{5}{8}$

⑫ $\frac{31}{39} \div \frac{28}{39} = 1\frac{3}{28}$

⑬ $\frac{27}{55} \div \frac{26}{55} = 1\frac{1}{26}$

⑭ $\frac{23}{28} \div \frac{3}{28} = 7\frac{2}{3}$

⑮ $\frac{18}{25} \div \frac{11}{25} = 1\frac{7}{11}$

⑯ $\frac{9}{32} \div \frac{5}{32} = 1\frac{4}{5}$

맞힌 개수	8개 이하	9~12개	13~14개	15~16개
학습 방법	개념을 다시 공부하세요.	조금 더 노력하세요.	실수하면 안 돼요.	참 잘했어요.

분수의 나눗셈(5)

1일차 A형

월 일
분 초
/16

분모가 다르면 나누는
분수의 분자, 분모를
바꿔서 곱해 줘!

✎ 나눗셈을 하세요.

❶ $\frac{2}{3}\div\frac{4}{5}=\frac{5}{6}$

❷ $\frac{3}{4}\div\frac{3}{16}=4$

❸ $\frac{4}{17}\div\frac{2}{5}=\frac{10}{17}$

❹ $\frac{1}{2}\div\frac{5}{6}=\frac{3}{5}$

❺ $\frac{2}{5}\div\frac{5}{6}=\frac{12}{25}$

❻ $\frac{3}{8}\div\frac{6}{7}=\frac{7}{16}$

❼ $\frac{1}{3}\div\frac{3}{4}=\frac{4}{9}$

❽ $\frac{3}{5}\div\frac{2}{3}=\frac{9}{10}$

❾ $\frac{10}{11}\div\frac{5}{22}=4$

❿ $\frac{2}{9}\div\frac{2}{27}=3$

⓫ $\frac{5}{13}\div\frac{3}{7}=\frac{35}{39}$

⓬ $\frac{15}{16}\div\frac{23}{24}=\frac{45}{46}$

⓭ $\frac{3}{4}\div\frac{5}{6}=\frac{9}{10}$

⓮ $\frac{8}{17}\div\frac{2}{3}=\frac{12}{17}$

⓯ $\frac{6}{11}\div\frac{3}{5}=\frac{10}{11}$

⓰ $\frac{9}{14}\div\frac{3}{4}=\frac{6}{7}$

맞힌 개수	8개 이하	9~12개	13~14개	15~16개
학습 방법	개념을 다시 공부하세요.	조금 더 노력 하세요.	실수하면 안 돼요.	참 잘했어요.

분수의 나눗셈(5)

1일차 B형

월 일
분 초
/16

계산 결과가 가분수면
대분수로 고쳐 줘!

정답 12쪽

✎ 나눗셈을 하세요.

❶ $\frac{4}{7}\div\frac{5}{14}=1\frac{3}{5}$

❷ $\frac{5}{8}\div\frac{3}{10}=2\frac{1}{12}$

❸ $\frac{5}{14}\div\frac{2}{7}=1\frac{1}{4}$

❹ $\frac{16}{17}\div\frac{3}{5}=1\frac{29}{51}$

❺ $\frac{5}{6}\div\frac{2}{3}=1\frac{1}{4}$

❻ $\frac{5}{9}\div\frac{3}{8}=1\frac{13}{27}$

❼ $\frac{7}{10}\div\frac{3}{5}=1\frac{1}{6}$

❽ $\frac{4}{7}\div\frac{5}{9}=1\frac{1}{35}$

❾ $\frac{2}{5}\div\frac{3}{8}=1\frac{1}{15}$

❿ $\frac{11}{12}\div\frac{3}{4}=1\frac{2}{9}$

⓫ $\frac{9}{10}\div\frac{6}{25}=3\frac{3}{4}$

⓬ $\frac{5}{6}\div\frac{3}{8}=2\frac{2}{9}$

⓭ $\frac{1}{2}\div\frac{6}{13}=1\frac{1}{12}$

⓮ $\frac{8}{9}\div\frac{8}{15}=1\frac{2}{3}$

⓯ $\frac{9}{14}\div\frac{7}{12}=1\frac{5}{49}$

⓰ $\frac{5}{12}\div\frac{3}{8}=1\frac{1}{9}$

맞힌 개수	8개 이하	9~12개	13~14개	15~16개
학습 방법	개념을 다시 공부하세요.	조금 더 노력 하세요.	실수하면 안 돼요.	참 잘했어요.

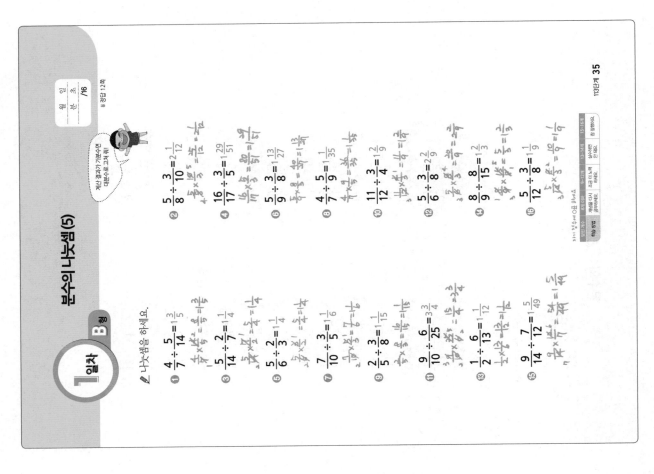

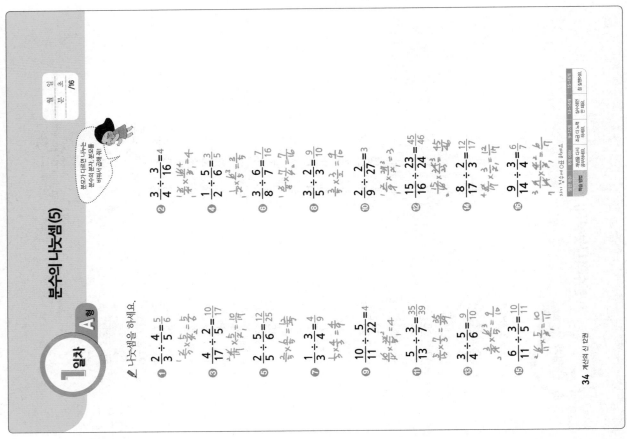

2일차 A형 분수의 나눗셈(5)

월 일 / 분 초 / /16

나눗셈을 하세요.

❶ $\frac{4}{25} \div \frac{2}{5} = \frac{2}{5}$

❷ $\frac{5}{12} \div \frac{3}{4} = \frac{5}{9}$

❸ $\frac{9}{20} \div \frac{3}{40} = 6$

❹ $\frac{7}{12} \div \frac{5}{6} = \frac{7}{10}$

❺ $\frac{8}{15} \div \frac{4}{7} = \frac{14}{15}$

❻ $\frac{4}{33} \div \frac{8}{11} = \frac{1}{6}$

❼ $\frac{4}{5} \div \frac{6}{7} = \frac{14}{15}$

❽ $\frac{6}{13} \div \frac{3}{26} = 4$

❾ $\frac{4}{15} \div \frac{10}{21} = \frac{14}{25}$

❿ $\frac{3}{8} \div \frac{6}{13} = \frac{13}{16}$

⓫ $\frac{2}{9} \div \frac{8}{15} = \frac{5}{12}$

⓬ $\frac{11}{24} \div \frac{11}{16} = \frac{2}{3}$

⓭ $\frac{4}{7} \div \frac{3}{5} = \frac{20}{21}$

⓮ $\frac{2}{9} \div \frac{3}{4} = \frac{8}{27}$

⓯ $\frac{3}{14} \div \frac{7}{11} = \frac{33}{98}$

⓰ $\frac{5}{8} \div \frac{6}{7} = \frac{35}{48}$

자기 점수에 ○표 하세요.

맞힌 개수	8개 이하	9~12개	13~14개	15~16개
학습 방법	개념을 다시 공부하세요.	조금 더 노력하세요.	실수하면 안 돼요.	참 잘했어요.

2일차 B형 분수의 나눗셈(5)

월 일 / 분 초 / /16

정답 13쪽

나눗셈을 하세요.

❶ $\frac{4}{3} \div \frac{1}{12} = 1\frac{4}{5}$

❷ $\frac{11}{14} \div \frac{5}{7} = 1\frac{1}{10}$

❸ $\frac{16}{25} \div \frac{12}{35} = 1\frac{13}{15}$

❹ $\frac{16}{21} \div \frac{5}{7} = 1\frac{1}{15}$

❺ $\frac{13}{15} \div \frac{7}{25} = 3\frac{2}{21}$

❻ $\frac{15}{28} \div \frac{10}{21} = 1\frac{1}{8}$

❼ $\frac{25}{48} \div \frac{5}{12} = 1\frac{1}{4}$

❽ $\frac{7}{8} \div \frac{4}{9} = 1\frac{31}{32}$

❾ $\frac{7}{8} \div \frac{4}{5} = 1\frac{3}{32}$

❿ $\frac{8}{9} \div \frac{7}{18} = 2\frac{2}{7}$

⓫ $\frac{10}{11} \div \frac{2}{3} = 1\frac{4}{11}$

⓬ $\frac{13}{14} \div \frac{4}{5} = 1\frac{9}{56}$

⓭ $\frac{9}{11} \div \frac{5}{7} = 1\frac{8}{55}$

⓮ $\frac{10}{13} \div \frac{7}{26} = 2\frac{6}{7}$

⓯ $\frac{8}{9} \div \frac{3}{11} = 3\frac{7}{27}$

⓰ $\frac{7}{17} \div \frac{20}{51} = 1\frac{1}{20}$

자기 점수에 ○표 하세요.

맞힌 개수	8개 이하	9~12개	13~14개	15~16개
학습 방법	개념을 다시 공부하세요.	조금 더 노력하세요.	실수하면 안 돼요.	참 잘했어요.

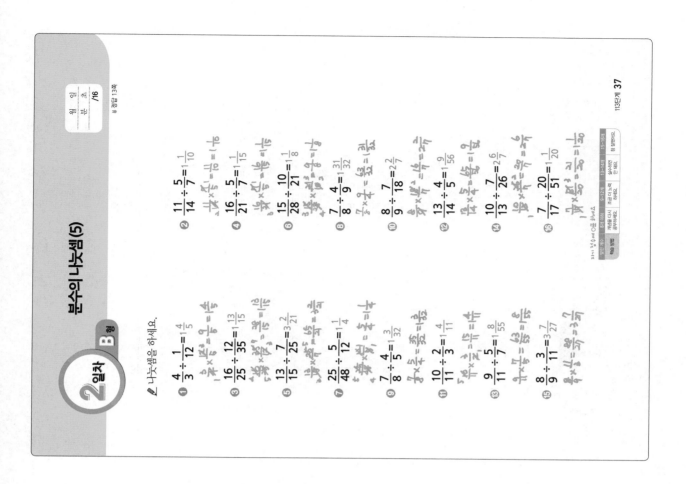

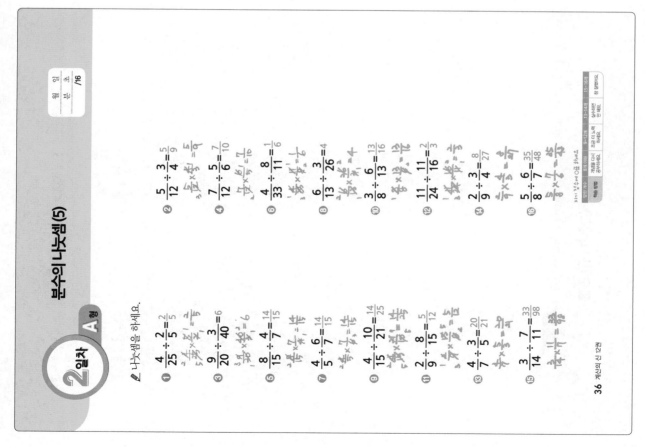

3일차 A형 분수의 나눗셈(5)

월 일 / 분 초 / /16

나눗셈을 하세요.

① $\frac{3}{8} \div \frac{9}{13} = \frac{13}{24}$

② $\frac{7}{9} \div \frac{14}{15} = \frac{5}{6}$

③ $\frac{2}{9} \div \frac{8}{15} = \frac{5}{12}$

④ $\frac{4}{9} \div \frac{3}{5} = \frac{20}{27}$

⑤ $\frac{5}{14} \div \frac{15}{16} = \frac{8}{21}$

⑥ $\frac{5}{8} \div \frac{7}{9} = \frac{45}{56}$

⑦ $\frac{4}{7} \div \frac{2}{3} = \frac{6}{7}$

⑧ $\frac{11}{20} \div \frac{7}{10} = \frac{11}{14}$

⑨ $\frac{3}{8} \div \frac{9}{14} = \frac{7}{12}$

⑩ $\frac{2}{3} \div \frac{5}{6} = \frac{4}{5}$

⑪ $\frac{9}{20} \div \frac{27}{35} = \frac{7}{12}$

⑫ $\frac{5}{13} \div \frac{11}{14} = \frac{70}{143}$

⑬ $\frac{10}{13} \div \frac{4}{5} = \frac{25}{26}$

⑭ $\frac{2}{15} \div \frac{10}{13} = \frac{13}{75}$

⑮ $\frac{7}{9} \div \frac{5}{6} = \frac{14}{15}$

⑯ $\frac{3}{8} \div \frac{5}{11} = \frac{33}{40}$

자기 점수에 ○표 하세요.

맞힌 개수	8개 이하	9~12개	13~14개	15~16개
학습 방법	개념을 다시 공부하세요.	조금 더 노력 하세요.	실수하면 안 돼요.	참 잘했어요.

3일차 B형 분수의 나눗셈(5)

월 일 / 분 초 / /16

정답 14쪽

나눗셈을 하세요.

① $\frac{5}{9} \div \frac{35}{72} = 1\frac{1}{7}$

② $\frac{11}{13} \div \frac{6}{11} = 1\frac{43}{78}$

③ $\frac{8}{9} \div \frac{3}{10} = 2\frac{26}{27}$

④ $\frac{3}{7} \div \frac{2}{5} = 1\frac{1}{14}$

⑤ $\frac{3}{10} \div \frac{2}{15} = 2\frac{1}{4}$

⑥ $\frac{9}{16} \div \frac{3}{32} = 6$

⑦ $\frac{13}{14} \div \frac{3}{7} = 2\frac{1}{6}$

⑧ $\frac{15}{16} \div \frac{2}{3} = 1\frac{13}{32}$

⑨ $\frac{16}{21} \div \frac{5}{9} = 1\frac{13}{35}$

⑩ $\frac{8}{9} \div \frac{5}{18} = 3\frac{1}{5}$

⑪ $\frac{7}{11} \div \frac{7}{55} = 5$

⑫ $\frac{5}{6} \div \frac{2}{15} = 6\frac{1}{4}$

⑬ $\frac{2}{3} \div \frac{3}{5} = 1\frac{1}{9}$

⑭ $\frac{7}{8} \div \frac{4}{9} = 1\frac{31}{32}$

⑮ $\frac{9}{19} \div \frac{2}{5} = 1\frac{7}{38}$

⑯ $\frac{11}{14} \div \frac{2}{7} = 2\frac{3}{4}$

자기 점수에 ○표 하세요.

맞힌 개수	8개 이하	9~12개	13~14개	15~16개
학습 방법	개념을 다시 공부하세요.	조금 더 노력 하세요.	실수하면 안 돼요.	참 잘했어요.

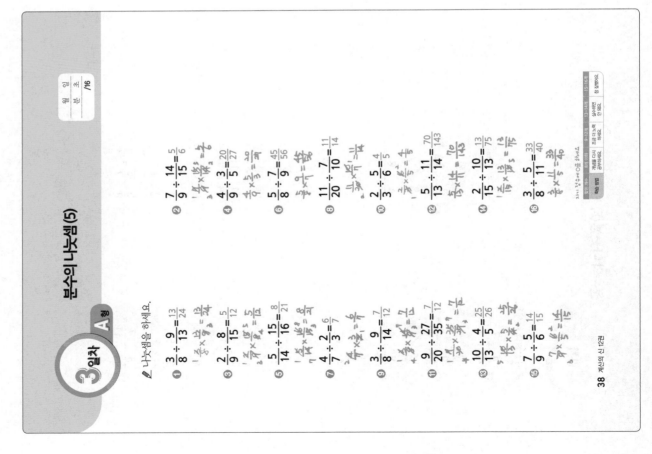

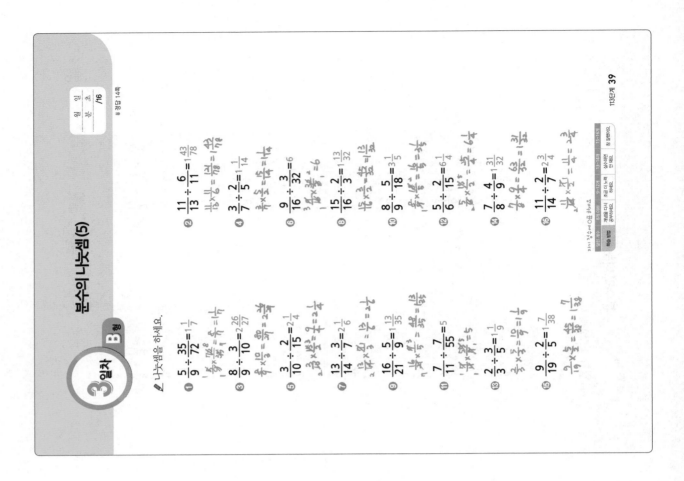

4일차 A형 분수의 나눗셈(5)

월 일 / 분 초 / /16

나눗셈을 하세요.

① $\frac{3}{8} \div \frac{10}{13} = \frac{39}{80}$

② $\frac{9}{14} \div \frac{6}{7} = \frac{3}{4}$

③ $\frac{5}{11} \div \frac{2}{3} = \frac{15}{22}$

④ $\frac{8}{9} \div \frac{10}{11} = \frac{44}{45}$

⑤ $\frac{2}{9} \div \frac{7}{13} = \frac{26}{63}$

⑥ $\frac{5}{12} \div \frac{13}{14} = \frac{35}{78}$

⑦ $\frac{4}{19} \div \frac{2}{5} = \frac{10}{19}$

⑧ $\frac{8}{33} \div \frac{3}{11} = \frac{8}{9}$

⑨ $\frac{6}{11} \div \frac{3}{4} = \frac{8}{11}$

⑩ $\frac{5}{24} \div \frac{5}{12} = \frac{1}{2}$

⑪ $\frac{3}{20} \div \frac{9}{10} = \frac{1}{6}$

⑫ $\frac{2}{5} \div \frac{3}{7} = \frac{14}{15}$

⑬ $\frac{5}{18} \div \frac{5}{6} = \frac{1}{3}$

⑭ $\frac{3}{34} \div \frac{9}{17} = \frac{1}{6}$

⑮ $\frac{5}{14} \div \frac{3}{7} = \frac{5}{6}$

⑯ $\frac{11}{30} \div \frac{2}{3} = \frac{11}{20}$

맞힌 개수	8개 이하	9~12개	13~14개	15~16개
학습 방법	개념을 다시 공부하세요.	조금 더 노력하세요.	실수하면 안 돼요.	참 잘했어요.

40 계산의 신 12권

4일차 B형 분수의 나눗셈(5)

월 일 / 분 초 / /16

정답 15쪽

나눗셈을 하세요.

① $\frac{3}{10} \div \frac{3}{50} = 5$

② $\frac{27}{32} \div \frac{5}{8} = 1\frac{7}{20}$

③ $\frac{14}{17} \div \frac{2}{5} = 2\frac{1}{17}$

④ $\frac{10}{13} \div \frac{3}{26} = 6\frac{2}{3}$

⑤ $\frac{11}{12} \div \frac{3}{4} = 1\frac{2}{9}$

⑥ $\frac{5}{8} \div \frac{3}{5} = 1\frac{1}{24}$

⑦ $\frac{22}{25} \div \frac{2}{5} = 2\frac{1}{5}$

⑧ $\frac{15}{17} \div \frac{3}{4} = 1\frac{3}{17}$

⑨ $\frac{2}{5} \div \frac{3}{8} = 1\frac{1}{15}$

⑩ $\frac{6}{13} \div \frac{3}{26} = 4$

⑪ $\frac{4}{7} \div \frac{5}{9} = 1\frac{1}{35}$

⑫ $\frac{5}{6} \div \frac{3}{4} = 1\frac{1}{9}$

⑬ $\frac{5}{9} \div \frac{3}{8} = 1\frac{13}{27}$

⑭ $\frac{3}{4} \div \frac{2}{3} = 1\frac{1}{8}$

⑮ $\frac{2}{5} \div \frac{2}{7} = 1\frac{2}{5}$

⑯ $\frac{2}{9} \div \frac{2}{45} = 5$

맞힌 개수	8개 이하	9~12개	13~14개	15~16개
학습 방법	개념을 다시 공부하세요.	조금 더 노력하세요.	실수하면 안 돼요.	참 잘했어요.

113단계 41

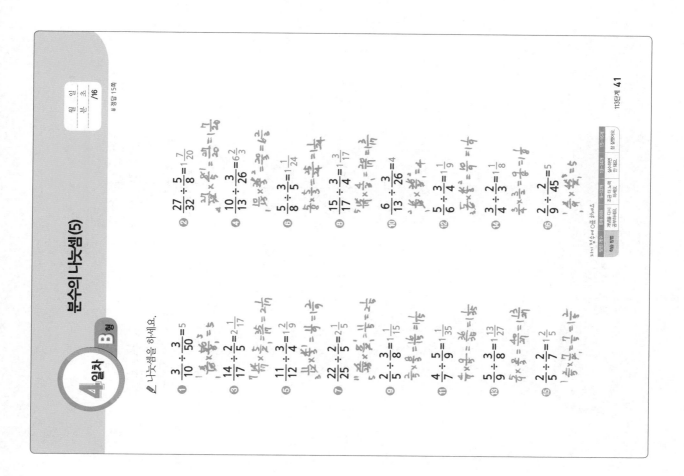

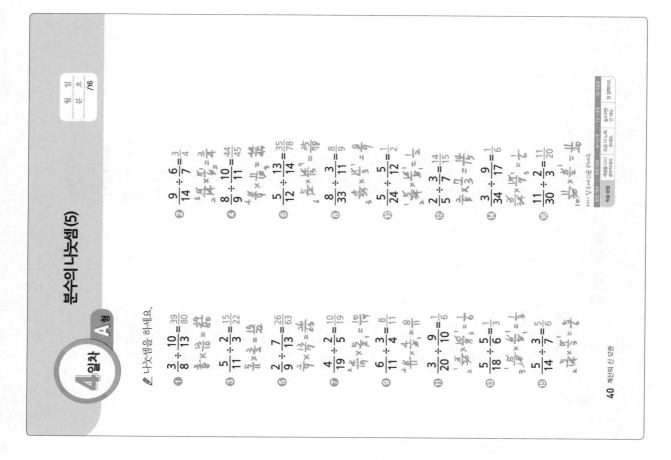

5일차 A형

분수의 나눗셈(5)

월 일
분 초
/16

✎ 나눗셈을 하세요.

❶ $\frac{5}{42} \div \frac{5}{14} = \frac{1}{3}$

❷ $\frac{3}{17} \div \frac{6}{7} = \frac{7}{34}$

❸ $\frac{3}{25} \div \frac{3}{5} = \frac{1}{5}$

❹ $\frac{7}{12} \div \frac{3}{4} = \frac{7}{9}$

❺ $\frac{9}{20} \div \frac{4}{5} = \frac{9}{16}$

❻ $\frac{1}{5} \div \frac{2}{3} = \frac{3}{10}$

❼ $\frac{3}{10} \div \frac{6}{7} = \frac{7}{20}$

❽ $\frac{3}{4} \div \frac{6}{7} = \frac{7}{8}$

❾ $\frac{1}{7} \div \frac{3}{4} = \frac{4}{21}$

❿ $\frac{5}{9} \div \frac{5}{6} = \frac{2}{3}$

⓫ $\frac{7}{10} \div \frac{14}{15} = \frac{3}{4}$

⓬ $\frac{5}{64} \div \frac{15}{16} = \frac{1}{12}$

⓭ $\frac{4}{21} \div \frac{2}{3} = \frac{2}{7}$

⓮ $\frac{5}{39} \div \frac{8}{13} = \frac{5}{24}$

⓯ $\frac{1}{3} \div \frac{5}{6} = \frac{2}{5}$

⓰ $\frac{3}{20} \div \frac{3}{4} = \frac{1}{5}$

자기 점수에 ○표 하세요.

맞힌 개수	8개 이하	9~12개	13~14개	15~16개
학습 방법	개념을 다시 공부하세요.	조금 더 노력하세요.	실수하면 안 돼요.	참 잘했어요.

5일차 B형

분수의 나눗셈(5)

월 일
분 초
/16

정답 16쪽

이번 단계에서는 분수의 나눗셈 중에서 분모가 다른 진분수끼리의 나눗셈을 공부했습니다. 다음 단계에서는 (자연수)÷(진분수)와 대분수의 나눗셈을 익힙니다.

✎ 나눗셈을 하세요.

❶ $\frac{5}{6} \div \frac{2}{3} = 1\frac{1}{4}$

❷ $\frac{2}{3} \div \frac{2}{21} = 7$

❸ $\frac{6}{7} \div \frac{4}{5} = 1\frac{1}{14}$

❹ $\frac{5}{6} \div \frac{7}{12} = 1\frac{3}{7}$

❺ $\frac{2}{5} \div \frac{4}{17} = 1\frac{7}{10}$

❻ $\frac{3}{4} \div \frac{5}{12} = 1\frac{4}{5}$

❼ $\frac{16}{17} \div \frac{3}{5} = 1\frac{29}{51}$

❽ $\frac{3}{5} \div \frac{6}{11} = 1\frac{1}{10}$

❾ $\frac{3}{4} \div \frac{9}{14} = 1\frac{1}{6}$

❿ $\frac{4}{7} \div \frac{8}{15} = 1\frac{1}{14}$

⓫ $\frac{2}{3} \div \frac{8}{17} = 1\frac{5}{12}$

⓬ $\frac{5}{14} \div \frac{2}{7} = 1\frac{1}{4}$

⓭ $\frac{23}{24} \div \frac{15}{16} = 1\frac{1}{45}$

⓮ $\frac{3}{7} \div \frac{5}{13} = 1\frac{4}{35}$

⓯ $\frac{4}{7} \div \frac{2}{21} = 6$

⓰ $\frac{11}{18} \div \frac{7}{12} = 1\frac{1}{21}$

자기 점수에 ○표 하세요.

맞힌 개수	8개 이하	9~12개	13~14개	15~16개
학습 방법	개념을 다시 공부하세요.	조금 더 노력하세요.	실수하면 안 돼요.	참 잘했어요.

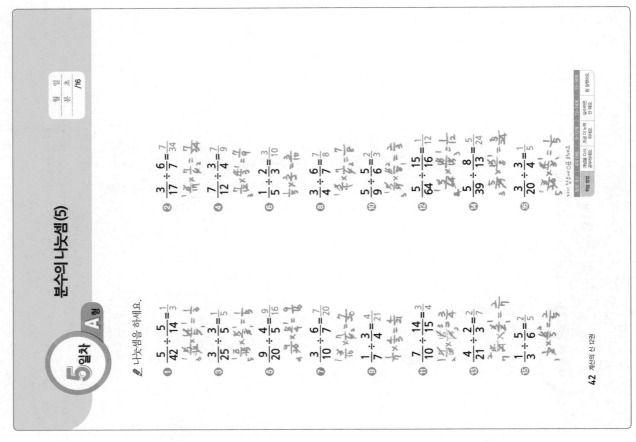

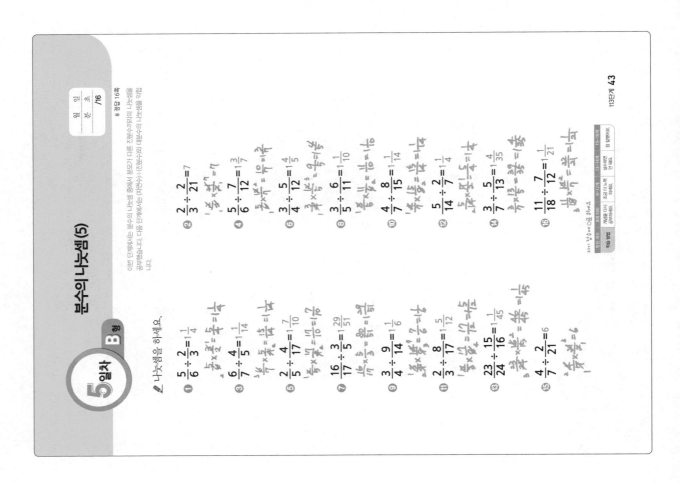

세 단계 묶어 풀기 111~113단계
분수의 나눗셈 (3)~(5)

월 일 / 분 초 / /16

정답 17쪽

나눗셈을 하세요.

① $\frac{5}{8} \div \frac{1}{8} = 5$

② $\frac{9}{13} \div \frac{1}{13} = 9$

③ $\frac{15}{16} \div \frac{1}{16} = 15$

④ $\frac{14}{15} \div \frac{2}{15} = 7$

⑤ $\frac{3}{11} \div \frac{5}{11} = \frac{3}{5}$

⑥ $\frac{7}{22} \div \frac{15}{22} = \frac{7}{15}$

⑦ $\frac{5}{7} \div \frac{6}{7} = \frac{5}{6}$

⑧ $\frac{17}{27} \div \frac{14}{27} = 1\frac{3}{14}$

$17 \div 14 = \frac{17}{14} = 1\frac{3}{14}$

⑨ $\frac{11}{13} \div \frac{3}{13} = 3\frac{2}{3}$

$11 \div 3 = \frac{11}{3} = 3\frac{2}{3}$

⑩ $\frac{8}{9} \div \frac{5}{9} = 1\frac{3}{5}$

$8 \div 5 = \frac{8}{5} = 1\frac{3}{5}$

⑪ $\frac{2}{9} \div \frac{10}{27} = \frac{3}{5}$

$\frac{2}{9} \times \frac{27}{10} = \frac{3}{5}$

⑫ $\frac{5}{21} \div \frac{20}{49} = \frac{7}{12}$

$\frac{5}{21} \times \frac{49}{20} = \frac{7}{12}$

⑬ $\frac{7}{12} \div \frac{11}{18} = \frac{21}{22}$

$\frac{7}{12} \times \frac{18}{11} = \frac{21}{22}$

⑭ $\frac{2}{3} \div \frac{3}{7} = 1\frac{5}{9}$

$\frac{2}{3} \times \frac{7}{3} = \frac{14}{9} = 1\frac{5}{9}$

⑮ $\frac{14}{25} \div \frac{8}{15} = 1\frac{1}{20}$

$\frac{14}{25} \times \frac{15}{8} = \frac{21}{20} = 1\frac{1}{20}$

⑯ $\frac{9}{14} \div \frac{11}{28} = 1\frac{7}{11}$

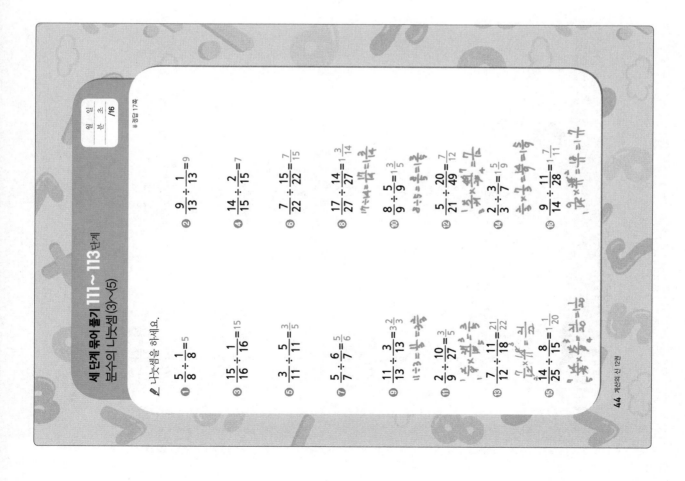

$\frac{9}{14} \times \frac{28}{11} = \frac{18}{11} = 1\frac{7}{11}$

1일차 A형 분수의 나눗셈(6)

월	일
분	초
	/16

8번 문제는 나눗셈을
곱셈으로 고친 후
약분을 하자!

나눗셈을 하세요.

❶ $3\div\frac{7}{8}=3\frac{3}{7}$

$3\times\frac{8}{7}=\frac{24}{7}=3\frac{3}{7}$

❷ $7\div\frac{4}{9}=15\frac{3}{4}$

$7\times\frac{9}{4}=\frac{63}{4}=15\frac{3}{4}$

❸ $5\div\frac{2}{7}=17\frac{1}{2}$

$5\times\frac{7}{2}=\frac{35}{2}=17\frac{1}{2}$

❹ $12\div\frac{8}{9}=13\frac{1}{2}$

$12\times\frac{9}{8}=\frac{27}{2}=13\frac{1}{2}$

❺ $9\div\frac{6}{7}=10\frac{1}{2}$

$9\times\frac{7}{6}=\frac{21}{2}=10\frac{1}{2}$

❻ $8\div\frac{4}{7}=14$

❼ $6\div\frac{2}{7}=21$

❽ $16\div\frac{24}{25}=16\frac{2}{3}$

$16\times\frac{25}{24}=\frac{50}{3}=16\frac{2}{3}$

❾ $3\div\frac{1}{3}=9$

❿ $5\div\frac{7}{8}=5\frac{5}{7}$

$5\times\frac{8}{7}=\frac{40}{7}=5\frac{5}{7}$

⓫ $8\div\frac{3}{5}=13\frac{1}{3}$

$8\times\frac{5}{3}=\frac{40}{3}=13\frac{1}{3}$

⓬ $4\div\frac{3}{5}=6\frac{2}{3}$

$4\times\frac{5}{3}=\frac{20}{3}=6\frac{2}{3}$

⓭ $7\div\frac{4}{5}=8\frac{3}{4}$

$7\times\frac{5}{4}=\frac{35}{4}=8\frac{3}{4}$

⓮ $8\div\frac{5}{9}=14\frac{2}{5}$

$8\times\frac{9}{5}=\frac{72}{5}=14\frac{2}{5}$

⓯ $4\div\frac{12}{17}=5\frac{2}{3}$

$4\times\frac{17}{12}=\frac{17}{3}=5\frac{2}{3}$

⓰ $12\div\frac{3}{8}=32$

자기 점수에 ○표 하세요.

맞은 개수	8개 이하	9~12개	13~14개	15~16개
학습 방법	개념을 다시 공부하세요.	조금 더 노력 하세요.	실수하면 안 돼요.	참 잘했어요.

1일차 B형 분수의 나눗셈(6)

월	일
분	초
	/16

대분수는 가분수로
고친 다음에 계산해!

정답 18쪽

나눗셈을 하세요.

❶ $\frac{2}{3}\div2\frac{1}{4}=\frac{8}{27}$

$\frac{2}{3}\div\frac{9}{4}=\frac{2}{3}\times\frac{4}{9}=\frac{8}{27}$

❷ $\frac{1}{8}\div1\frac{1}{2}=\frac{1}{12}$

$\frac{1}{8}\div\frac{3}{2}=\frac{1}{8}\times\frac{2}{3}=\frac{1}{12}$

❸ $\frac{8}{9}\div1\frac{1}{2}=\frac{16}{27}$

$\frac{8}{9}\div\frac{3}{2}=\frac{8}{9}\times\frac{2}{3}=\frac{16}{27}$

❹ $\frac{5}{6}\div1\frac{1}{3}=\frac{5}{8}$

$\frac{5}{6}\div\frac{4}{3}=\frac{5}{6}\times\frac{3}{4}=\frac{5}{8}$

❺ $9\frac{1}{4}\div\frac{2}{9}=41\frac{5}{8}$

$\frac{37}{4}\div\frac{2}{9}=\frac{37}{4}\times\frac{9}{2}=\frac{333}{8}=41\frac{5}{8}$

❻ $\frac{1}{3}\div2\frac{1}{6}=\frac{2}{13}$

$\frac{1}{3}\div\frac{13}{6}=\frac{1}{3}\times\frac{6}{13}=\frac{2}{13}$

❼ $\frac{2}{5}\div7\frac{1}{6}=\frac{12}{215}$

$\frac{2}{5}\div\frac{43}{6}=\frac{2}{5}\times\frac{6}{43}=\frac{12}{215}$

❽ $\frac{1}{6}\div9\frac{5}{7}=\frac{7}{408}$

$\frac{1}{6}\div\frac{68}{7}=\frac{1}{6}\times\frac{7}{68}=\frac{7}{408}$

❾ $2\frac{1}{4}\div2\frac{1}{2}=\frac{9}{10}$

$\frac{9}{4}\div\frac{5}{2}=\frac{9}{4}\times\frac{2}{5}=\frac{9}{10}$

❿ $2\frac{1}{7}\div3\frac{1}{2}=\frac{30}{49}$

$\frac{15}{7}\div\frac{7}{2}=\frac{15}{7}\times\frac{2}{7}=\frac{30}{49}$

⓫ $8\frac{2}{3}\div\frac{5}{8}=13\frac{13}{15}$

$\frac{26}{3}\div\frac{5}{8}=\frac{26}{3}\times\frac{8}{5}=\frac{208}{15}=13\frac{13}{15}$

⓬ $4\frac{5}{6}\div1\frac{1}{9}=4\frac{7}{20}$

$\frac{29}{6}\div\frac{10}{9}=\frac{29}{6}\times\frac{9}{10}=\frac{87}{20}=4\frac{7}{20}$

⓭ $4\frac{3}{8}\div3\frac{1}{2}=1\frac{1}{4}$

$\frac{35}{8}\div\frac{7}{2}=\frac{35}{8}\times\frac{2}{7}=\frac{5}{4}=1\frac{1}{4}$

⓮ $5\frac{4}{7}\div2\frac{4}{11}=2\frac{5}{14}$

$\frac{39}{7}\times\frac{11}{26}=\frac{33}{14}=2\frac{5}{14}$

⓯ $9\frac{3}{5}\div4\frac{1}{2}=2\frac{2}{15}$

$\frac{48}{5}\div\frac{9}{2}=\frac{48}{5}\times\frac{2}{9}=\frac{32}{15}=2\frac{2}{15}$

⓰ $7\frac{5}{8}\div2\frac{1}{4}=3\frac{7}{18}$

$\frac{61}{8}\times\frac{4}{9}=\frac{61}{18}=3\frac{7}{18}$

자기 점수에 ○표 하세요.

맞은 개수	8개 이하	9~12개	13~14개	15~16개
학습 방법	개념을 다시 공부하세요.	조금 더 노력 하세요.	실수하면 안 돼요.	참 잘했어요.

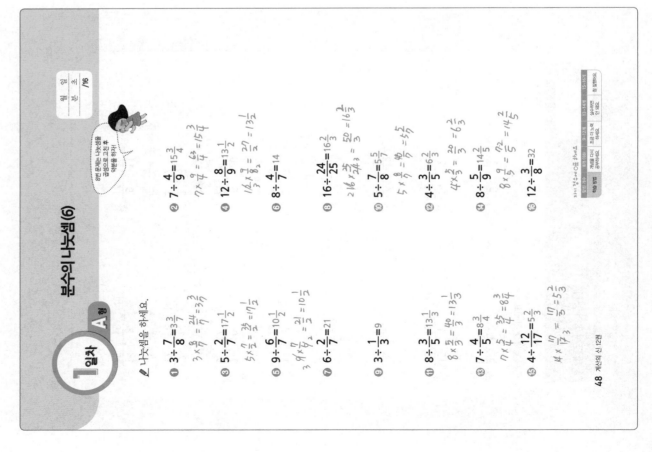

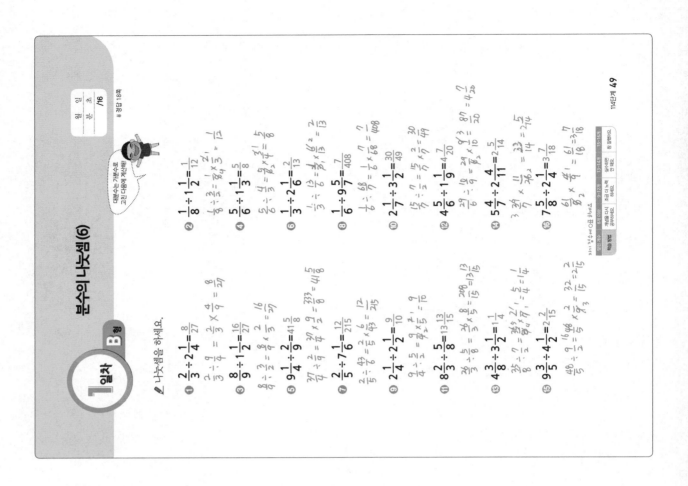

2일차 A형

분수의 나눗셈(6)

월 일
분 초
/16

나눗셈을 하세요.

❶ $7 \div \frac{3}{4} = 9\frac{1}{3}$

❷ $7 \div \frac{5}{7} = 9\frac{4}{5}$

❸ $6 \div \frac{4}{5} = 7\frac{1}{2}$

❹ $2 \div \frac{3}{5} = 3\frac{1}{3}$

❺ $4 \div \frac{3}{4} = 5\frac{1}{3}$

❻ $2 \div \frac{5}{7} = 2\frac{4}{5}$

❼ $3 \div \frac{8}{9} = 3\frac{3}{8}$

❽ $9 \div \frac{5}{8} = 14\frac{2}{5}$

❾ $5 \div \frac{2}{3} = 7\frac{1}{2}$

❿ $4 \div \frac{5}{7} = 5\frac{3}{5}$

⓫ $10 \div \frac{4}{11} = 27\frac{1}{2}$

⓬ $14 \div \frac{4}{5} = 17\frac{1}{2}$

⓭ $4 \div \frac{3}{5} = 6\frac{2}{3}$

⓮ $7 \div \frac{3}{5} = 11\frac{2}{3}$

⓯ $8 \div \frac{3}{8} = 21\frac{1}{3}$

⓰ $8 \div \frac{7}{9} = 10\frac{2}{7}$

자기 점수에 ○표 하세요.

맞힌 개수	8개 이하	9~12개	13~14개	15~16개
학습 방법	개념을 다시 공부하세요.	조금 더 노력하세요.	실수하면 안 돼요.	참 잘했어요.

2일차 B형

분수의 나눗셈(6)

월 일
분 초
/16

정답 19쪽

나눗셈을 하세요.

❶ $\frac{3}{4} \div 1\frac{1}{5} = \frac{5}{8}$

❷ $3\frac{2}{3} \div \frac{5}{6} = 4\frac{2}{5}$

❸ $\frac{1}{9} \div 5\frac{1}{2} = \frac{2}{99}$

❹ $\frac{4}{7} \div 1\frac{1}{2} = \frac{8}{21}$

❺ $1\frac{2}{3} \div 2\frac{1}{2} = \frac{2}{3}$

❻ $4\frac{1}{6} \div 8\frac{1}{2} = \frac{25}{51}$

❼ $4\frac{1}{2} \div 2\frac{5}{8} = 1\frac{5}{7}$

❽ $1\frac{5}{9} \div \frac{7}{10} = 2\frac{2}{9}$

❾ $1\frac{2}{5} \div \frac{3}{4} = 1\frac{13}{15}$

❿ $2\frac{1}{7} \div \frac{11}{14} = 2\frac{8}{11}$

⓫ $1\frac{1}{2} \div \frac{3}{7} = 3\frac{1}{2}$

⓬ $2\frac{2}{7} \div 1\frac{2}{3} = 1\frac{13}{35}$

⓭ $3\frac{1}{5} \div 1\frac{3}{10} = 2\frac{6}{13}$

⓮ $2\frac{1}{3} \div 1\frac{3}{5} = 1\frac{11}{24}$

⓯ $1\frac{2}{7} \div \frac{9}{11} = 1\frac{4}{7}$

⓰ $2\frac{1}{3} \div 2\frac{4}{5} = \frac{5}{6}$

자기 점수에 ○표 하세요.

맞힌 개수	8개 이하	9~12개	13~14개	15~16개
학습 방법	개념을 다시 공부하세요.	조금 더 노력하세요.	실수하면 안 돼요.	참 잘했어요.

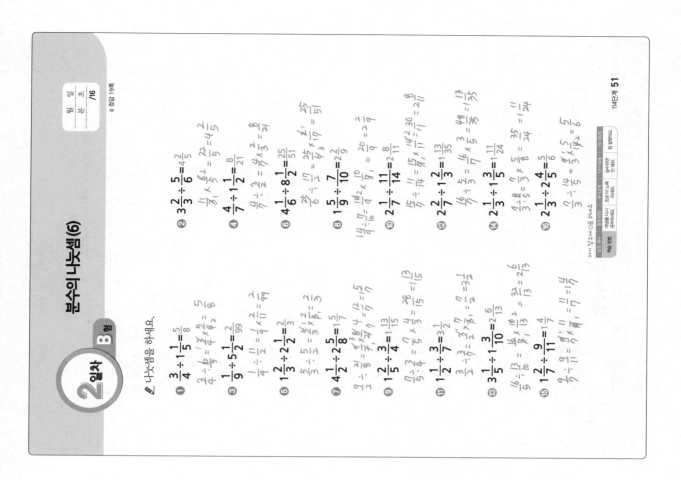

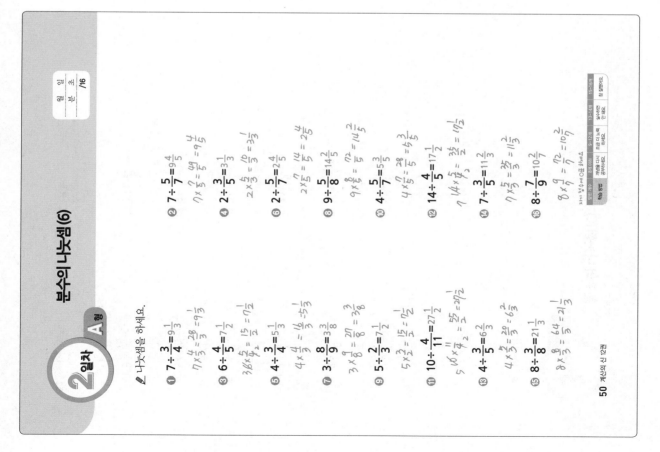

3일차 A형

분수의 나눗셈(6)

월 일
분 초
/16

나눗셈을 하세요.

❶ $6\div\frac{3}{4}=8$

❷ $12\div\frac{9}{14}=18\frac{2}{3}$

❸ $9\div\frac{6}{13}=19\frac{1}{2}$

❹ $10\div\frac{4}{7}=17\frac{1}{2}$

❺ $7\div\frac{2}{5}=17\frac{1}{2}$

❻ $14\div\frac{8}{9}=15\frac{3}{4}$

❼ $8\div\frac{6}{13}=17\frac{1}{3}$

❽ $15\div\frac{12}{13}=16\frac{1}{4}$

❾ $2\div\frac{7}{8}=2\frac{2}{7}$

❿ $20\div\frac{5}{6}=24$

⓫ $4\div\frac{5}{9}=7\frac{1}{5}$

⓬ $21\div\frac{7}{9}=27$

⓭ $5\div\frac{10}{13}=6\frac{1}{2}$

⓮ $9\div\frac{6}{7}=10\frac{1}{2}$

⓯ $3\div\frac{12}{13}=3\frac{1}{4}$

⓰ $18\div\frac{6}{13}=39$

자기 점수에 ○표 하세요

맞힌 개수	8개 이하	9~12개	13~14개	15~16개
학습 방법	개념을 다시 공부하세요.	조금 더 노력하세요.	실수하면 안 돼요.	참 잘했어요.

3일차 B형

분수의 나눗셈(6)

월 일
분 초
/16

정답 20쪽

나눗셈을 하세요.

❶ $1\frac{3}{4}\div\frac{7}{12}=3$

❷ $\frac{7}{8}\div1\frac{1}{6}=\frac{3}{4}$

❸ $\frac{8}{15}\div2\frac{2}{3}=\frac{1}{5}$

❹ $\frac{3}{5}\div1\frac{7}{8}=\frac{8}{25}$

❺ $7\frac{3}{5}\div2\frac{3}{8}=3\frac{1}{5}$

❻ $\frac{5}{6}\div1\frac{2}{3}=\frac{1}{2}$

❼ $\frac{8}{15}\div2\frac{2}{7}=\frac{7}{30}$

❽ $\frac{7}{9}\div4\frac{2}{3}=\frac{1}{6}$

❾ $3\frac{3}{5}\div2\frac{1}{4}=1\frac{3}{5}$

❿ $5\frac{4}{7}\div2\frac{1}{6}=2\frac{4}{7}$

⓫ $6\frac{3}{7}\div1\frac{4}{11}=4\frac{5}{7}$

⓬ $5\frac{5}{8}\div1\frac{3}{17}=4\frac{25}{32}$

⓭ $2\frac{4}{13}\div3\frac{4}{7}=\frac{42}{65}$

⓮ $3\frac{7}{15}\div1\frac{5}{8}=2\frac{2}{15}$

⓯ $8\frac{4}{9}\div2\frac{6}{7}=2\frac{43}{45}$

⓰ $4\frac{5}{6}\div1\frac{5}{8}=2\frac{38}{39}$

자기 점수에 ○표 하세요

맞힌 개수	8개 이하	9~12개	13~14개	15~16개
학습 방법	개념을 다시 공부하세요.	조금 더 노력하세요.	실수하면 안 돼요.	참 잘했어요.

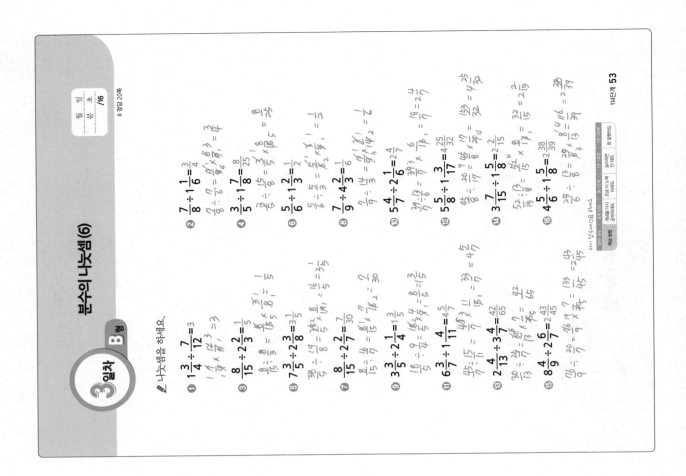

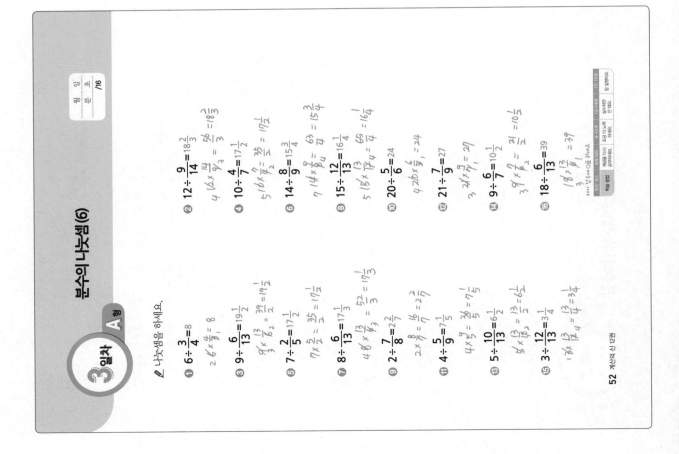

4일차 A형

분수의 나눗셈(6)

월 일
분 초
/16

나눗셈을 하세요.

❶ $10 \div 4\frac{1}{3} = 2\frac{4}{13}$

$10 \div \frac{13}{3} = 10 \times \frac{3}{13} = \frac{30}{13} = 2\frac{4}{13}$

❷ $9 \div \frac{4}{7} = 15\frac{3}{4}$

$9 \times \frac{7}{4} = \frac{63}{4} = 15\frac{3}{4}$

❸ $16 \div 1\frac{1}{6} = 13\frac{5}{7}$

$16 \div \frac{7}{6} = 16 \times \frac{6}{7} = \frac{96}{7} = 13\frac{5}{7}$

❹ $8 \div \frac{3}{7} = 18\frac{2}{3}$

$8 \times \frac{7}{3} = \frac{56}{3} = 18\frac{2}{3}$

❺ $9 \div 1\frac{2}{3} = 5\frac{2}{5}$

$9 \div \frac{5}{3} = 9 \times \frac{3}{5} = \frac{27}{5} = 5\frac{2}{5}$

❻ $7 \div \frac{8}{15} = 13\frac{1}{8}$

$7 \times \frac{15}{8} = \frac{105}{8} = 13\frac{1}{8}$

❼ $7 \div 1\frac{2}{15} = 6\frac{3}{17}$

$7 \div \frac{17}{15} = 7 \times \frac{15}{17} = \frac{105}{17} = 6\frac{3}{17}$

❽ $24 \div \frac{6}{7} = 28$

$24 \times \frac{7}{6} = 28$

❾ $6 \div 1\frac{2}{13} = 5\frac{1}{5}$

$6 \div \frac{15}{13} = 6 \times \frac{13}{15} = \frac{26}{5} = 5\frac{1}{5}$

❿ $25 \div \frac{15}{17} = 28\frac{1}{3}$

$25 \times \frac{17}{15} = \frac{85}{3} = 28\frac{1}{3}$

⓫ $9 \div 1\frac{1}{3} = 6\frac{3}{4}$

$9 \div \frac{4}{3} = 9 \times \frac{3}{4} = \frac{27}{4} = 6\frac{3}{4}$

⓬ $14 \div \frac{16}{19} = 16\frac{5}{8}$

$14 \times \frac{19}{16} = \frac{133}{8} = 16\frac{5}{8}$

⓭ $21 \div 1\frac{4}{13} = 16\frac{1}{17}$

$21 \div \frac{17}{13} = 21 \times \frac{13}{17} = \frac{273}{17} = 16\frac{1}{17}$

⓮ $12 \div \frac{15}{22} = 17\frac{3}{5}$

$12 \times \frac{22}{15} = \frac{88}{5} = 17\frac{3}{5}$

⓯ $8 \div 1\frac{7}{8} = 4\frac{4}{15}$

$8 \div \frac{15}{8} = 8 \times \frac{8}{15} = \frac{64}{15} = 4\frac{4}{15}$

⓰ $17 \div 5\frac{1}{2} = 3\frac{1}{11}$

$17 \div \frac{11}{2} = 17 \times \frac{2}{11} = \frac{34}{11} = 3\frac{1}{11}$

자기 점수에 ○표 하세요.

맞힌 개수	8개 이하	9~12개	13~14개	15~16개
학습 방법	개념을 다시 공부하세요.	조금 더 노력하세요.	실수하면 안 돼요.	참 잘했어요.

4일차 B형

분수의 나눗셈(6)

월 일
분 초
/16

정답 21쪽

나눗셈을 하세요.

❶ $\frac{6}{15} \div 1\frac{1}{8} = \frac{16}{45}$

$\frac{6}{15} \div \frac{9}{8} = \frac{6}{15} \times \frac{8}{9} = \frac{16}{45}$

❷ $2\frac{8}{11} \div \frac{2}{5} = 6\frac{9}{11}$

$\frac{30}{11} \div \frac{2}{5} = \frac{30}{11} \times \frac{5}{2} = \frac{75}{11} = 6\frac{9}{11}$

❸ $\frac{4}{9} \div 1\frac{5}{7} = \frac{7}{27}$

$\frac{4}{9} \div \frac{12}{7} = \frac{4}{9} \times \frac{7}{12} = \frac{7}{27}$

❹ $\frac{9}{16} \div 1\frac{3}{15} = \frac{15}{32}$

$\frac{9}{16} \div \frac{18}{15} = \frac{9}{16} \times \frac{15}{18} = \frac{15}{32}$

❺ $2\frac{5}{8} \div \frac{7}{13} = 4\frac{7}{8}$

$\frac{21}{8} \div \frac{7}{13} = \frac{21}{8} \times \frac{13}{7} = \frac{39}{8} = 4\frac{7}{8}$

❻ $\frac{7}{8} \div 2\frac{6}{11} = \frac{11}{32}$

$\frac{7}{8} \div \frac{28}{11} = \frac{7}{8} \times \frac{11}{28} = \frac{11}{32}$

❼ $\frac{16}{19} \div 3\frac{1}{5} = \frac{5}{19}$

$\frac{16}{19} \div \frac{16}{5} = \frac{16}{19} \times \frac{5}{16} = \frac{5}{19}$

❽ $\frac{20}{23} \div 3\frac{2}{11} = \frac{44}{161}$

$\frac{20}{23} \div \frac{35}{11} = \frac{20}{23} \times \frac{11}{35} = \frac{44}{161}$

❾ $3\frac{3}{17} \div 1\frac{5}{7} = 1\frac{29}{34}$

$\frac{54}{17} \div \frac{12}{7} = \frac{54}{17} \times \frac{7}{12} = \frac{63}{34} = 1\frac{29}{34}$

❿ $\frac{3}{5} \div 1\frac{5}{7} = \frac{7}{20}$

$\frac{3}{5} \div \frac{12}{7} = \frac{3}{5} \times \frac{7}{12} = \frac{7}{20}$

⓫ $6\frac{8}{15} \div 2\frac{5}{8} = 2\frac{22}{45}$

$\frac{98}{15} \div \frac{21}{8} = \frac{98}{15} \times \frac{8}{21} = \frac{112}{45} = 2\frac{22}{45}$

⓬ $\frac{9}{20} \div 2\frac{2}{9} = \frac{81}{400}$

$\frac{9}{20} \div \frac{20}{9} = \frac{9}{20} \times \frac{9}{20} = \frac{81}{400}$

⓭ $6\frac{6}{11} \div 3\frac{1}{5} = 2\frac{1}{22}$

$\frac{72}{11} \div \frac{16}{5} = \frac{72}{11} \times \frac{5}{16} = \frac{45}{22} = 2\frac{1}{22}$

⓮ $3\frac{3}{7} \div 1\frac{1}{9} = 3\frac{3}{35}$

$\frac{24}{7} \div \frac{10}{9} = \frac{24}{7} \times \frac{9}{10} = \frac{108}{35} = 3\frac{3}{35}$

⓯ $7\frac{7}{12} \div 8\frac{2}{3} = \frac{7}{8}$

$\frac{91}{12} \div \frac{26}{3} = \frac{91}{12} \times \frac{3}{26} = \frac{7}{8}$

⓰ $1\frac{13}{15} \div 2\frac{1}{3} = \frac{4}{5}$

$\frac{28}{15} \div \frac{7}{3} = \frac{28}{15} \times \frac{3}{7} = \frac{4}{5}$

자기 점수에 ○표 하세요.

맞힌 개수	8개 이하	9~12개	13~14개	15~16개
학습 방법	개념을 다시 공부하세요.	조금 더 노력하세요.	실수하면 안 돼요.	참 잘했어요.

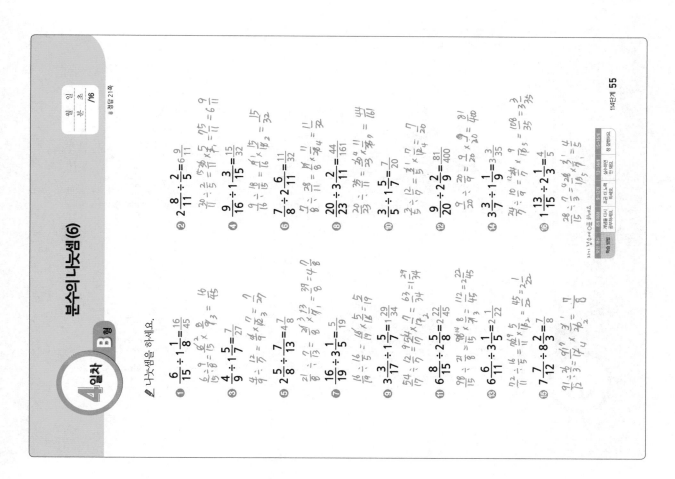

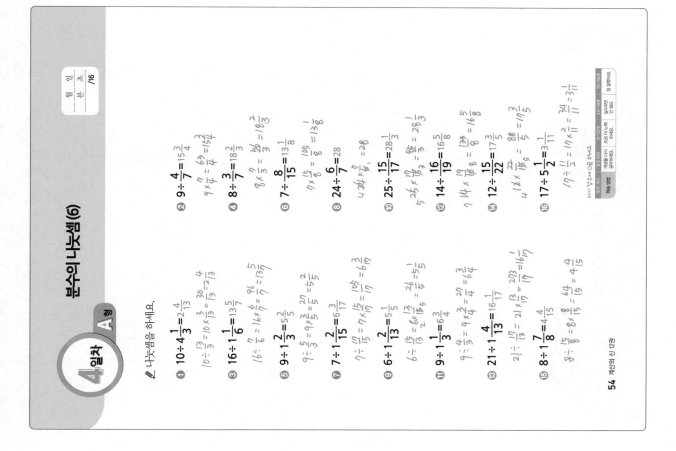

5일차 A형 분수의 나눗셈(6)

월 일 / 분 초 / /16

나눗셈을 하세요.

① $4\div\frac{8}{9}=4\frac{1}{2}$

② $15\div\frac{24}{25}=15\frac{5}{8}$

③ $14\div\frac{21}{25}=16\frac{2}{3}$

④ $16\div\frac{4}{13}=52$

⑤ $9\div\frac{21}{25}=10\frac{5}{7}$

⑥ $18\div2\frac{2}{7}=7\frac{7}{8}$

⑦ $21\div1\frac{5}{9}=13\frac{1}{2}$

⑧ $22\div3\frac{3}{10}=6\frac{2}{3}$

⑨ $27\div2\frac{4}{7}=10\frac{1}{2}$

⑩ $25\div1\frac{2}{13}=21\frac{2}{3}$

⑪ $12\div3\frac{3}{7}=3\frac{1}{2}$

⑫ $30\div4\frac{1}{8}=7\frac{3}{11}$

⑬ $32\div3\frac{1}{5}=10$

⑭ $28\div1\frac{5}{9}=18$

⑮ $24\div1\frac{5}{13}=17\frac{1}{3}$

⑯ $15\div2\frac{6}{17}=6\frac{3}{8}$

자기 점수에 ○표 하세요

맞힌 개수	8개 이하	9~12개	13~14개	15~16개
학습 방법	개념을 다시 공부하세요.	조금 더 노력하세요.	실수하면 안 돼요.	참 잘했어요.

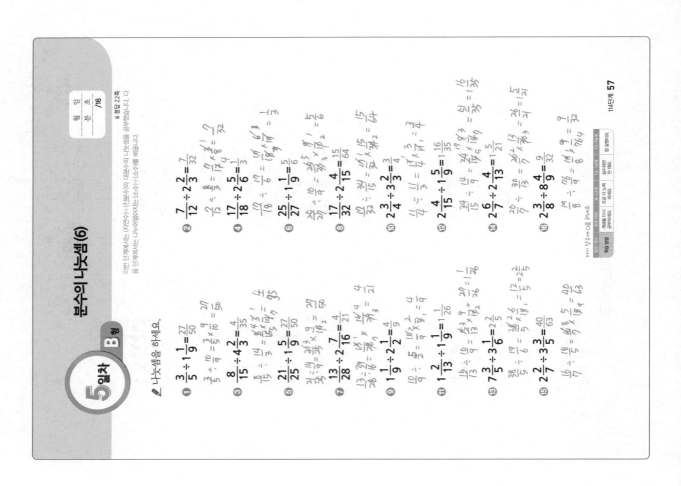

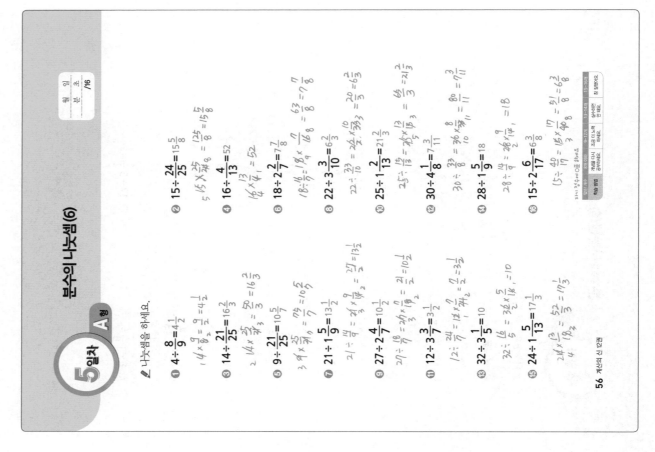

5일차 B형 분수의 나눗셈(6)

월 일 / 분 초 / /16

정답 22쪽

이번 단계에서는 (자연수)÷(진분수)와 대분수의 나눗셈을 공부했습니다. 다음 단계에서는 나누어떨어지는 (소수)÷(소수)를 배웁니다.

나눗셈을 하세요.

① $\frac{3}{5}\div1\frac{1}{9}=\frac{27}{50}$

② $\frac{7}{12}\div2\frac{2}{3}=\frac{7}{32}$

③ $\frac{8}{15}\div4\frac{2}{3}=\frac{4}{35}$

④ $\frac{17}{18}\div2\frac{5}{6}=\frac{1}{3}$

⑤ $\frac{21}{25}\div1\frac{5}{9}=\frac{27}{50}$

⑥ $\frac{25}{27}\div1\frac{1}{9}=\frac{5}{6}$

⑦ $\frac{13}{28}\div2\frac{7}{16}=\frac{4}{21}$

⑧ $\frac{17}{32}\div2\frac{4}{15}=\frac{15}{64}$

⑨ $1\frac{1}{9}\div2\frac{1}{2}=\frac{4}{9}$

⑩ $2\frac{3}{4}\div3\frac{2}{3}=\frac{3}{4}$

⑪ $1\frac{2}{13}\div1\frac{1}{9}=1\frac{1}{26}$

⑫ $2\frac{4}{15}\div1\frac{5}{9}=1\frac{16}{35}$

⑬ $7\frac{3}{5}\div3\frac{1}{6}=2\frac{2}{5}$

⑭ $2\frac{6}{7}\div2\frac{4}{13}=1\frac{5}{21}$

⑮ $2\frac{2}{7}\div3\frac{3}{5}=\frac{40}{63}$

⑯ $2\frac{3}{8}\div8\frac{4}{9}=\frac{9}{32}$

자기 점수에 ○표 하세요

맞힌 개수	8개 이하	9~12개	13~14개	15~16개
학습 방법	개념을 다시 공부하세요.	조금 더 노력하세요.	실수하면 안 돼요.	참 잘했어요.

1일차 A형

소수의 나눗셈(8)

월 일 / 분 초 / /12

나누는 수에 10을 곱하여 자연수가 되도록 해!

다음 나눗셈을 완전히 나누어떨어질 때까지 계산하세요.

① 0. 7)1. 4 — 몫 2
14
0

② 2. 8)2 2. 4 — 몫 8
2 2 4
0

③ 0. 4)3. 2 — 몫 8
3 2
0

④ 4. 5)4 0. 5 — 몫 9
4 0 5
0

⑤ 0. 7)4. 9 — 몫 7
4 9
0

⑥ 5. 3)4 7. 7 — 몫 9
4 7 7
0

⑦ 0. 9)3. 6 — 몫 4
3 6
0

⑧ 1. 7)5. 1 — 몫 3
5 1
0

⑨ 3. 7)3 3. 3 — 몫 9
3 3 3
0

⑩ 1. 4)1 8. 2 — 몫 1 3
1 4
4 2
4 2
0

⑪ 6. 2)7 4. 4 — 몫 1 2
6 2
1 2 4
1 2 4
0

⑫ 0. 8)2 0. 8 — 몫 2 6
1 6
4 8
4 8
0

자기 점수에 ○표 하세요.

맞힌 개수	6개 이하	7~8개	9~10개	11~12개
학습 방법	개념을 다시 공부하세요.	조금 더 노력하세요.	실수하면 안 돼요.	참 잘했어요.

1일차 B형

소수의 나눗셈(8)

월 일 / 분 초 / /12

나누는 수를 자연수로 만들려면 100을 곱해야 돼!

정답 23쪽

다음 나눗셈을 완전히 나누어떨어질 때까지 계산하세요.

① 1. 5 9)6. 3 6 — 몫 4
6 3 6
0

② 8. 8 9)3 5. 5 6 — 몫 4
3 5 5 6
0

③ 0. 1 2)0. 9 6 — 몫 8
9 6
0

④ 9. 3 8)1 8. 7 6 — 몫 2
1 8 7 6
0

⑤ 0. 6 4)1 5. 3 6 — 몫 2 4
1 2 8
2 5 6
2 5 6
0

⑥ 0. 5 8)6. 9 6 — 몫 1 2
5 8
1 1 6
1 1 6
0

⑦ 0. 5 3)3. 7 1 — 몫 7
3 7 1
0

⑧ 0. 1 2)0. 8 4 — 몫 7
8 4
0

⑨ 0. 2 3)2. 0 7 — 몫 9
2 0 7
0

⑩ 0. 1 7)1. 8 7 — 몫 1 1
1 7
1 7
1 7
0

⑪ 0. 1 4)1. 8 2 — 몫 1 3
1 4
4 2
4 2
0

⑫ 0. 2 6)4. 6 8 — 몫 1 8
2 6
2 0 8
2 0 8
0

자기 점수에 ○표 하세요.

맞힌 개수	6개 이하	7~8개	9~10개	11~12개
학습 방법	개념을 다시 공부하세요.	조금 더 노력하세요.	실수하면 안 돼요.	참 잘했어요.

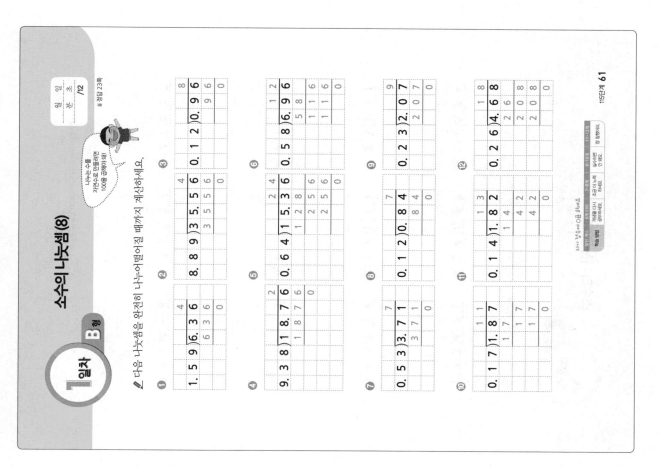

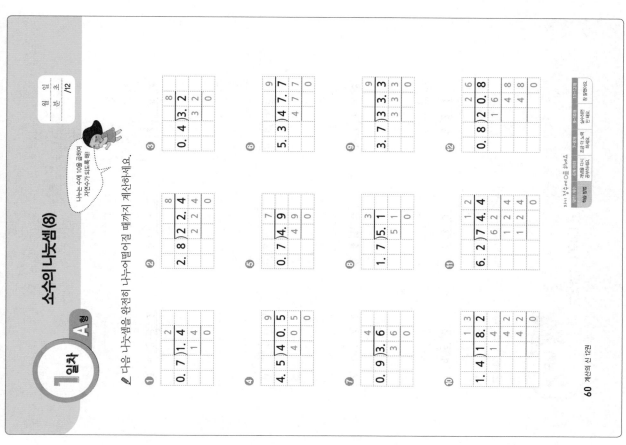

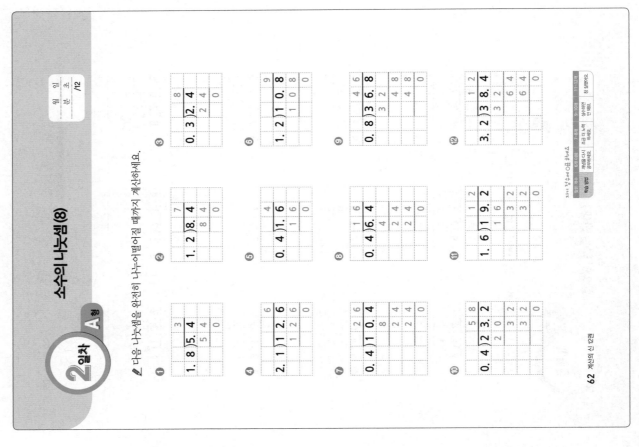

2일차 A형 소수의 나눗셈(8)

월 일
분 초
/12

다음 나눗셈을 완전히 나누어떨어질 때까지 계산하세요.

❶ 1.8)5.4 — 몫 3
54
0

❷ 1.2)8.4 — 몫 7
84
0

❸ 0.3)2.4 — 몫 8
24
0

❹ 2.1)12.6 — 몫 6
126
0

❺ 0.4)1.6 — 몫 4
16
0

❻ 1.2)10.8 — 몫 9
108
0

❼ 0.4)10.4 — 몫 26
8
24
24
0

❽ 0.4)6.4 — 몫 16
4
24
24
0

❾ 0.8)36.8 — 몫 46
32
48
48
0

❿ 0.4)23.2 — 몫 58
20
32
32
0

⓫ 1.6)19.2 — 몫 12
16
32
32
0

⓬ 3.2)38.4 — 몫 12
32
64
64
0

자기 점수에 ○표 하세요

맞힌 개수	6개 이하	7~8개	9~10개	11~12개
학습 방법	개념을 다시 공부하세요.	조금 더 노력하세요.	실수하면 안 돼요.	참 잘했어요.

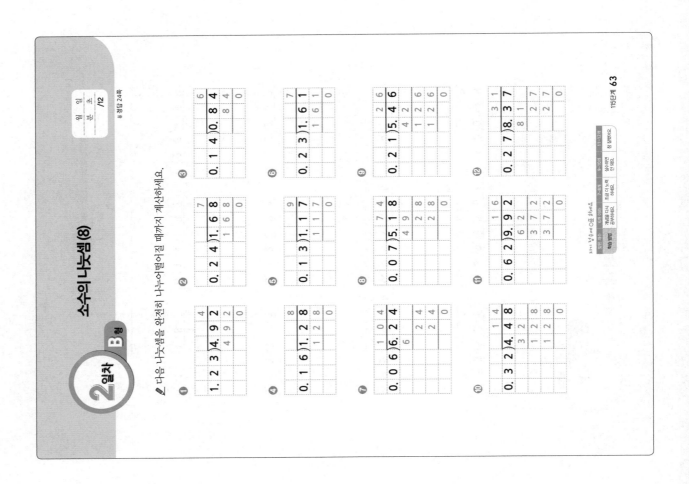

2일차 B형 소수의 나눗셈(8)

월 일
분 초
/12

정답 24쪽

다음 나눗셈을 완전히 나누어떨어질 때까지 계산하세요.

❶ 1.23)4.92 — 몫 4
492
0

❷ 0.24)1.68 — 몫 7
168
0

❸ 0.14)0.84 — 몫 6
84
0

❹ 0.16)1.28 — 몫 8
128
0

❺ 0.13)1.17 — 몫 9
117
0

❻ 0.23)1.61 — 몫 7
161
0

❼ 0.06)6.24 — 몫 104
6
24
24
0

❽ 0.07)5.18 — 몫 74
49
28
28
0

❾ 0.21)5.46 — 몫 26
42
126
126
0

❿ 0.32)4.48 — 몫 14
32
128
128
0

⓫ 0.62)9.92 — 몫 16
62
372
372
0

⓬ 0.27)8.37 — 몫 31
81
27
27
0

자기 점수에 ○표 하세요

맞힌 개수	6개 이하	7~8개	9~10개	11~12개
학습 방법	개념을 다시 공부하세요.	조금 더 노력하세요.	실수하면 안 돼요.	참 잘했어요.

3일차 A형

소수의 나눗셈(8)

월 일
분 초
/12

✎ 다음 나눗셈을 완전히 나누어떨어질 때까지 계산하세요.

❶ 6.4)51.2 — 몫 8; 512; 0

❷ 9.3)83.7 — 몫 9; 837; 0

❸ 1.8)10.8 — 몫 6; 108; 0

❹ 7.2)43.2 — 몫 6; 432; 0

❺ 7.6)60.8 — 몫 8; 608; 0

❻ 1.7)15.3 — 몫 9; 153; 0

❼ 0.3)27.9 — 몫 93; 27; 9; 9; 0

❽ 0.9)15.3 — 몫 17; 9; 63; 63; 0

❾ 8.4)92.4 — 몫 11; 84; 84; 84; 0

❿ 1.8)30.6 — 몫 17; 18; 126; 126; 0

⓫ 2.8)36.4 — 몫 13; 28; 84; 84; 0

⓬ 4.8)52.8 — 몫 11; 48; 48; 48; 0

자기 점수에 ○표 하세요

맞힌 개수	6개 이하	7~8개	9~10개	11~12개
학습 방법	개념을 다시 공부하세요.	조금 더 노력하세요.	실수하면 안 돼요.	참 잘했어요.

3일차 B형

소수의 나눗셈(8)

월 일
분 초
/12

정답 25쪽

✎ 다음 나눗셈을 완전히 나누어떨어질 때까지 계산하세요.

❶ 1.58)6.32 — 몫 4; 632; 0

❷ 0.61)3.05 — 몫 5; 305; 0

❸ 0.72)4.32 — 몫 6; 432; 0

❹ 1.08)8.64 — 몫 8; 864; 0

❺ 0.14)1.26 — 몫 9; 126; 0

❻ 0.26)2.08 — 몫 8; 208; 0

❼ 0.15)1.95 — 몫 13; 15; 45; 45; 0

❽ 0.09)4.14 — 몫 46; 36; 54; 54; 0

❾ 0.12)2.52 — 몫 21; 24; 12; 12; 0

❿ 0.19)7.22 — 몫 38; 57; 152; 152; 0

⓫ 0.36)6.84 — 몫 19; 36; 324; 324; 0

⓬ 0.22)3.74 — 몫 17; 22; 154; 154; 0

자기 점수에 ○표 하세요

맞힌 개수	6개 이하	7~8개	9~10개	11~12개
학습 방법	개념을 다시 공부하세요.	조금 더 노력하세요.	실수하면 안 돼요.	참 잘했어요.

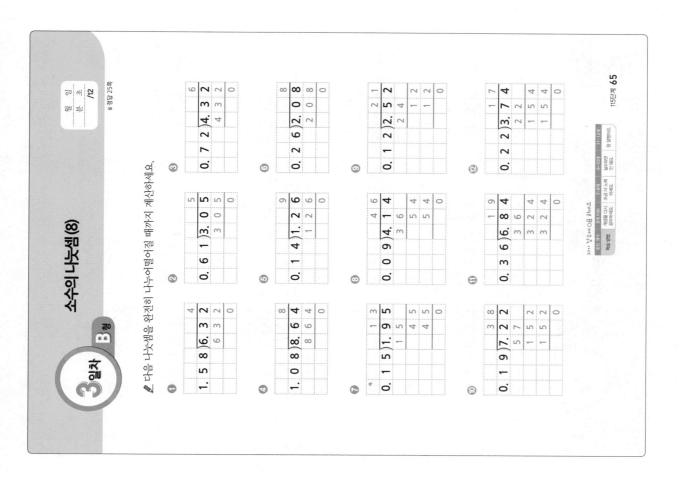

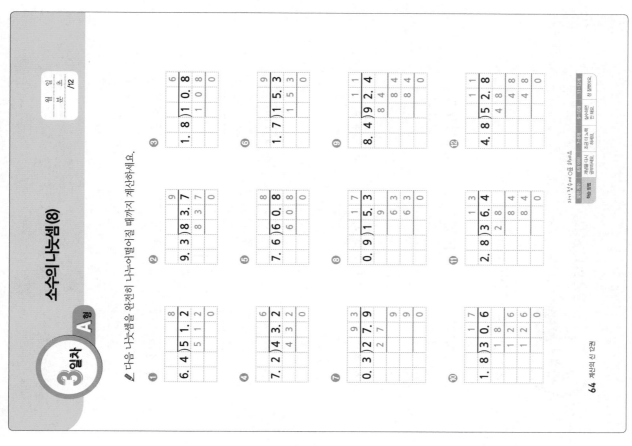

4일차 A형 소수의 나눗셈 (8)

월 일 / 분 초 / /12

다음 나눗셈을 완전히 나누어떨어질 때까지 계산하세요.

❶ 1.1)4.4 → 몫 4 / 44 / 0

❷ 1.5)10.5 → 몫 7 / 105 / 0

❸ 4.4)26.4 → 몫 6 / 264 / 0

❹ 6.8)54.4 → 몫 8 / 544 / 0

❺ 6.5)32.5 → 몫 5 / 325 / 0

❻ 5.6)33.6 → 몫 6 / 336 / 0

❼ 2.1)35.7 → 몫 17 / 21 / 147 / 147 / 0

❽ 3.7)51.8 → 몫 14 / 37 / 148 / 148 / 0

❾ 4.5)76.5 → 몫 17 / 45 / 315 / 315 / 0

❿ 3.8)91.2 → 몫 24 / 76 / 152 / 152 / 0

⓫ 5.9)112.1 → 몫 19 / 59 / 531 / 531 / 0

⓬ 6.2)229.4 → 몫 37 / 186 / 434 / 434 / 0

자기 점수에 ○표 하세요

맞힌 개수	6개 이하	7~8개	9~10개	11~12개
학습 방법	개념을 다시 공부하세요.	조금 더 노력 하세요.	실수하면 안 돼요.	참 잘했어요.

4일차 B형 소수의 나눗셈 (8)

월 일 / 분 초 / /12

정답 26쪽

다음 나눗셈을 완전히 나누어떨어질 때까지 계산하세요.

❶ 0.45)3.15 → 몫 7 / 315 / 0

❷ 1.25)6.25 → 몫 5 / 625 / 0

❸ 0.61)3.05 → 몫 5 / 305 / 0

❹ 1.08)8.64 → 몫 8 / 864 / 0

❺ 6.25)31.25 → 몫 5 / 3125 / 0

❻ 6.44)45.08 → 몫 7 / 4508 / 0

❼ 2.12)36.04 → 몫 17 / 212 / 1484 / 1484 / 0

❽ 1.82)23.66 → 몫 13 / 182 / 546 / 546 / 0

❾ 3.54)60.18 → 몫 17 / 354 / 2478 / 2478 / 0

❿ 0.48)5.28 → 몫 11 / 48 / 48 / 48 / 0

⓫ 0.32)5.76 → 몫 18 / 32 / 256 / 256 / 0

⓬ 0.12)5.64 → 몫 47 / 48 / 84 / 84 / 0

자기 점수에 ○표 하세요

맞힌 개수	6개 이하	7~8개	9~10개	11~12개
학습 방법	개념을 다시 공부하세요.	조금 더 노력 하세요.	실수하면 안 돼요.	참 잘했어요.

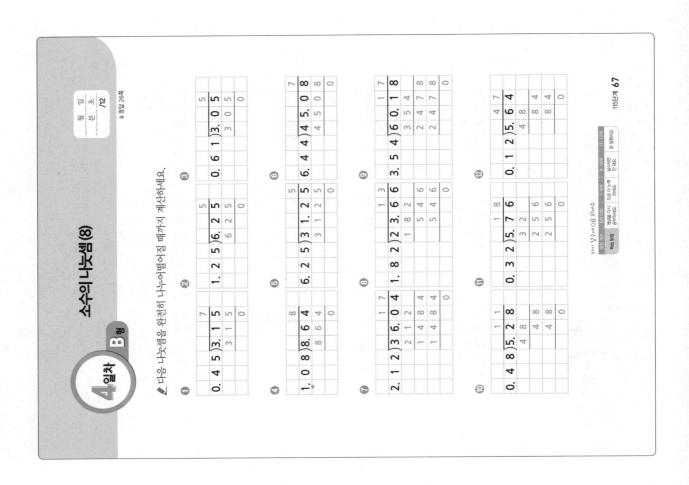

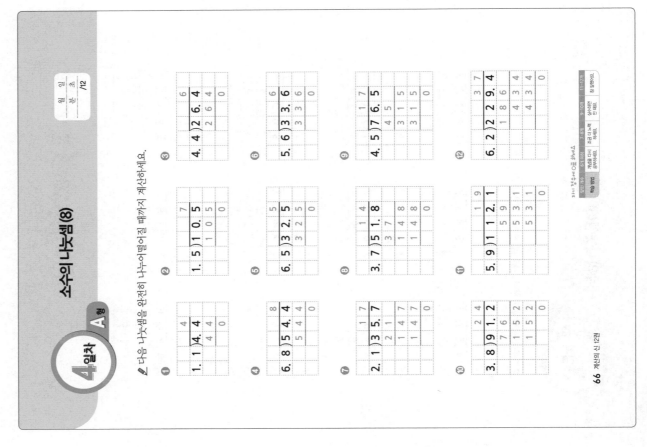

5일차 A형

소수의 나눗셈(8)

월 일 / 분 초 / /12

✎ 다음 나눗셈을 완전히 나누어떨어질 때까지 계산하세요.

❶ 7 / 1.3)9.1 / 91 / 0

❷ 7 / 0.4)2.8 / 28 / 0

❸ 9 / 0.5)4.5 / 45 / 0

❹ 8 / 0.9)7.2 / 72 / 0

❺ 9 / 1.2)10.8 / 108 / 0

❻ 8 / 2.2)17.6 / 176 / 0

❼ 11 / 1.6)17.6 / 16 / 16 / 16 / 0

❽ 14 / 1.9)26.6 / 19 / 76 / 76 / 0

❾ 15 / 2.1)31.5 / 21 / 105 / 105 / 0

❿ 21 / 2.6)54.6 / 52 / 26 / 26 / 0

⓫ 23 / 4.5)103.5 / 90 / 135 / 135 / 0

⓬ 32 / 8.1)259.2 / 243 / 162 / 162 / 0

자기 점수에 ○표 하세요

맞힌 개수	6개 이하	7~8개	9~10개	11~12개
학습 방법	개념을 다시 공부하세요.	조금 더 노력하세요.	실수하면 안 돼요.	참 잘했어요.

5일차 B형

소수의 나눗셈(8)

월 일 / 분 초 / /12

정답 27쪽

이번 단계에서는 나누어떨어지는 같은 자리수의 (소수)÷(소수)를 공부했습니다. 다음 단계에서는 나누어떨어지는 다른 자리수의 (소수)÷(소수)를 익힙니다.

✎ 다음 나눗셈을 완전히 나누어떨어질 때까지 계산하세요.

❶ 8 / 0.58)4.64 / 464 / 0

❷ 8 / 1.26)10.08 / 1008 / 0

❸ 6 / 4.89)29.34 / 2934 / 0

❹ 6 / 0.62)3.72 / 372 / 0

❺ 8 / 2.47)19.76 / 1976 / 0

❻ 8 / 1.38)11.04 / 1104 / 0

❼ 16 / 5.14)82.24 / 514 / 3084 / 3084 / 0

❽ 23 / 3.12)71.76 / 624 / 936 / 936 / 0

❾ 23 / 3.26)74.98 / 652 / 978 / 978 / 0

❿ 27 / 0.28)7.56 / 56 / 196 / 196 / 0

⓫ 16 / 0.38)6.08 / 38 / 228 / 228 / 0

⓬ 17 / 0.45)7.65 / 45 / 315 / 315 / 0

자기 점수에 ○표 하세요

맞힌 개수	6개 이하	7~8개	9~10개	11~12개
학습 방법	개념을 다시 공부하세요.	조금 더 노력하세요.	실수하면 안 돼요.	참 잘했어요.

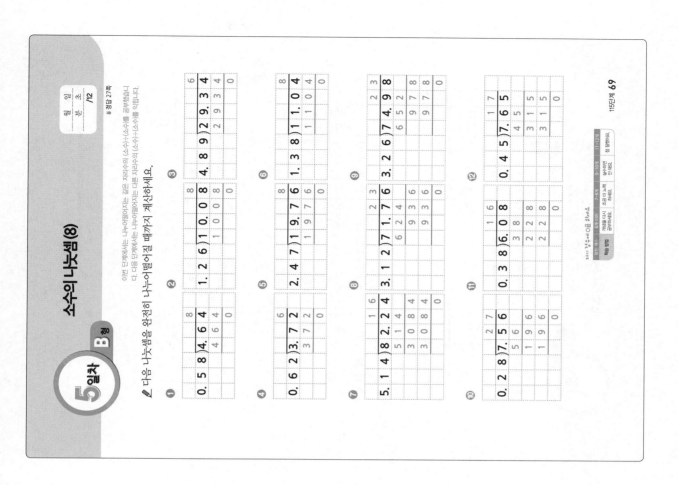

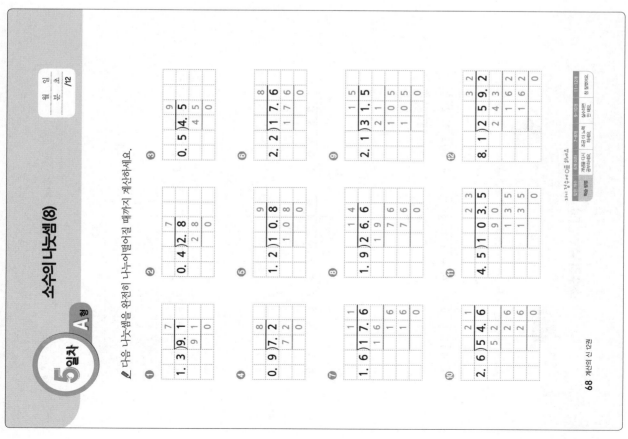

1일차 A형 소수의 나눗셈(9)

월 일 / 분 초 / /9

3번 문제는 나누는 수를 자연수로 만들려면 10을 곱해야 돼!

다음 나눗셈을 완전히 나누어떨어질 때까지 계산하세요.

❶ 1.4)4.06 = 2.9
28 / 126 / 126 / 0

❷ 4.4)11.88 = 2.7
88 / 308 / 308 / 0

❸ 4.6)31.28 = 6.8
276 / 368 / 368 / 0

❹ 5.3)2.597 = 0.49
212 / 477 / 477 / 0

❺ 5.7)52.44 = 9.2
513 / 114 / 114 / 0

❻ 0.6)5.58 = 9.3
54 / 18 / 18 / 0

❼ 4.8)7.776 = 1.62
48 / 297 / 288 / 96 / 96 / 0

❽ 3.6)16.272 = 4.52
144 / 187 / 180 / 72 / 72 / 0

❾ 6.6)56.562 = 8.57
528 / 376 / 330 / 462 / 462 / 0

자기 점수에 ○표 하세요

맞힌 개수	4개 이하	5~6개	7~8개	9개
학습 방법	개념을 다시 공부하세요.	조금 더 노력하세요.	실수하면 안 돼요.	참 잘했어요.

1일차 B형 소수의 나눗셈(9)

월 일 / 분 초 / /9

7번 문제는 몫이 소수 둘째 자리까지 있는 나눗셈이야!

정답 28쪽

다음 나눗셈을 완전히 나누어떨어질 때까지 계산하세요.

❶ 7.36÷1.6 = 4.6
1.6)7.36: 64 / 96 / 96 / 0

❷ 0.126÷0.18 = 0.7
0.18)0.126: 126 / 0

❸ 0.207÷0.69 = 0.3
0.69)0.207: 207 / 0

❹ 11.28÷4.7 = 2.4
4.7)11.28: 94 / 188 / 188 / 0

❺ 1.852÷4.63 = 0.4
4.63)1.852: 1852 / 0

❻ 25.16÷3.7 = 6.8
3.7)25.16: 222 / 296 / 296 / 0

❼ 7.738÷5.3 = 1.46
5.3)7.738: 53 / 243 / 212 / 318 / 318 / 0

❽ 25.198÷4.3 = 5.86
4.3)25.198: 215 / 369 / 344 / 258 / 258 / 0

❾ 25.776÷7.2 = 3.58
7.2)25.776: 216 / 417 / 360 / 576 / 576 / 0

자기 점수에 ○표 하세요

맞힌 개수	4개 이하	5~6개	7~8개	9개
학습 방법	개념을 다시 공부하세요.	조금 더 노력하세요.	실수하면 안 돼요.	참 잘했어요.

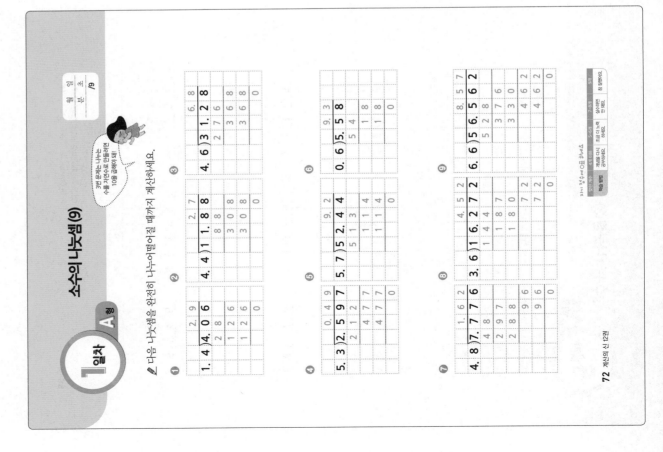

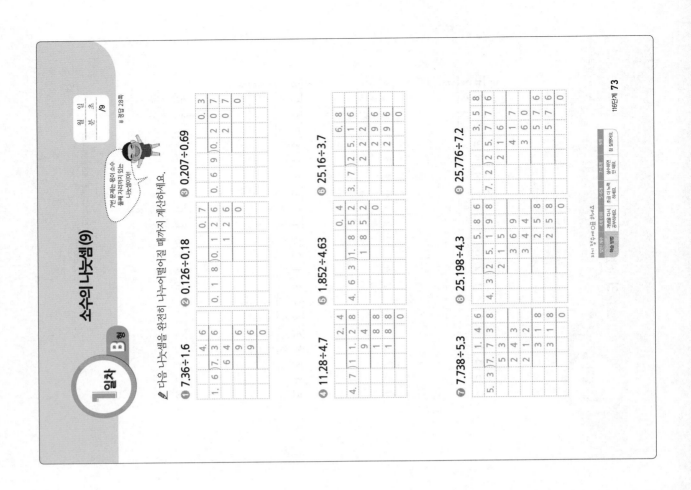

2일차 A형

소수의 나눗셈(9)

월 일
분 초
/9

✎ 다음 나눗셈을 완전히 나누어떨어질 때까지 계산하세요.

❶ 4.63)1.852 = 0.4
1852
0

❷ 4.02)20.1 = 5
2010
0

❸ 1.59)1.431 = 0.9
1431
0

❹ 4.4)9.24 = 2.1
88
44
44
0

❺ 7.8)8.58 = 1.1
78
78
78
0

❻ 3.7)0.703 = 0.19
37
333
333
0

❼ 1.5)0.807 = 0.538
75
57
45
120
120
0

❽ 1.2)95.04 = 79.2
84
110
108
24
24
0

❾ 2.6)16.874 = 6.49
156
127
104
234
234
0

자기 점수에 ○표 하세요

맞힌 개수	4개 이하	5~6개	7~8개	9개
학습 방법	개념을 다시 공부하세요.	조금 더 노력하세요.	실수하면 안 돼요.	참 잘했어요.

2일차 B형

소수의 나눗셈(9)

월 일
분 초
/9

정답 29쪽

✎ 다음 나눗셈을 완전히 나누어떨어질 때까지 계산하세요.

❶ 0.891÷3.3
3.3)0.891 = 0.27
66
231
231
0

❷ 9.75÷3.9
3.9)9.75 = 2.5
78
195
195
0

❸ 14.84÷2.8
2.8)14.84 = 5.3
140
84
84
0

❹ 50.56÷7.9
7.9)50.56 = 6.4
474
316
316
0

❺ 8.64÷2.4
2.4)8.64 = 3.6
72
144
144
0

❻ 33.39÷5.3
5.3)33.39 = 6.3
318
159
159
0

❼ 10.114÷2.6
2.6)10.114 = 3.89
78
231
208
234
234
0

❽ 33.507÷7.3
7.3)33.507 = 4.59
292
430
365
657
657
0

❾ 22.032÷2.7
2.7)22.032 = 8.16
216
43
27
162
162
0

자기 점수에 ○표 하세요

맞힌 개수	4개 이하	5~6개	7~8개	9개
학습 방법	개념을 다시 공부하세요.	조금 더 노력하세요.	실수하면 안 돼요.	참 잘했어요.

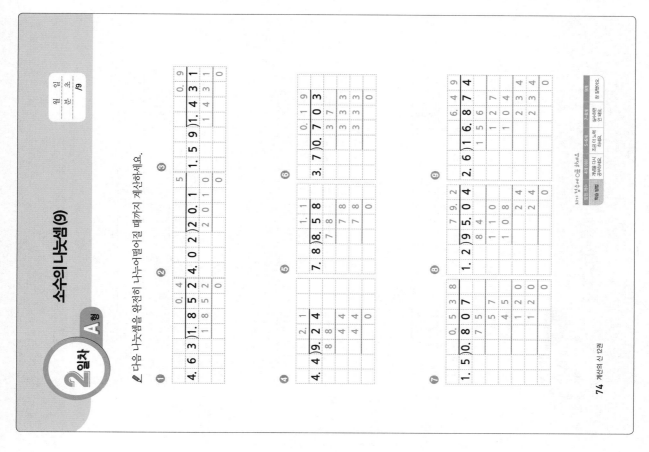

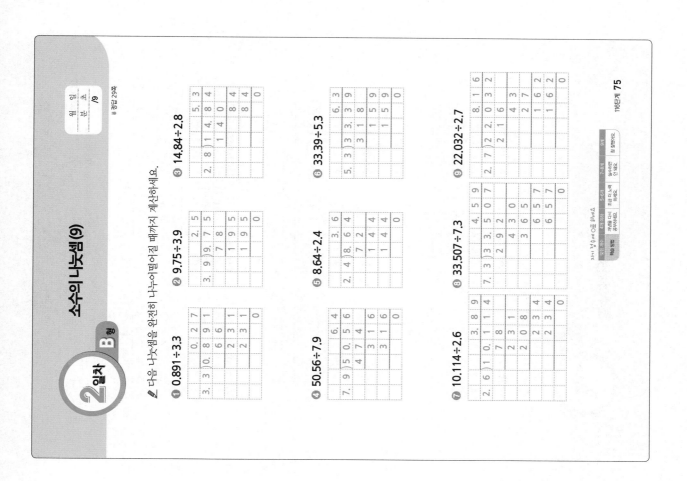

3일차 A형 소수의 나눗셈(9)

월 일 / 분 초 / /9

다음 나눗셈을 완전히 나누어떨어질 때까지 계산하세요.

❶ 1.9)6.46 = 3.4
57 / 76 / 76 / 0

❷ 3.7)21.83 = 5.9
185 / 333 / 333 / 0

❸ 2.7)9.72 = 3.6
81 / 162 / 162 / 0

❹ 2.1)7.98 = 3.8
63 / 168 / 168 / 0

❺ 1.7)14.11 = 8.3
136 / 51 / 51 / 0

❻ 3.3)7.59 = 2.3
66 / 99 / 99 / 0

❼ 5.4)20.844 = 3.86
162 / 464 / 432 / 324 / 324 / 0

❽ 7.6)21.736 = 2.86
152 / 653 / 608 / 456 / 456 / 0

❾ 4.7)6.345 = 1.35
47 / 164 / 141 / 235 / 235 / 0

자기 점수에 ○표 하세요

맞힌 개수	4개 이하	5~6개	7~8개	9개
학습 방법	개념을 다시 공부하세요.	조금 더 노력하세요.	실수하면 안 돼요.	참 잘했어요.

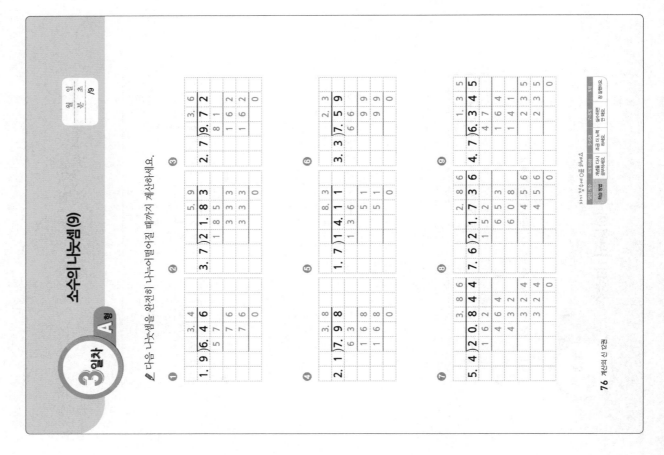

3일차 B형 소수의 나눗셈(9)

월 일 / 분 초 / /9

※정답 30쪽

다음 나눗셈을 완전히 나누어떨어질 때까지 계산하세요.

❶ 26.32÷4.7 = 5.6
4.7)26.32 — 235 / 282 / 282 / 0

❷ 8.84÷3.4 = 2.6
3.4)8.84 — 68 / 204 / 204 / 0

❸ 8.74÷3.8 = 2.3
3.8)8.74 — 76 / 114 / 114 / 0

❹ 9.36÷2.4 = 3.9
2.4)9.36 — 72 / 216 / 216 / 0

❺ 28.98÷6.9 = 4.2
6.9)28.98 — 276 / 138 / 138 / 0

❻ 5.88÷4.2 = 1.4
4.2)5.88 — 42 / 168 / 168 / 0

❼ 38.097÷8.3 = 4.59
8.3)38.097 — 332 / 489 / 415 / 747 / 747 / 0

❽ 17.037÷2.7 = 6.31
2.7)17.037 — 162 / 83 / 81 / 27 / 27 / 0

❾ 20.068÷5.8 = 3.46
5.8)20.068 — 174 / 266 / 232 / 348 / 348 / 0

자기 점수에 ○표 하세요

맞힌 개수	4개 이하	5~6개	7~8개	9개
학습 방법	개념을 다시 공부하세요.	조금 더 노력하세요.	실수하면 안 돼요.	참 잘했어요.

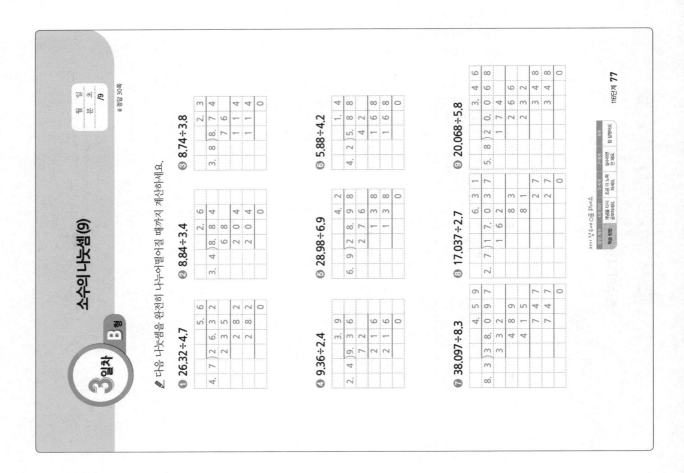

4일차 A형

소수의 나눗셈(9)

월 일
분 초
/9

다음 나눗셈을 완전히 나누어떨어질 때까지 계산하세요.

❶ 1.1)1.98 = 1.8
1 1 / 8 8 / 8 8 / 0

❷ 3.6)6.84 = 1.9
3 6 / 3 2 4 / 3 2 4 / 0

❸ 4.2)9.24 = 2.2
8 4 / 8 4 / 8 4 / 0

❹ 5.7)13.11 = 2.3
1 1 4 / 1 7 1 / 1 7 1 / 0

❺ 10.1)25.25 = 2.5
2 0 2 / 5 0 5 / 5 0 5 / 0

❻ 13.4)45.56 = 3.4
4 0 2 / 5 3 6 / 5 3 6 / 0

❼ 4.1)173.43 = 42.3
1 6 4 / 9 4 / 8 2 / 1 2 3 / 1 2 3 / 0

❽ 9.8)123.48 = 12.6
9 8 / 2 5 4 / 1 9 6 / 5 8 8 / 5 8 8 / 0

❾ 2.1)12.075 = 5.75
1 0 5 / 1 5 7 / 1 4 7 / 1 0 5 / 1 0 5 / 0

자기 점수에 ○표 하세요

맞힌 개수	4개 이하	5~6개	7~8개	9개
학습 방법	개념을 다시 공부하세요.	조금 더 노력 하세요.	실수하면 안 돼요.	참 잘했어요.

4일차 B형

소수의 나눗셈(9)

월 일
분 초
/28

정답 31쪽

다음 나눗셈을 완전히 나누어떨어질 때까지 계산하세요.

❶ 5.22÷5.8
5.8)5.22 = 0.9
5 2 2 / 0

❷ 6.09÷2.1
2.1)6.09 = 2.9
4 2 / 1 8 9 / 1 8 9 / 0

❸ 8.64÷3.2
3.2)8.64 = 2.7
6 4 / 2 2 4 / 2 2 4 / 0

❹ 15.04÷4.7
4.7)15.04 = 3.2
1 4 1 / 9 4 / 9 4 / 0

❺ 17.49÷5.3
5.3)17.49 = 3.3
1 5 9 / 1 5 9 / 1 5 9 / 0

❻ 21.08÷6.8
6.8)21.08 = 3.1
2 0 4 / 6 8 / 6 8 / 0

❼ 39.55÷11.3
11.3)39.55 = 3.5
3 3 9 / 5 6 5 / 5 6 5 / 0

❽ 49.64÷14.6
14.6)49.64 = 3.4
4 3 8 / 5 8 4 / 5 8 4 / 0

❾ 88.06÷23.8
23.8)88.06 = 3.7
7 1 4 / 1 6 6 6 / 1 6 6 6 / 0

자기 점수에 ○표 하세요

맞힌 개수	4개 이하	5~6개	7~8개	9개
학습 방법	개념을 다시 공부하세요.	조금 더 노력 하세요.	실수하면 안 돼요.	참 잘했어요.

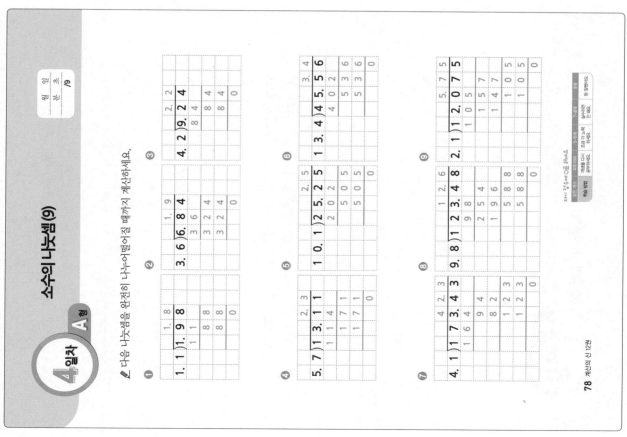

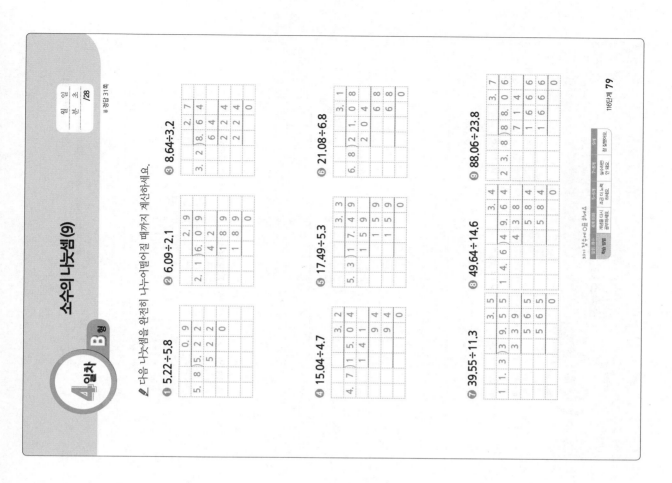

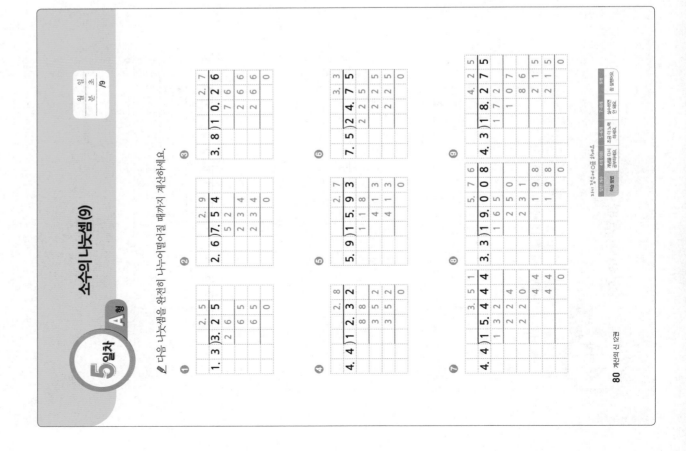

5일차 A형 소수의 나눗셈(9)

월 일 / 분 초 / /9

다음 나눗셈을 완전히 나누어떨어질 때까지 계산하세요.

❶ 1.3)3.25 = 2.5
- 26
- 65
- 65
- 0

❷ 2.6)7.54 = 2.9
- 52
- 234
- 234
- 0

❸ 3.8)10.26 = 2.7
- 76
- 266
- 266
- 0

❹ 4.4)12.32 = 2.8
- 88
- 352
- 352
- 0

❺ 5.9)15.93 = 2.7
- 118
- 413
- 413
- 0

❻ 7.5)24.75 = 3.3
- 225
- 225
- 225
- 0

❼ 4.4)15.444 = 3.51
- 132
- 224
- 220
- 44
- 44
- 0

❽ 3.3)19.008 = 5.76
- 165
- 250
- 231
- 198
- 198
- 0

❾ 4.3)18.275 = 4.25
- 172
- 107
- 86
- 215
- 215
- 0

자기 점수에 ○표 하세요

맞힌 개수	4개 이하	5~6개	7~8개	9개
학습 방법	개념을 다시 공부하세요.	조금 더 노력하세요.	실수하면 안 돼요.	참 잘했어요.

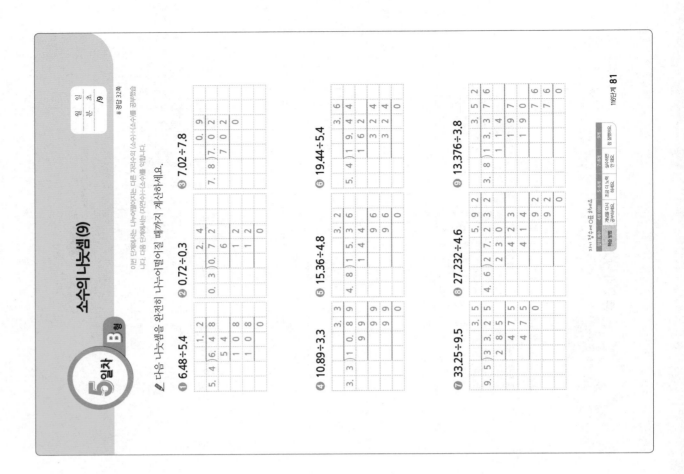

5일차 B형 소수의 나눗셈(9)

월 일 / 분 초 / /9

정답 32쪽

이번 단계에서는 나누어떨어지는 다른 자리수의 (소수)÷(소수)를 공부했습니다. 다음 단계에서는 (자연수)÷(소수)를 익힙니다.

다음 나눗셈을 완전히 나누어떨어질 때까지 계산하세요.

❶ 6.48÷5.4 = 1.2
- 54
- 108
- 108
- 0

❷ 0.72÷0.3 = 2.4
- 6
- 12
- 12
- 0

❸ 7.02÷7.8 = 0.9
- 702
- 0

❹ 10.89÷3.3 = 3.3
- 99
- 99
- 99
- 0

❺ 15.36÷4.8 = 3.2
- 144
- 96
- 96
- 0

❻ 19.44÷5.4 = 3.6
- 162
- 324
- 324
- 0

❼ 33.25÷9.5 = 3.5
- 285
- 475
- 475
- 0

❽ 27.232÷4.6 = 5.92
- 230
- 423
- 414
- 92
- 92
- 0

❾ 13.376÷3.8 = 3.52
- 114
- 197
- 190
- 76
- 76
- 0

자기 점수에 ○표 하세요

맞힌 개수	4개 이하	5~6개	7~8개	9개
학습 방법	개념을 다시 공부하세요.	조금 더 노력하세요.	실수하면 안 돼요.	참 잘했어요.

세 단계 묶어 풀기 114 ~ 116단계
분수의 나눗셈 (6) / 소수의 나눗셈 (8)~(9)

월 일 / 분 초 / /12

정답 33쪽

나눗셈을 하세요.

❶ $4\div\frac{1}{5}=20$

❷ $8\div\frac{3}{5}=13\frac{1}{3}$

❸ $12\div\frac{6}{7}=14$

❹ $1\frac{2}{7}\div\frac{3}{35}=15$

❺ $\frac{4}{9}\div2\frac{1}{4}=\frac{16}{81}$

❻ $\frac{16}{33}\div3\frac{1}{5}=\frac{5}{33}$

다음 나눗셈을 완전히 나누어떨어질 때까지 계산하세요.

❼ 46.2÷2.1

			2	2
2.	1	)4	6.	2
		4	2	
			4	2
			4	2
				0

❽ 75.6÷2.7

			2	8	
2.	7	)7	5.	6	
		5	5		
		2	1	6	
		2	1	6	
				0	

❾ 33.15÷1.95

					1	7
1.	9	5	)3	3.	1	5
			1	9	5	
			1	3	6	5
			1	3	6	5
						0

❿ 9.24÷4.4

			2.	1
4.	4	)9.	2	4
		8	8	
			4	4
			4	4
				0

⓫ 2.597÷5.3

			0.	4	9
5.	3	)2.	5	9	7
		2	1	2	
			4	7	7
			4	7	7
					0

⓬ 15.13÷1.7

				8.	9
1.	7	)1	5.	1	3
		1	3	6	
			1	5	3
			1	5	3
					0

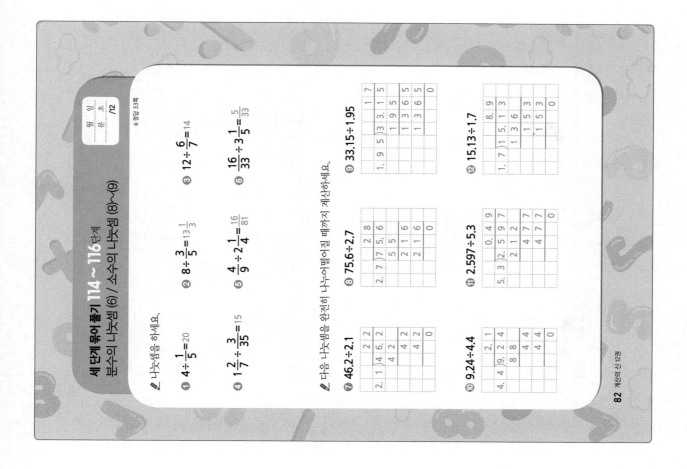

1일차 A형 소수의 나눗셈(10)

월 일
분 초
/12

나누는 수가
자연수가 되도록
소수점을 이동해 봐!

나눗셈을 하세요.

❶ 3.2)16 → 5 (160, 0)

❷ 2.4)14.4 → 6 (144, 0)

❸ 4.25)17 → 4 (1700, 0)

❹ 3.6)18 → 5 (180, 0)

❺ 3.5)28 → 8 (280, 0)

❻ 1.25)25 → 20 (250, 0)

❼ 1.8)45 → 25 (36, 90, 90, 0)

❽ 1.6)24 → 15 (16, 80, 80, 0)

❾ 5.25)63 → 12 (525, 1050, 1050, 0)

❿ 1.4)21 → 15 (14, 70, 70, 0)

⓫ 2.5)40 → 16 (25, 150, 150, 0)

⓬ 3.75)90 → 24 (750, 1500, 1500, 0)

자기 점수에 ○표 하세요

맞힌 개수	6개 이하	7~8개	9~10개	11~12개
학습 방법	개념을 다시 공부하세요.	조금 더 노력하세요.	실수하면 안 돼요.	참 잘했어요.

1일차 B형 소수의 나눗셈(10)

월 일
분 초
/9

나누는 수의 소수점을
옮긴 것만큼 나누어지는
수에 0을 붙여줘!

정답 34쪽

나눗셈을 하세요.

❶ 6÷1.5
1.5)6 → 4 (60, 0)

❷ 8÷1.6
1.6)8 → 5 (80, 0)

❸ 63÷3.15
3.15)63 → 20 (630, 0)

❹ 108÷2.7
2.7)108 → 40 (108, 0)

❺ 70÷2.5
2.5)70 → 28 (50, 200, 200, 0)

❻ 62÷1.24
1.24)62 → 50 (620, 0)

❼ 99÷4.5
4.5)99 → 22 (90, 90, 90, 0)

❽ 153÷8.5
8.5)153 → 18 (85, 680, 680, 0)

❾ 49÷1.96
1.96)49 → 25 (392, 980, 980, 0)

자기 점수에 ○표 하세요

맞힌 개수	4개 이하	5~6개	7~8개	9개
학습 방법	개념을 다시 공부하세요.	조금 더 노력하세요.	실수하면 안 돼요.	참 잘했어요.

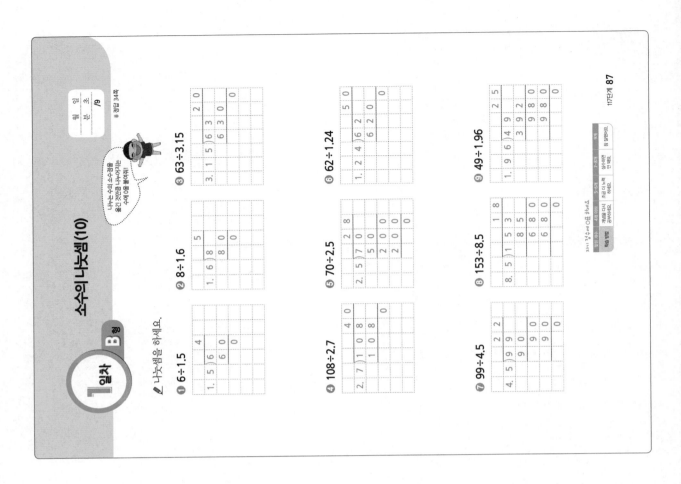

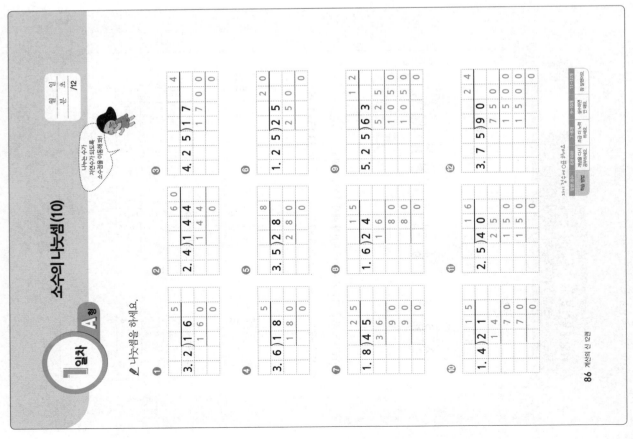

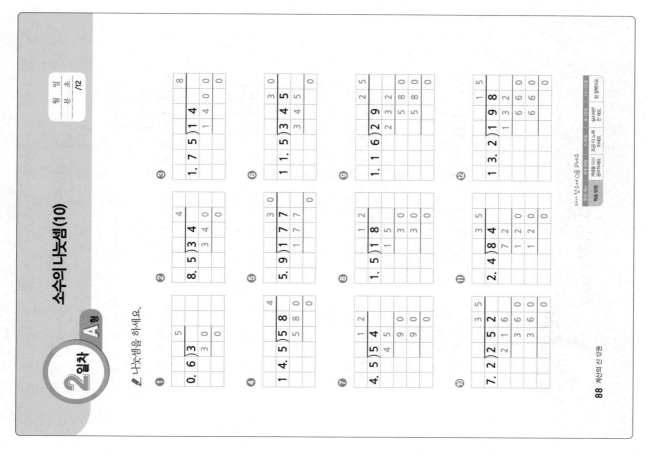

2일차 A형 소수의 나눗셈(10)

월 일 / 분 초 / /12

나눗셈을 하세요.

❶ $0.6\overline{)3}$ = 5 (30, 0)

❷ $8.5\overline{)34}$ = 4 (340, 0)

❸ $1.75\overline{)14}$ = 8 (1400, 0)

❹ $14.5\overline{)58}$ = 4 (580, 0)

❺ $5.9\overline{)177}$ = 30 (177, 0)

❻ $11.5\overline{)345}$ = 30 (345, 0)

❼ $4.5\overline{)54}$ = 12 (45, 90, 90, 0)

❽ $1.5\overline{)18}$ = 12 (15, 30, 30, 0)

❾ $1.16\overline{)29}$ = 25 (232, 580, 580, 0)

❿ $7.2\overline{)252}$ = 35 (216, 360, 360, 0)

⓫ $2.4\overline{)84}$ = 35 (72, 120, 120, 0)

⓬ $13.2\overline{)198}$ = 15 (132, 660, 660, 0)

자기 점수에 ○표 하세요.

맞힌 개수	6개 이하	7~8개	9~10개	11~12개
학습 방법	개념을 다시 공부하세요.	조금 더 노력하세요.	실수하면 안 돼요.	참 잘했어요.

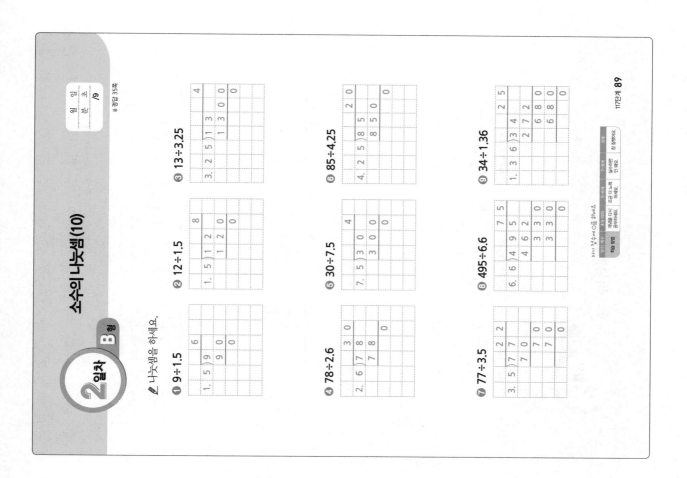

2일차 B형 소수의 나눗셈(10)

월 일 / 분 초 / /9

정답 35쪽

나눗셈을 하세요.

❶ 9÷1.5: $1.5\overline{)9}$ = 6 (90, 0)

❷ 12÷1.5: $1.5\overline{)12}$ = 8 (120, 0)

❸ 13÷3.25: $3.25\overline{)13}$ = 4 (1300, 0)

❹ 78÷2.6: $2.6\overline{)78}$ = 30 (78, 0)

❺ 30÷7.5: $7.5\overline{)30}$ = 4 (300, 0)

❻ 85÷4.25: $4.25\overline{)85}$ = 20 (850, 0)

❼ 77÷3.5: $3.5\overline{)77}$ = 22 (70, 70, 70, 0)

❽ 495÷6.6: $6.6\overline{)495}$ = 75 (462, 330, 330, 0)

❾ 34÷1.36: $1.36\overline{)34}$ = 25 (272, 680, 680, 0)

자기 점수에 ○표 하세요.

맞힌 개수	4개 이하	5~6개	7~8개	9개
학습 방법	개념을 다시 공부하세요.	조금 더 노력하세요.	실수하면 안 돼요.	참 잘했어요.

3일차 A형 소수의 나눗셈(10)

월 일 / 분 초 / /12

나눗셈을 하세요.

❶ 1.2)9.6
80
96
0

❷ 1.3)52
40
52
0

❸ 1.25)50
40
500
0

❹ 0.75)3
4
300
0

❺ 6.5)52
8
520
0

❻ 17.5)350
20
350
0

❼ 4.6)69
15
46
230
230
0

❽ 6.8)102
15
68
340
340
0

❾ 21.5)258
12
215
430
430
0

❿ 0.75)9
12
75
150
150
0

⓫ 7.4)481
65
444
370
370
0

⓬ 36.5)511
14
365
1460
1460
0

자기 정수에 ○표 하세요

맞힌 개수	6개 이하	7~8개	9~10개	11~12개
학습 방법	개념을 다시 공부하세요.	조금 더 노력 하세요.	실수하면 안 돼요.	참 잘했어요.

3일차 B형 소수의 나눗셈(10)

월 일 / 분 초 / /9

정답 36쪽

나눗셈을 하세요.

❶ 42÷1.4
1.4)42
30
42
0

❷ 116÷5.8
5.8)116
20
116
0

❸ 87÷7.25
7.25)87
12
725
1450
1450
0

❹ 130÷5.2
5.2)130
25
104
260
260
0

❺ 66÷4.4
4.4)66
15
44
220
220
0

❻ 20÷1.25
1.25)20
16
125
750
750
0

❼ 6÷0.24
0.24)6
25
48
120
120
0

❽ 117÷7.8
7.8)117
15
78
390
390
0

❾ 78÷3.25
3.25)78
24
650
1300
1300
0

자기 정수에 ○표 하세요

맞힌 개수	4개 이하	5~6개	7~8개	9개
학습 방법	개념을 다시 공부하세요.	조금 더 노력 하세요.	실수하면 안 돼요.	참 잘했어요.

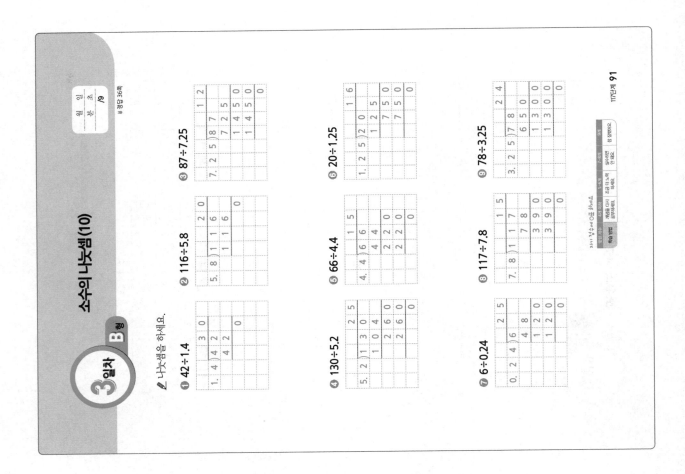

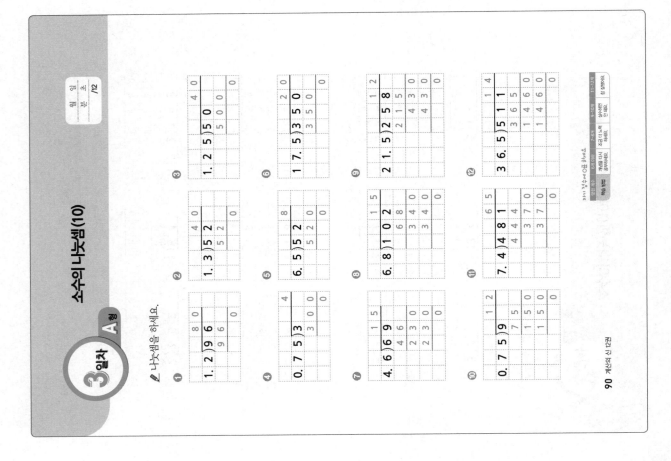

4일차 A형

소수의 나눗셈(10)

월 일
분 초
/12

✎ 나눗셈을 하세요.

❶
```
      2 0
9.5)1 9 0
    1 9 0
        0
```

❷
```
      3 0
6.3)1 8 9
    1 8 9
        0
```

❸
```
        4 0
0.85)3 4
     3 4 0
         0
```

❹
```
      5 0
3.7)1 8 5
    1 8 5
        0
```

❺
```
      5
7.4)3 7
    3 7 0
        0
```

❻
```
          8
6.25)5 0
     5 0 0 0
           0
```

❼
```
      2 5
5.6)1 4 0
    1 1 2
      2 8 0
      2 8 0
          0
```

❽
```
      2 2
7.5)1 6 5
    1 5 0
      1 5 0
      1 5 0
          0
```

❾
```
        1 5 0
7.4)1 1 1 0
      7 4
      3 7 0
      3 7 0
          0
```

❿
```
      1 5
3.8)5 7
    3 8
    1 9 0
    1 9 0
        0
```

⓫
```
        1 6
9.5)1 5 2
      9 5
      5 7 0
      5 7 0
          0
```

⓬
```
        2 0 5
7.6)1 5 5 8
    1 5 2
        3 8 0
        3 8 0
            0
```

자기 점수에 ○표 하세요

맞힌 개수	6개 이하	7~8개	9~10개	11~12개
학습 방법	개념을 다시 공부하세요.	조금 더 노력하세요.	실수하면 안 돼요.	참 잘했어요.

4일차 B형

소수의 나눗셈(10)

월 일
분 초
/9

정답 37쪽

✎ 나눗셈을 하세요.

❶ 3÷0.05
```
        6 0
0.05)3
     3 0
       0
```

❷ 52÷6.5
```
       8
6.5)5 2
    5 2 0
        0
```

❸ 31÷1.55
```
        2 0
1.55)3 1
     3 1 0
         0
```

❹ 135÷5.4
```
      2 5
5.4)1 3 5
    1 0 8
      2 7 0
      2 7 0
          0
```

❺ 91÷1.4
```
      6 5
1.4)9 1
    8 4
      7 0
      7 0
        0
```

❻ 45÷3.75
```
        1 2
3.75)4 5
     3 7 5
       7 5 0
       7 5 0
           0
```

❼ 8÷0.25
```
        3 2
0.25)8
     7 5
       5 0
       5 0
         0
```

❽ 115÷4.6
```
        2 5
4.6)1 1 5
      9 2
      2 3 0
      2 3 0
          0
```

❾ 36÷2.25
```
        1 6
2.25)3 6
     2 2 5
     1 3 5 0
     1 3 5 0
           0
```

자기 점수에 ○표 하세요

맞힌 개수	4개 이하	5~6개	7~8개	9개
학습 방법	개념을 다시 공부하세요.	조금 더 노력하세요.	실수하면 안 돼요.	참 잘했어요.

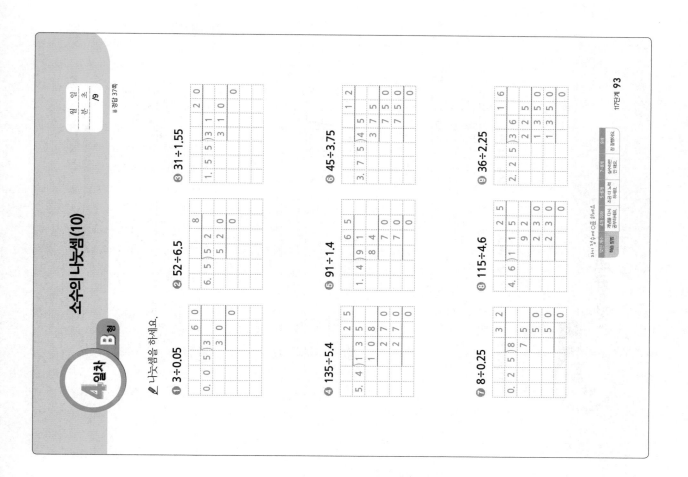

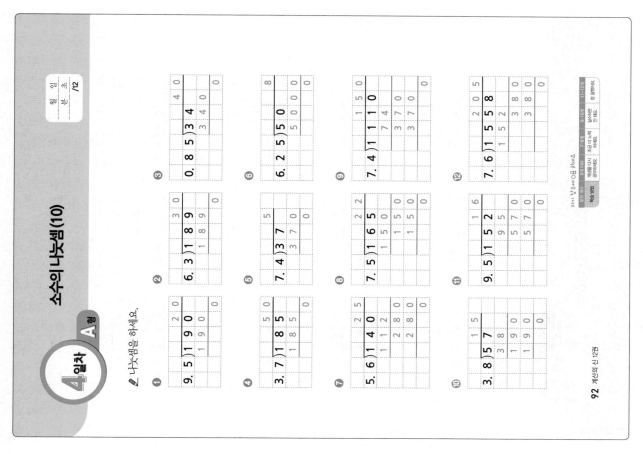

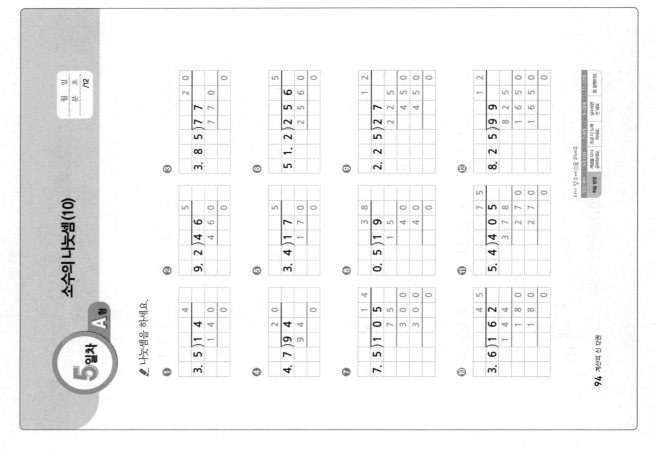

5일차 A형 소수의 나눗셈(10)

월 일 / 분 초 / /12

나눗셈을 하세요.

❶
```
        4
3.5)14
    140
      0
```

❷
```
        5
9.2)46
    460
      0
```

❸
```
          20
3.85)77
     770
        0
```

❹
```
       20
4.7)94
    94
     0
```

❺
```
        5
3.4)17
    170
      0
```

❻
```
           5
51.2)256
     2560
        0
```

❼
```
       14
7.5)105
     75
     300
     300
       0
```

❽
```
       38
0.5)19
    15
     40
     40
      0
```

❾
```
         12
2.25)27
     225
      450
      450
        0
```

❿
```
       45
3.6)162
    144
     180
     180
       0
```

⓫
```
       75
5.4)405
    378
     270
     270
       0
```

⓬
```
         12
8.25)99
     825
     1650
     1650
        0
```

자기 점수에 ○표 하세요

맞힌 개수	6개 이하	7~8개	9~10개	11~12개
학습 방법	개념을 다시 공부하세요.	조금 더 노력하세요.	실수하면 안 돼요.	참 잘했어요.

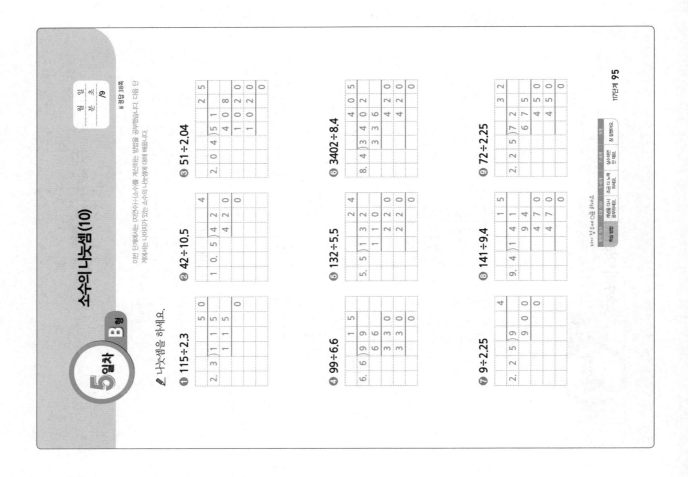

5일차 B형 소수의 나눗셈(10)

월 일 / 분 초 / /9

정답 38쪽

이번 단계에서는 (자연수)÷(소수)를 계산하는 방법을 공부했습니다. 다음 단계에서는 나머지가 있는 소수의 나눗셈에 대해 배웁니다.

나눗셈을 하세요.

❶ 115÷2.3
```
        50
2.3)115
    115
      0
```

❷ 42÷10.5
```
          4
10.5)42
     420
       0
```

❸ 51÷2.04
```
          25
2.04)51
     408
     1020
     1020
        0
```

❹ 99÷6.6
```
       15
6.6)99
    66
    330
    330
      0
```

❺ 132÷5.5
```
       24
5.5)132
    110
     220
     220
       0
```

❻ 3402÷8.4
```
        405
8.4)3402
    336
      420
      420
        0
```

❼ 9÷2.25
```
          4
2.25)9
       900
         0
```

❽ 141÷9.4
```
       15
9.4)141
     94
     470
     470
       0
```

❾ 72÷2.25
```
         32
2.25)72
     675
      450
      450
        0
```

자기 점수에 ○표 하세요

맞힌 개수	4개 이하	5~6개	7~8개	9개
학습 방법	개념을 다시 공부하세요.	조금 더 노력하세요.	실수하면 안 돼요.	참 잘했어요.

1일차 A형

소수의 나눗셈(11)

월 일
분 초
/12

12번 문제에서 몫은 2900÷45의 몫과 같아!

다음 나눗셈의 몫을 자연수 부분까지 구하고 나머지를 알아보세요.

❶ 0.7)4.6 → 몫 6
42
0.4

❷ 1.6)13.2 → 몫 8
128
0.4

❸ 3.13)96.12 → 몫 30
939
2.22

❹ 1.6)9.4 → 몫 5
80
1.4

❺ 1.33)3.76 → 몫 2
266
1.1

❻ 9.12)72 → 몫 7
6384
8.16

❼ 0.4)9.75 → 몫 24
8
17
16
0.15

❽ 0.7)58.32 → 몫 83
56
23
21
0.22

❾ 0.92)39.91 → 몫 43
368
311
276
0.35

❿ 0.6)8.3 → 몫 13
6
23
18
0.5

⓫ 0.9)74.06 → 몫 82
72
20
18
0.26

⓬ 0.45)29 → 몫 64
270
200
180
0.2

자기 점수에 ○표 하세요

맞힌 개수	6개 이하	7~8개	9~10개	11~12개
학습 방법	개념을 다시 공부하세요.	조금 더 노력하세요.	실수하면 안 돼요.	참 잘했어요.

1일차 B형

소수의 나눗셈(11)

월 일
분 초
/9

3번 문제에서 몫은 6520÷362의 몫과 같아!

정답 39쪽

다음 나눗셈의 몫을 자연수 부분까지 구하고 나머지를 알아보세요.

❶ 27.44÷0.87
0.87)27.44 → 몫 31
261
134
87
0.47

❷ 39.9÷0.62
0.62)39.9 → 몫 64
372
270
248
0.22

❸ 65.2÷3.62
3.62)65.2 → 몫 18
362
2900
2896
0.04

❹ 26.52÷2.17
2.17)26.52 → 몫 12
217
482
434
0.48

❺ 38÷0.58
0.58)38 → 몫 65
348
320
290
0.3

❻ 43.84÷2.56
2.56)43.84 → 몫 17
256
1824
1792
0.32

❼ 97.07÷4.51
4.51)97.07 → 몫 21
902
687
451
2.36

❽ 78.83÷6.49
6.49)78.83 → 몫 12
649
1393
1298
0.95

❾ 10.79÷0.67
0.67)10.79 → 몫 16
67
409
402
0.07

자기 점수에 ○표 하세요

맞힌 개수	4개 이하	5~6개	7~8개	9개
학습 방법	개념을 다시 공부하세요.	조금 더 노력하세요.	실수하면 안 돼요.	참 잘했어요.

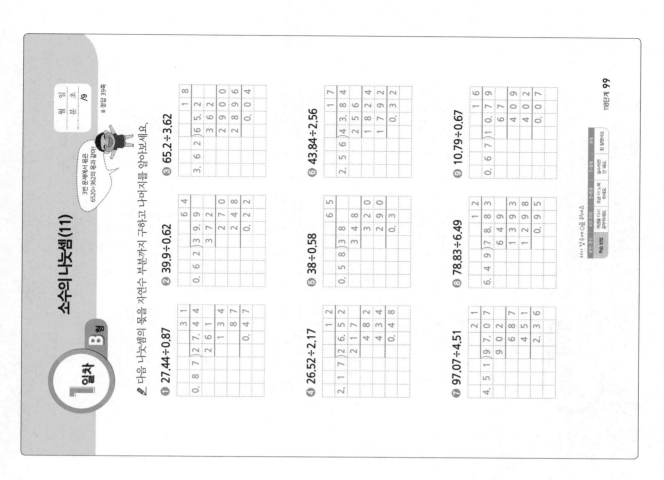

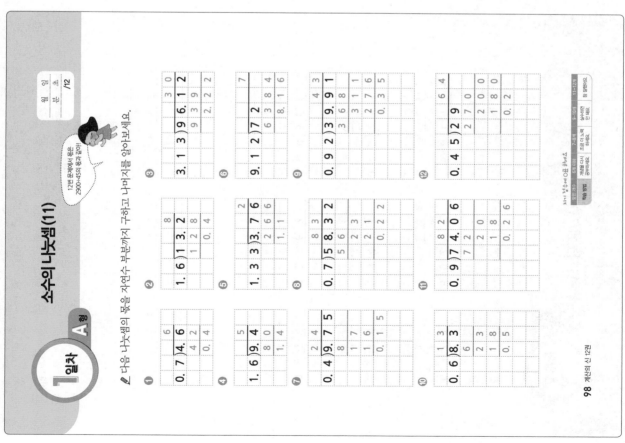

2일차 A형 소수의 나눗셈(11)

월 일 / 분 초 / /12

다음 나눗셈의 몫을 자연수 부분까지 구하고 나머지를 알아보세요.

❶ 0.9)7.1 → 몫 7; 6 3; 0.8

❷ 5.02)5.1 → 몫 1; 5 0 2; 0.0 8

❸ 15.2)107.3 → 몫 7; 1 0 6 4; 0.9

❹ 3.2)8.6 → 몫 2; 6 4; 2.2

❺ 5.8)41.3 → 몫 7; 4 0 6; 0.7

❻ 0.73)6.823 → 몫 9; 6 5 7; 0.2 5 3

❼ 0.9)28.7 → 몫 31; 2 7; 1 7; 9; 0.8

❽ 0.23)6.2 → 몫 26; 4 6; 1 6 0; 1 3 8; 0.2 2

❾ 0.44)35.01 → 몫 79; 3 0 8; 4 2 1; 3 9 6; 0.2 5

❿ 0.7)12.4 → 몫 17; 7; 5 4; 4 9; 0.5

⓫ 0.54)9.2 → 몫 17; 5 4; 3 8 0; 3 7 8; 0.0 2

⓬ 0.97)16 → 몫 16; 9 7; 6 3 0; 5 8 2; 0.4 8

자기 점수에 ○표 하세요

맞힌 개수	6개 이하	7~8개	9~10개	11~12개
학습 방법	개념을 다시 공부하세요.	조금 더 노력 하세요.	실수하면 안 돼요.	참 잘했어요.

2일차 B형 소수의 나눗셈(11)

월 일 / 분 초 / /9

※ 정답 40쪽

다음 나눗셈의 몫을 자연수 부분까지 구하고 나머지를 알아보세요.

❶ 28.4÷4.6 → 4.6)28.4; 몫 6; 2 7 6; 0.8

❷ 37.23÷0.47 → 0.47)37.23; 몫 79; 3 2 9; 4 3 3; 4 2 3; 0.1

❸ 68.2÷2.83 → 2.83)68.2; 몫 24; 5 6 6; 1 1 6 0; 1 1 3 2; 0.2 8

❹ 62.15÷1.8 → 1.8)62.15; 몫 34; 5 4; 8 1; 7 2; 0.9 5

❺ 87÷4.5 → 4.5)87; 몫 19; 4 5; 4 2 0; 4 0 5; 1.5

❻ 94.23÷3.31 → 3.31)94.23; 몫 28; 6 6 2; 2 8 0 3; 2 6 4 8; 1.5 5

❼ 52.38÷3.63 → 3.63)52.38; 몫 14; 3 6 3; 1 6 0 8; 1 4 5 2; 1.5 6

❽ 46.72÷2.84 → 2.84)46.72; 몫 16; 2 8 4; 1 8 3 2; 1 7 0 4; 1.2 8

❾ 37÷2.73 → 2.73)37; 몫 13; 2 7 3; 9 7 0; 8 1 9; 1.5 1

자기 점수에 ○표 하세요

맞힌 개수	4개 이하	5~6개	7~8개	9개
학습 방법	개념을 다시 공부하세요.	조금 더 노력 하세요.	실수하면 안 돼요.	참 잘했어요.

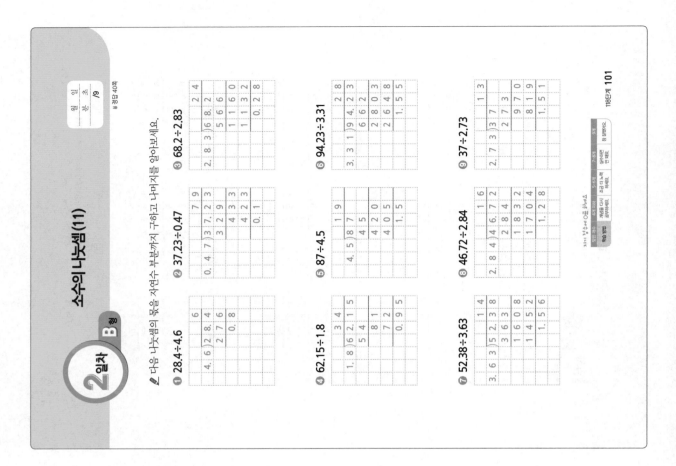

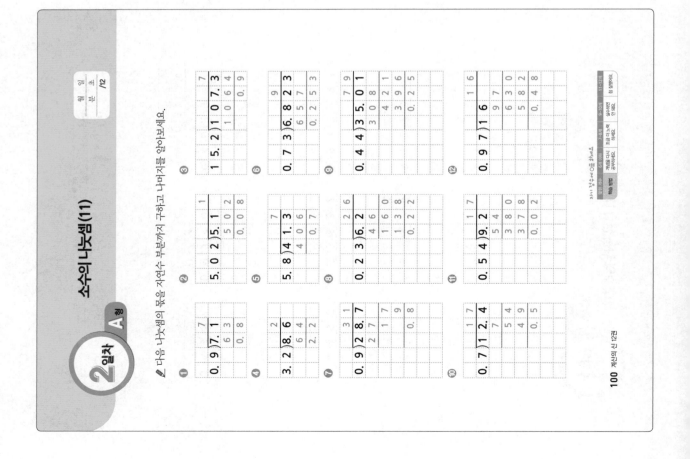

3일차 A형 소수의 나눗셈(11)

월 일
분 초
/12

다음 나눗셈의 몫을 자연수 부분까지 구하고 나머지를 알아보세요.

❶
7
0.9)6.4
63
0.1

❷
1
3.52)3.64
352
0.12

❸
8
21.3)183.5
1704
13.1

❹
5
1.3)6.8
65
0.3

❺
3
7.2)27.4
216
5.8

❻
7
0.54)3.924
378
0.144

❼
65
0.8)52.6
48
46
40
0.6

❽
13
0.42)5.8
42
160
126
0.34

❾
85
0.73)62.47
584
407
365
0.42

❿
38
0.8)30.7
24
67
64
0.3

⓫
23
0.35)8.1
70
110
105
0.05

⓬
31
0.74)23
222
80
74
0.06

자기 점수에 ○표 하세요

맞힌 개수	6개 이하	7~8개	9~10개	11~12개
학습 방법	개념을 다시 공부하세요.	조금 더 노력하세요.	실수하면 안 돼요.	참 잘했어요.

3일차 B형 소수의 나눗셈(11)

월 일
분 초
/9

※ 정답 41쪽

다음 나눗셈의 몫을 자연수 부분까지 구하고 나머지를 알아보세요.

❶ 63.4÷4.7
13
4.7)63.4
47
164
141
2.3

❷ 43.9÷2.9
15
2.9)43.9
29
149
145
0.4

❸ 26.34÷5.72
4
5.72)26.34
2288
3.46

❹ 72.35÷4.83
14
4.83)72.35
483
2405
1932
4.73

❺ 27÷0.49
55
0.49)27
245
250
245
0.05

❻ 37.24÷2.68
13
2.68)37.24
268
1044
804
2.4

❼ 73.53÷6.13
11
6.13)73.53
613
1223
613
6.1

❽ 88.35÷5.97
14
5.97)88.35
597
2865
2388
4.77

❾ 11.39÷0.82
13
0.82)11.39
82
319
246
0.73

자기 점수에 ○표 하세요

맞힌 개수	4개 이하	5~6개	7~8개	9개
학습 방법	개념을 다시 공부하세요.	조금 더 노력하세요.	실수하면 안 돼요.	참 잘했어요.

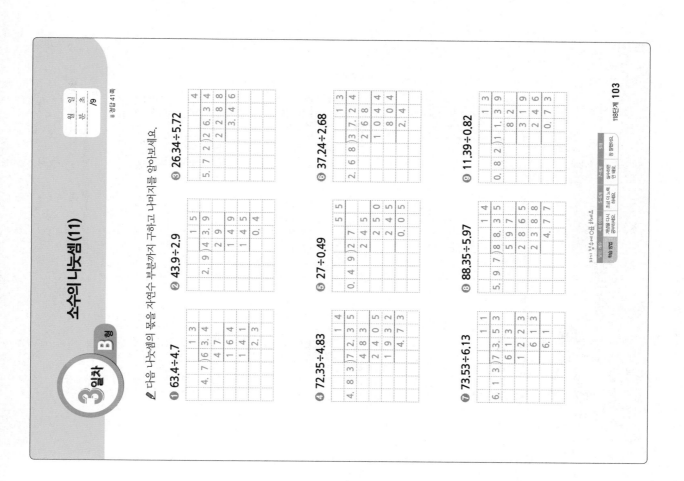

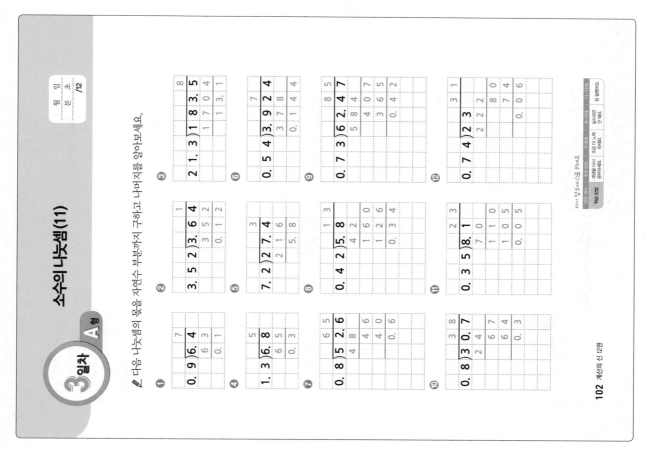

4일차 A형 소수의 나눗셈(11)

월 일
분 초
/12

다음 나눗셈의 몫을 자연수 부분까지 구하고 나머지를 알아보세요.

❶
```
       7
0.6)4.5
    4 2
    0.3
```

❷
```
          2
3.34)7.1
     6 68
     0.42
```

❸
```
            6
45.6)277.3
     273 6
       3.7
```

❹
```
       2
3.7)8.8
    7 4
    1.4
```

❺
```
        6
6.8)42.3
    40 8
     1.5
```

❻
```
           7
0.94)7.253
     6 58
     0.673
```

❼
```
        79
0.8)63.4
    56
     7 4
     7 2
     0.2
```

❽
```
          15
0.54)8.4
     5 4
     3 00
     2 70
     0.3
```

❾
```
           84
0.89)75.32
     71 2
      4 12
      3 56
      0.56
```

❿
```
        36
0.9)32.8
    27
     5 8
     5 4
     0.4
```

⓫
```
         34
3.6)122.5
    108
     14 5
     14 4
      0.1
```

⓬
```
        44
0.84)37
     33 6
      3 40
      3 36
      0.04
```

자기 점수에 ○표 하세요

맞힌 개수	6개 이하	7~8개	9~10개	11~12개
학습 방법	개념을 다시 공부하세요.	조금 더 노력 하세요.	실수하면 안 돼요.	참 잘했어요.

4일차 B형 소수의 나눗셈(11)

월 일
분 초
/9

정답 42쪽

다음 나눗셈의 몫을 자연수 부분까지 구하고 나머지를 알아보세요.

❶ 35.64÷0.92
```
           38
0.92)35.64
     27 6
      8 04
      7 36
      0.68
```

❷ 49.3÷0.79
```
          62
0.79)49.3
     47 4
      1 90
      1 58
      0.32
```

❸ 73.8÷4.25
```
          17
4.25)73.8
     42 5
     31 30
     29 75
      1.55
```

❹ 34.85÷5.34
```
           6
5.34)34.85
     32 04
      2.81
```

❺ 37÷0.49
```
        75
0.49)37
     34 3
      2 70
      2 45
      0.25
```

❻ 63.24÷3.21
```
           19
3.21)63.24
     32 1
     31 14
     28 89
      2.25
```

❼ 67.24÷3.51
```
           19
3.51)67.24
     35 1
     32 14
     31 59
      0.55
```

❽ 58.27÷4.09
```
           14
4.09)58.27
     40 9
     17 37
     16 36
      1.01
```

❾ 12.75÷0.54
```
           23
0.54)12.75
     10 8
      1 95
      1 62
      0.33
```

자기 점수에 ○표 하세요

맞힌 개수	4개 이하	5~6개	7~8개	9개
학습 방법	개념을 다시 공부하세요.	조금 더 노력 하세요.	실수하면 안 돼요.	참 잘했어요.

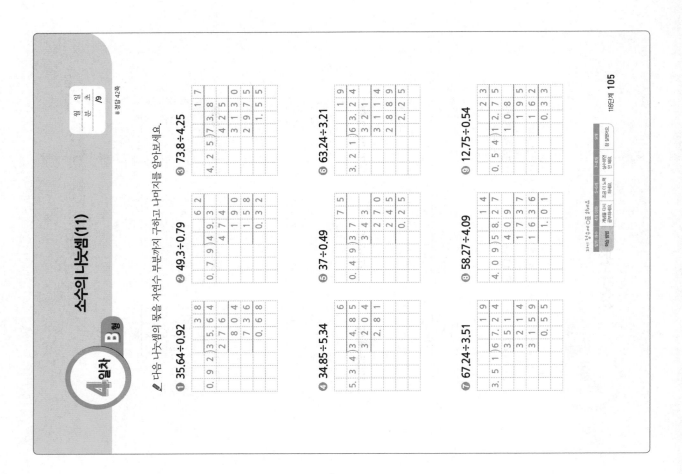

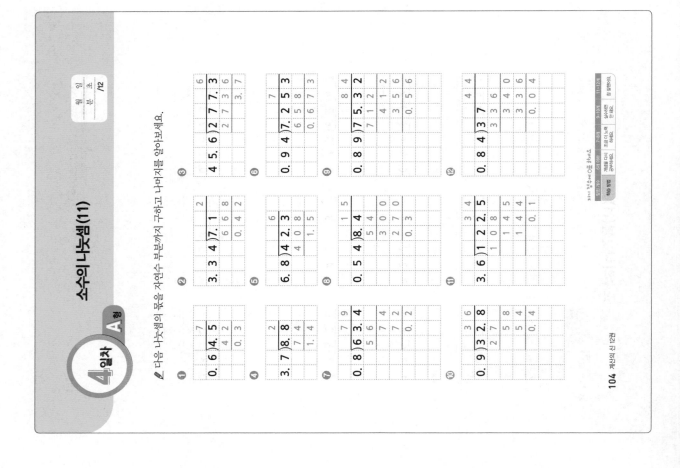

5일차 A형 소수의 나눗셈(11)

월 일 / 분 초 / /12

✎ 다음 나눗셈의 몫을 자연수 부분까지 구하고 나머지를 알아보세요.

❶
```
       7
0.8)5.8
    5 6
    0.2
```

❷
```
         2
3.45)8.5
     6 9 0
     1.6
```

❸
```
              6
34.7)214.3
     208 2
       6.1
```

❹
```
      2
4.2)9.7
    8 4
    1.3
```

❺
```
        8
4.2)35.9
    33 6
     2.3
```

❻
```
          8
0.86)7.482
     6 88
     0.602
```

❼
```
      2 0
1.4)28.7
    2 8
      0.7
```

❽
```
        1 1
0.53)6.2
     5 3
       9 0
       5 3
     0.37
```

❾
```
          1 3 2
0.35)46.51
     3 5
     1 1 5
     1 0 5
         1 0 1
           7 0
         0.31
```

❿
```
      2 1
0.8)17.4
    1 6
      1 4
        8
      0.6
```

⓫
```
        1 5
0.64)9.8
     6 4
     3 4 0
     3 2 0
     0.2
```

⓬
```
         5 3
0.49)26
     24 5
      1 5 0
      1 4 7
      0.03
```

자기 점수에 ○표 하세요

맞힌 개수	6개 이하	7~8개	9~10개	11~12개
학습 방법	개념을 다시 공부하세요.	조금 더 노력하세요.	실수하면 안 돼요.	참 잘했어요.

5일차 B형 소수의 나눗셈(11)

월 일 / 분 초 / /9

정답 43쪽

이번 단계에서는 나머지가 있는 소수의 나눗셈을 배우며 몫과 나머지의 소수점의 위치를 익혔습니다. 다음 단계에서는 계산의 활용 단원으로 가장 작은 자연수의 비로 나타내는 방법을 알아봅니다.

✎ 다음 나눗셈의 몫을 자연수 부분까지 구하고 나머지를 알아보세요.

❶ 32.44÷0.77
```
          4 2
0.77)32.44
     30 8
      1 6 4
      1 5 4
      0.1
```

❷ 53.9÷0.67
```
          8 0
0.67)53.9
     53 6
      0.3
```

❸ 45.2÷2.93
```
          1 5
2.93)45.2
     29 3
     15 9 0
     14 6 5
       1.25
```

❹ 36.81÷3.17
```
          1 1
3.17)36.81
     31 7
      5 1 1
      3 1 7
      1.94
```

❺ 52÷3.58
```
          1 4
3.58)52
     35 8
     16 2 0
     14 3 2
      1.88
```

❻ 13.65÷3.26
```
            4
3.26)13.65
     13 0 4
      0.61
```

❼ 76.34÷4.51
```
          1 6
4.51)76.34
     45 1
     31 2 4
     27 0 6
      4.18
```

❽ 38.85÷2.49
```
          1 5
2.49)38.85
     24 9
     13 9 5
     12 4 5
      1.5
```

❾ 11.29÷0.83
```
          1 3
0.83)11.29
      8 3
      2 9 9
      2 4 9
      0.5
```

자기 점수에 ○표 하세요

맞힌 개수	4개 이하	5~6개	7~8개	9개
학습 방법	개념을 다시 공부하세요.	조금 더 노력하세요.	실수하면 안 돼요.	참 잘했어요.

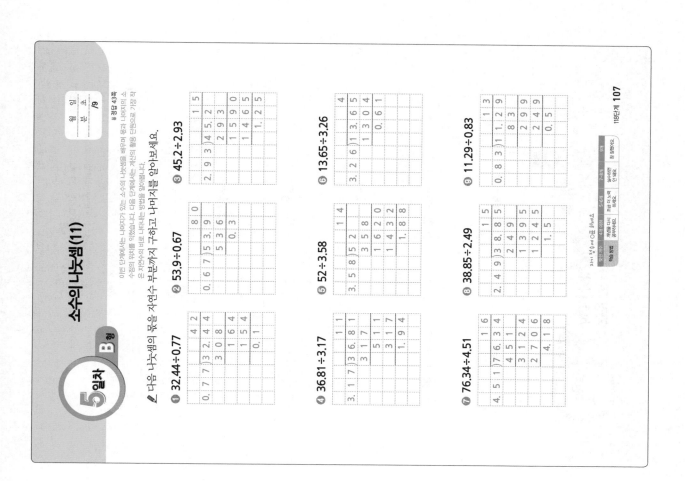

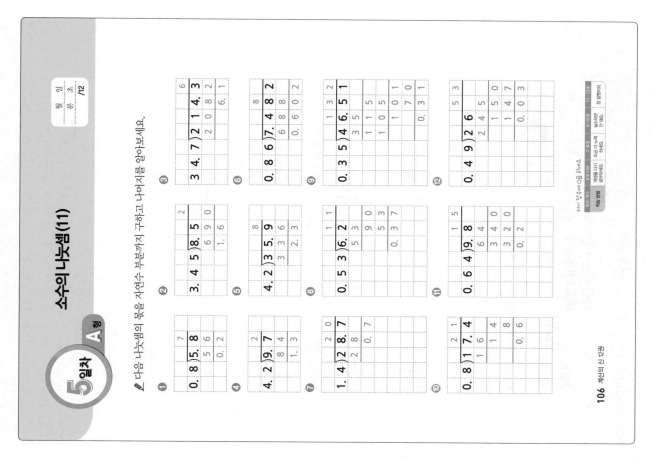

1일차 A형 가장 작은 자연수의 비로 나타내기

월 일 / 분 초 / /12

자연수의 비로 만들려면 어떻게 해야 할까?

가장 작은 자연수의 비로 나타내세요.

❶ $\frac{1}{4}:\frac{1}{6}$=3:2

❷ $\frac{2}{3}:\frac{3}{7}$=14:9

❸ $\frac{3}{5}:\frac{4}{11}$=33:20

❹ $1\frac{3}{4}:2\frac{1}{3}$=3:4

$\frac{7}{4}\times12 : \frac{7}{3}\times12 = 21:28 = (21\div7):(28\div7) = 3:4$

❺ $2\frac{3}{5}:2\frac{7}{10}$=26:27

$\frac{13}{5}\times10 : \frac{27}{10}\times10 = 26:27$

❻ $1\frac{7}{9}:2\frac{5}{12}$=64:87

$\frac{16}{9}\times36 : \frac{29}{12}\times36 = 64:87$

❼ 0.2 : 0.9=2:9

❽ 0.37 : 0.45=37:45

❾ 0.1 : 0.01=10:1

❿ 0.15 : 0.45=1:3

$0.15\times100 : 0.45\times100 = 15:45 = (15\div15):(45\div15) = 1:3$

⓫ 2.1 : 0.7=3:1

⓬ 3.5 : 0.07=50:1

$3.5\times100 : 0.07\times100 = 350:7 = (350\div7):(7\div7) = 50:1$

자기 점수에 ○표 하세요.

맞힌 개수	6개 이하	7~8개	9~10개	11~12개
학습 방법	개념을 다시 공부하세요.	조금 더 노력하세요.	실수하면 안 돼요.	참 잘했어요.

1일차 B형 가장 작은 자연수의 비로 나타내기

월 일 / 분 초 / /12

소수가 있을 때는 먼저 분수의 비로 나타내 봐!

※ 정답 44쪽

가장 작은 자연수의 비로 나타내세요.

❶ 12 : 16=3:4

❷ 17 : 68=1:4

❸ 30 : 42=5:7

❹ 25 : 60=5:12

$(25\div5):(60\div5) = 5:12$

❺ 48 : 64=3:4

$(48\div16):(64\div16) = 3:4$

❻ 45 : 72=5:8

❼ $\frac{3}{4}$: 0.5=3:2

$\frac{3}{4}:\frac{5}{10} = \frac{3}{4}\times20 : \frac{5}{10}\times20 = 15:10 = (15\div5):(10\div5) = 3:2$

❽ 0.3 : $\frac{7}{9}$=27:70

$\frac{3}{10}:\frac{7}{9} = \frac{3}{10}\times90 : \frac{7}{9}\times90 = 27:70$

❾ $\frac{3}{5}$: 1.6=3:8

$\frac{3}{5}:\frac{16}{10} = \frac{3}{5}\times10 : \frac{16}{10}\times10 = 6:16 = (6\div2):(16\div2) = 3:8$

❿ 1.5 : $\frac{2}{3}$=9:4

$\frac{15}{10}:\frac{2}{3} = \frac{15}{10}\times30 : \frac{2}{3}\times30 = 45:20 = (45\div5):(20\div5) = 9:4$

⓫ $\frac{3}{8}$: 0.25=3:2

$\frac{3}{8}:\frac{25}{100} = \frac{3}{8}\times200 : \frac{25}{100}\times200 = 75:50 = (75\div25):(50\div25) = 3:2$

⓬ 3.25 : $2\frac{1}{6}$=3:2

$\frac{325}{100}:\frac{13}{6} = \frac{325}{100}\times300 : \frac{13}{6}\times300 = 975:650 = (975\div325):(650\div325) = 3:2$

자기 점수에 ○표 하세요.

맞힌 개수	6개 이하	7~8개	9~10개	11~12개
학습 방법	개념을 다시 공부하세요.	조금 더 노력하세요.	실수하면 안 돼요.	참 잘했어요.

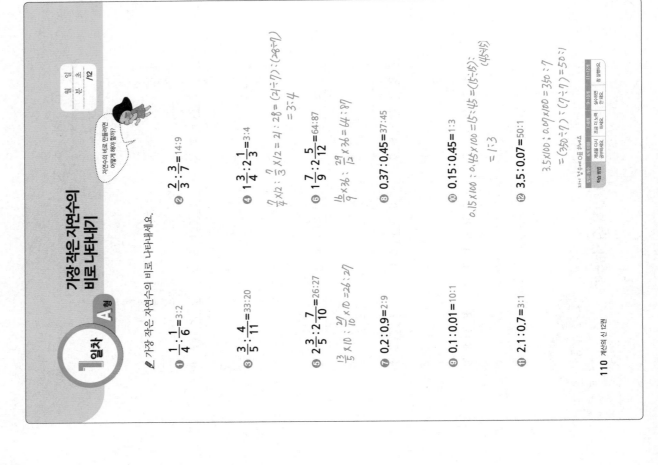

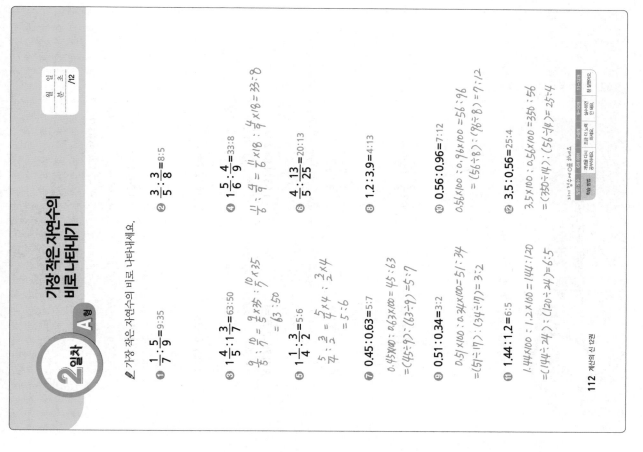

2일차 A형 가장 작은 자연수의 비로 나타내기

월 일 / 분 초 / /12

가장 작은 자연수의 비로 나타내세요.

❶ $\frac{1}{7}:\frac{5}{9}$=9:35

❷ $\frac{3}{5}:\frac{3}{8}$=8:5

❸ $1\frac{4}{5}:1\frac{3}{7}$=63:50

❹ $1\frac{5}{6}:\frac{4}{9}$=33:8

❺ $1\frac{1}{4}:\frac{3}{2}$=5:6

❻ $\frac{4}{5}:\frac{13}{25}$=20:13

❼ 0.45 : 0.63=5:7

❽ 1.2 : 3.9=4:13

❾ 0.51 : 0.34=3:2

❿ 0.56 : 0.96=7:12

⓫ 1.44 : 1.2=6:5

⓬ 3.5 : 0.56=25:4

자기 점수에 ○표 하세요.

맞힌 개수	6개 이하	7~8개	9~10개	11~12개
학습 방법	개념을 다시 공부하세요.	조금 더 노력하세요.	실수하면 안 돼요.	참 잘했어요.

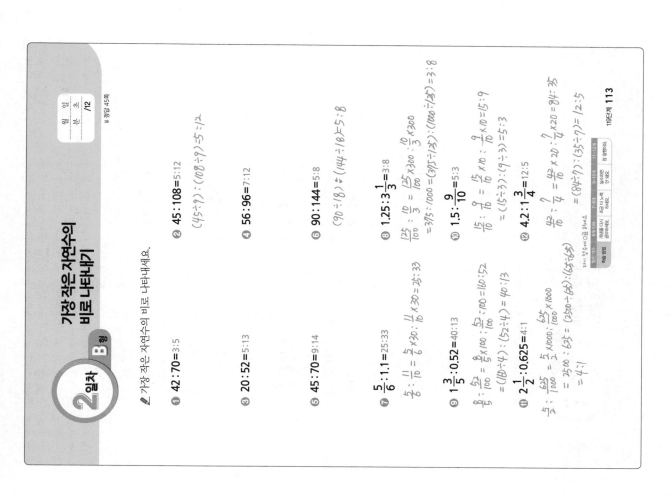

2일차 B형 가장 작은 자연수의 비로 나타내기

월 일 / 분 초 / /12

정답 45쪽

가장 작은 자연수의 비로 나타내세요.

❶ 42 : 70=3:5

❷ 45 : 108=5:12

❸ 20 : 52=5:13

❹ 56 : 96=7:12

❺ 45 : 70=9:14

❻ 90 : 144=5:8

❼ $\frac{5}{6}$: 1.1=25:33

❽ $1.25 : 3\frac{1}{3}$=3:8

❾ $1\frac{3}{5}$: 0.52=40:13

❿ $1.5 : \frac{9}{10}$=5:3

⓫ $2\frac{1}{2}$: 0.625=4:1

⓬ $4.2 : 1\frac{3}{4}$=12:5

자기 점수에 ○표 하세요.

맞힌 개수	6개 이하	7~8개	9~10개	11~12개
학습 방법	개념을 다시 공부하세요.	조금 더 노력하세요.	실수하면 안 돼요.	참 잘했어요.

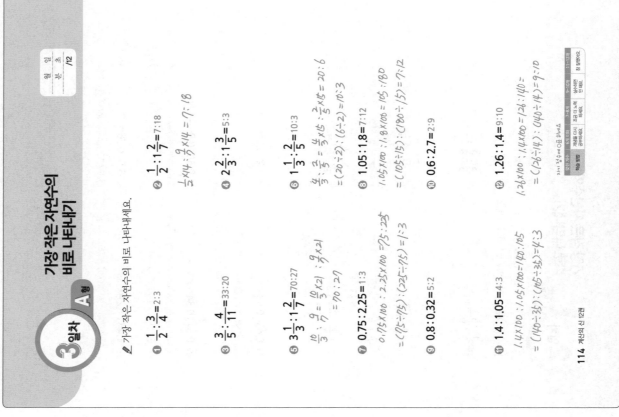

3일차 A형 가장 작은 자연수의 비로 나타내기

월 일 / 분 초 / /12

✎ 가장 작은 자연수의 비로 나타내세요.

❶ $\frac{1}{2}:\frac{3}{4}=2:3$

❷ $\frac{1}{2}:1\frac{2}{7}=7:18$

$\frac{1}{2}\times14:\frac{9}{7}\times14=7:18$

❸ $\frac{3}{5}:\frac{4}{11}=33:20$

❹ $2\frac{2}{3}:1\frac{3}{5}=5:3$

❺ $3\frac{1}{3}:1\frac{2}{7}=70:27$

$\frac{10}{3}:\frac{9}{7}=\frac{10}{3}\times21:\frac{9}{7}\times21=70:27$

❻ $1\frac{1}{3}:\frac{2}{5}=10:3$

$\frac{4}{3}:\frac{2}{5}=\frac{4}{3}\times15:\frac{2}{5}\times15=20:6=(20\div2):(6\div2)=10:3$

❼ 0.75 : 2.25=1:3

$0.75\times100:2.25\times100=75:225=(75\div75):(225\div75)=1:3$

❽ 1.05 : 1.8=7:12

$1.05\times100:1.8\times100=105:180=(105\div15):(180\div15)=7:12$

❾ 0.8 : 0.32=5:2

❿ 0.6 : 2.7=2:9

⓫ 1.4 : 1.05=4:3

$1.4\times100:1.05\times100=140:105=(140\div35):(105\div35)=4:3$

⓬ 1.26 : 1.4=9:10

$1.26\times100:1.4\times100=126:140=(126\div14):(140\div14)=9:10$

자기 점수에 ○표 하세요.

맞힌 개수	6개 이하	7~8개	9~10개	11~12개
학습 방법	개념을 다시 공부하세요.	조금 더 노력하세요.	실수하면 안 돼요.	참 잘했어요.

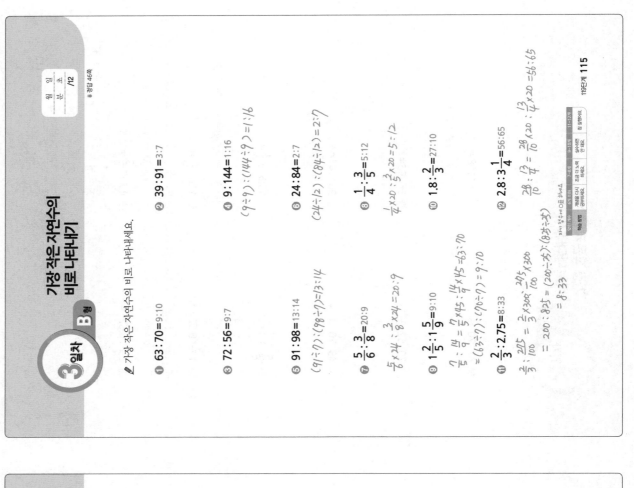

3일차 B형 가장 작은 자연수의 비로 나타내기

월 일 / 분 초 / /12

정답 46쪽

✎ 가장 작은 자연수의 비로 나타내세요.

❶ 63 : 70=9:10

❷ 39 : 91=3:7

❸ 72 : 56=9:7

❹ 9 : 144=1:16

$(9\div9):(144\div9)=1:16$

❺ 91 : 98=13:14

$(91\div7):(98\div7)=13:14$

❻ 24 : 84=2:7

$(24\div12):(84\div12)=2:7$

❼ $\frac{5}{6}:\frac{3}{8}=20:9$

$\frac{5}{6}\times24:\frac{3}{8}\times24=20:9$

❽ $\frac{1}{4}:\frac{3}{5}=5:12$

$\frac{1}{4}\times20:\frac{3}{5}\times20=5:12$

❾ $1\frac{2}{5}:1\frac{5}{9}=9:10$

$\frac{7}{5}:\frac{14}{9}=\frac{7}{5}\times45:\frac{14}{9}\times45=63:70=(63\div7):(70\div7)=9:10$

❿ $1.8:\frac{2}{3}=27:10$

⓫ $\frac{2}{3}:2.75=8:33$

$\frac{2}{3}:\frac{275}{100}=\frac{2}{3}\times300:\frac{275}{100}\times300=200:825=(200\div25):(825\div25)=8:33$

⓬ $2.8:3\frac{1}{4}=56:65$

$\frac{28}{10}:\frac{13}{4}=\frac{28}{10}\times20:\frac{13}{4}\times20=56:65$

자기 점수에 ○표 하세요.

맞힌 개수	6개 이하	7~8개	9~10개	11~12개
학습 방법	개념을 다시 공부하세요.	조금 더 노력하세요.	실수하면 안 돼요.	참 잘했어요.

4일차 A형

가장 작은 자연수의 비로 나타내기

월 일 / 분 초 / /12

가장 작은 자연수의 비로 나타내세요.

❶ $\frac{1}{3}:\frac{7}{8}$=8:21

❷ $\frac{3}{8}:\frac{4}{7}$=21:32

❸ $\frac{1}{2}:\frac{3}{8}$=4:3

❹ $1\frac{1}{3}:\frac{5}{8}$=32:15

❺ $\frac{2}{3}:1\frac{3}{7}$=7:15

$\frac{2}{3}:\frac{10}{7}=\frac{2}{3}\times21:\frac{10}{7}\times21$
$=14:30=(14\div2):(30\div2)$
$=7:15$

❻ $3\frac{3}{7}:3\frac{3}{8}$=64:63

$\frac{24}{7}:\frac{27}{8}=\frac{24}{7}\times56:\frac{27}{8}\times56=192:189$
$=(192\div3):(189\div3)=64:63$

❼ 0.96 : 1.8=8:15

$0.96\times100:1.8\times100=96:180$
$=(96\div12):(180\div12)=8:15$

❽ 0.25 : 0.6=5:12

❾ 1.43 : 0.33=13:3

$1.43\times100:0.33\times100=143:33$
$=(143\div11):(33\div11)=13:3$

❿ 0.24 : 1.8=2:15

$0.24\times100:1.8\times100=24:180$
$=(24\div12):(180\div12)=2:15$

⓫ 3.5 : 8.75=2:5

$3.5\times100:8.75\times100=350:875$
$=(350\div175):(875\div175)=2:5$

⓬ 1.26 : 8.1=7:45

$1.26\times100:8.1\times100=126:810$
$=(126\div18):(810\div18)=7:45$

자기 점수에 ○표 하세요

맞힌 개수	6개 이하	7~8개	9~10개	11~12개
학습 방법	개념을 다시 공부하세요.	조금 더 노력 하세요.	실수하면 안 돼요.	참 잘했어요.

4일차 B형

가장 작은 자연수의 비로 나타내기

월 일 / 분 초 / /12

정답 47쪽

가장 작은 자연수의 비로 나타내세요.

❶ 48 : 36=4:3

❷ 72 : 135=8:15

❸ 105 : 165=7:11

$(105\div15):(165\div15)=7:11$

❹ 104 : 120=13:15

$(104\div8):(120\div8)=13:15$

❺ 65 : 25=13:5

❻ 144 : 24=6:1

$(144\div24):(24\div24)=6:1$

❼ $2\frac{1}{5}:5.5$=2:5

$\frac{11}{5}:\frac{55}{10}=(\frac{11}{5}\times10):(\frac{55}{10}\times10)$
$=22:55=(22\div11):(55\div11)$
$=2:5$

❽ $0.75:1\frac{5}{7}$=7:16

$\frac{75}{100}:\frac{12}{7}=(\frac{75}{100}\times700):(\frac{12}{7}\times700)$
$=525:1200=(525\div75):(1200\div75)$
$=7:16$

❾ $1\frac{1}{3}:0.875$=32:21

$\frac{4}{3}:\frac{875}{1000}=(\frac{4}{3}\times3000):(\frac{875}{1000}\times3000)$
$=4000:2625=(4000\div125):(2625\div125)$
$=32:21$

❿ $0.7:1\frac{1}{3}$=21:40

⓫ $\frac{2}{3}:0.75$=8:9

$\frac{2}{3}:\frac{75}{100}=(\frac{2}{3}\times300):(\frac{75}{100}\times300)$
$=200:225=(200\div25):(225\div25)$
$=8:9$

⓬ $2.25:5\frac{17}{20}$=5:13

$\frac{225}{100}:\frac{117}{20}=(\frac{225}{100}\times100):(\frac{117}{20}\times100)$
$=225:585=(225\div45):(585\div45)$
$=5:13$

자기 점수에 ○표 하세요

맞힌 개수	6개 이하	7~8개	9~10개	11~12개
학습 방법	개념을 다시 공부하세요.	조금 더 노력 하세요.	실수하면 안 돼요.	참 잘했어요.

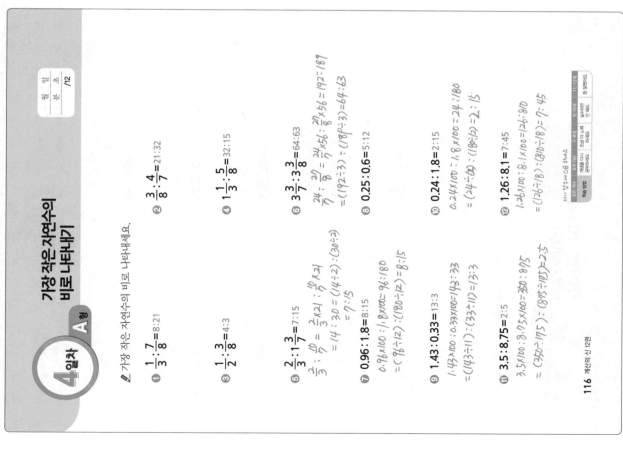

5일차 A형 가장 작은 자연수의 비로 나타내기

월 일 / 분 초 / /12

가장 작은 자연수의 비로 나타내세요.

① $\frac{1}{5}:\frac{1}{3}$=3:5

② $\frac{3}{4}:1\frac{2}{9}$=27:44

$\frac{3}{4}:\frac{11}{9}=\frac{3}{4}\times36:\frac{11}{9}\times36=27:44$

③ $2\frac{1}{4}:\frac{5}{7}$=63:20

$\frac{9}{4}:\frac{5}{7}=\frac{9}{4}\times28:\frac{5}{7}\times28=63:20$

④ $1\frac{3}{8}:1\frac{2}{3}$=33:40

⑤ $\frac{1}{3}:\frac{3}{7}$=7:9

⑥ $\frac{6}{7}:\frac{7}{9}$=54:49

$\frac{6}{7}\times63:\frac{7}{9}\times63=54:49$

⑦ 0.54 : 1.26=3:7

$0.54\times100:1.26\times100=54:126=(54\div18):(126\div18)=3:7$

⑧ 0.48 : 0.6=4:5

⑨ 1.75 : 0.5=7:2

$1.75\times100:0.5\times100=175:50=(175\div25):(50\div25)=7:2$

⑩ 0.625 : 0.6=25:24

$0.625\times1000:0.6\times1000=625:600=(625\div25):(600\div25)=25:24$

⑪ 0.48 : 1.2=2:5

⑫ 3.5 : 0.56=25:4

$3.5\times100:0.56\times100=350:56=(350\div14):(56\div14)=25:4$

자기 점수에 ○표 하세요.

맞힌 개수	6개 이하	7~8개	9~10개	11~12개
학습 방법	개념을 다시 공부하세요.	조금 더 노력하세요.	실수하면 안 돼요.	참 잘했어요.

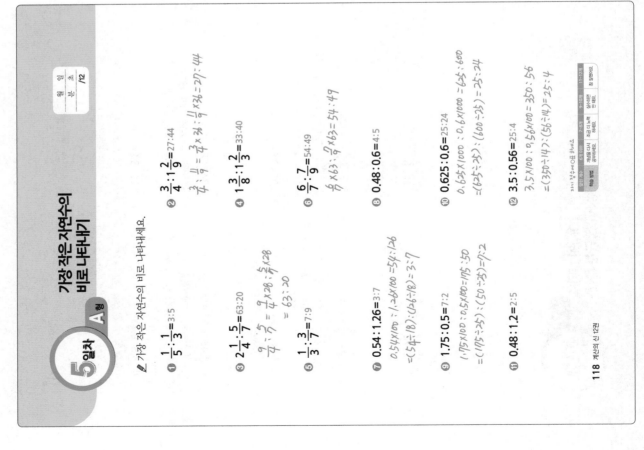

5일차 B형 가장 작은 자연수의 비로 나타내기

월 일 / 분 초 / /12

정답 48쪽

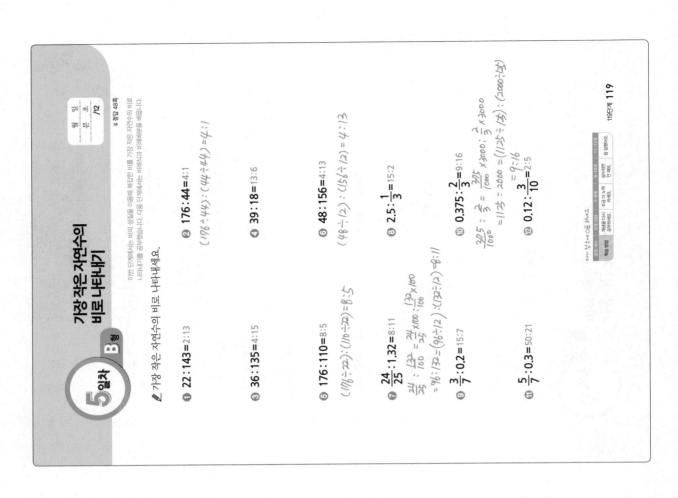

이번 단계에서는 비의 성질을 이용해 복잡한 비를 가장 작은 자연수의 비로 나타내기를 공부했습니다. 다음 단계에서는 비례식과 비례배분을 배웁니다.

가장 작은 자연수의 비로 나타내세요.

① 22 : 143=2:13

② 176 : 44=4:1

$(176\div44):(44\div44)=4:1$

③ 36 : 135=4:15

④ 39 : 18=13:6

⑤ 176 : 110=8:5

$(176\div22):(110\div22)=8:5$

⑥ 48 : 156=4:13

$(48\div12):(156\div12)=4:13$

⑦ $\frac{24}{25}$: 1.32=8:11

$\frac{24}{25}:\frac{132}{100}=\frac{24}{25}\times100:\frac{132}{100}\times100=96:132=(96\div12):(132\div12)=8:11$

⑧ $2.5:\frac{1}{3}$=15:2

⑨ $\frac{3}{7}$: 0.2=15:7

⑩ $0.375:\frac{2}{3}$=9:16

$\frac{375}{1000}:\frac{2}{3}=\frac{375}{1000}\times3000:\frac{2}{3}\times3000=1125:2000=(1125\div125):(2000\div125)=9:16$

⑪ $\frac{5}{7}$: 0.3=50:21

⑫ $0.12:\frac{3}{10}$=2:5

자기 점수에 ○표 하세요.

맞힌 개수	6개 이하	7~8개	9~10개	11~12개
학습 방법	개념을 다시 공부하세요.	조금 더 노력하세요.	실수하면 안 돼요.	참 잘했어요.

세 단계 묶어 풀기 117 ~ 119단계
소수의 나눗셈 (10)~(11) / 가장 작은 자연수의 비로 나타내기

월 일
분 초
/10

정답 49쪽

✎ 다음 나눗셈을 완전히 나누어떨어질 때까지 계산하세요.

❶ 133÷9.5

				1	4
9.	5	)1	3	3	
			9	5	
			3	8	0
			3	8	0
					0

❷ 170÷6.8

				2	5
6.	8	)1	7	0	
		1	3	6	
			3	4	0
			3	4	0
					0

❸ 51÷4.25

					1	2
4.	2	5	)5	1		
			4	2	5	
				8	5	0
				8	5	0
						0

✎ 다음 나눗셈의 몫을 자연수 부분까지 구하고 나머지를 알아보세요.

❹ 32.42÷0.87

					3	7
0.	8	7	)3	2.	4	2
			2	6	1	
				6	3	2
				6	0	9
				0.	2	3

❺ 67.6÷0.98

					6	8
0.	9	8	)6	7.	6	
			5	8	8	
				8	8	0
				7	8	4
				0.	9	6

❻ 28÷0.84

					3	3
0.	8	4	)2	8		
			2	5	2	
				2	8	0
				2	5	2
				0.	2	8

✎ 가장 작은 자연수의 비로 나타내세요.

❼ 30 : 42=5:7

❽ 0.7 : 2.8=1:4

❾ $1.75 : 2\frac{1}{3}$=3:4

❿ $1\frac{7}{9} : 2\frac{5}{12}$=64:87

1일차 A형 비례식과 비례배분

월 일 / 분 초 / /12

비례식에서 □를 구하세요.

❶ $3:5=6:$ [10]

$3\times□=5\times6=30$
$□=30\div3$
$=10$

❷ $5:8=$ [15] $:24$

$8\times□=5\times24=120$
$□=120\div8$
$=15$

❸ $7:$ [8] $=21:24$

$21\times□=7\times24=168$
$□=168\div21$
$=8$

❹ [5] $:7=20:28$

$28\times□=7\times20=140$
$□=140\div28$
$=5$

❺ $12:10=54:$ [45]

$12\times□=10\times54=540$
$□=540\div12$
$=45$

❻ $28:60=$ [35] $:75$

$60\times□=28\times75=2100$
$□=2100\div60$
$=35$

❼ $\frac{1}{7}:$ [$\frac{1}{9}$] $=36:28$

$36\times□=\frac{1}{7}\times28=4$
$□=4\times\frac{1}{36}=\frac{4}{36}=\frac{1}{9}$

❽ [2] $:5=\frac{2}{5}:1$

$1\times□=5\times\frac{2}{5}=2$
$□=2$

❾ $\frac{2}{3}:8=\frac{3}{4}:$ [9]

$\frac{2}{3}\times□=8\times\frac{3}{4}=6$
$□=6\div\frac{2}{3}=6\times\frac{3}{2}=9$

❿ $5:8=$ [$\frac{5}{12}$] $:\frac{2}{3}$

$8\times□=5\times\frac{2}{3}=\frac{10}{3}$
$□=\frac{10}{3}\div8=\frac{10}{3}\times\frac{1}{8}=\frac{5}{12}$

⓫ $1.4:3.5=2:$ [5]

$1.4\times□=3.5\times2=7$
$□=7\div1.4$
$=5$

⓬ [8] $:11=5.6:7.7$

$7.7\times□=5.6\times11=61.6$
$□=61.6\div7.7$
$=8$

자기 점수에 ○표 하세요

맞힌 개수	6개 이하	7~8개	9~10개	11~12개
학습 방법	개념을 다시 공부하세요.	조금 더 노력하세요.	실수하면 안 돼요.	참 잘했어요.

1일차 B형 비례식과 비례배분

월 일 / 분 초 / /6

※ 정답 50쪽

수를 주어진 비로 비례배분하세요.

❶ 20을 1 : 3으로 비례배분

$20\times\frac{1}{(1+3)}=$ [5]

$20\times\frac{3}{(1+3)}=$ [15]

→ 5, 15

❷ 30을 3 : 7로 비례배분

$30\times\frac{3}{(3+7)}=9$

$30\times\frac{7}{(3+7)}=21$

→ 9, 21

❸ 51을 2 : 15로 비례배분

$51\times\frac{2}{(2+15)}=6$

$51\times\frac{15}{(2+15)}=45$

→ 6, 45

❹ 75를 4 : 11로 비례배분

$75\times\frac{4}{(4+11)}=20$

$75\times\frac{11}{(4+11)}=55$

→ 20, 55

❺ 125를 2 : 3으로 비례배분

$125\times\frac{2}{(2+3)}=50$

$125\times\frac{3}{(2+3)}=75$

→ 50, 75

❻ 140을 13 : 15로 비례배분

$140\times\frac{13}{(13+15)}=65$

$140\times\frac{15}{(13+15)}=75$

→ 65, 75

자기 점수에 ○표 하세요

맞힌 개수	3개 이하	4개	5개	6개
학습 방법	개념을 다시 공부하세요.	조금 더 노력하세요.	실수하면 안 돼요.	참 잘했어요.

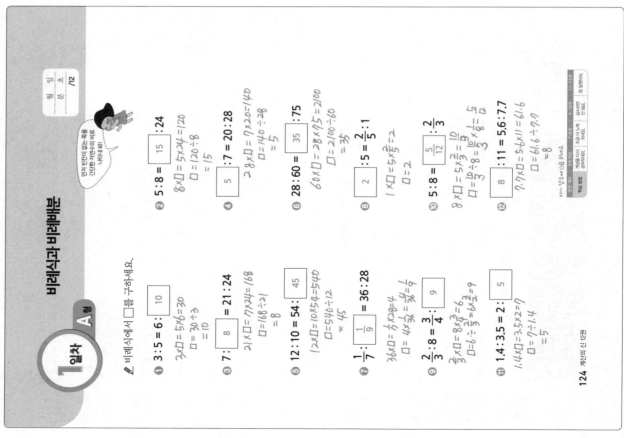

2일차 A형 비례식과 비례배분

월 일 / 분 초 / /12

비례식에서 □를 구하세요.

❶ [12] : 39 = 24 : 78
78×□=39×24=936
□=936÷78
=12

❷ 14 : 15 = [42] : 45
15×□=14×45=630
□=630÷15
=42

❸ 30 : 33 = [110] : 121
33×□=30×121=3630
□=3630÷33
=110

❹ 6 : [16] = 15 : 40
15×□=6×40=240
□=240÷15
=16

❺ [10] : 26 = 45 : 117
117×□=26×45=1170
□=1170÷117
=10

❻ 5 : 9 = 30 : [54]
5×□=9×30=270
□=270÷5
=54

❼ 8 : [20] = $1\frac{3}{5}$: 4
$\frac{8}{5}$×□=8×4=32
□=32÷$\frac{8}{5}$=32×$\frac{5}{8}$
=20

❽ 21 : 18 = [$\frac{7}{9}$] : $\frac{2}{3}$
18×□=21×$\frac{2}{3}$=14
□=14÷18=$\frac{14}{18}$
=$\frac{7}{9}$

❾ $\frac{2}{5}$: 1 = 4 : [10]
$\frac{2}{5}$×□=4×1=4
□=4÷$\frac{2}{5}$=4×$\frac{5}{2}$
=10

❿ 9 : [15] = $\frac{2}{5}$: $\frac{2}{3}$
$\frac{2}{5}$×□=$\frac{2}{3}$×9=6
□=6÷$\frac{2}{5}$=6×$\frac{5}{2}$
=15

⓫ 0.2 : 0.9 = 4 : [18]
0.2×□=0.9×4=3.6
□=3.6÷0.2
=18

⓬ [16] : 22 = 3.2 : 4.4
4.4×□=22×3.2=70.4
□=70.4÷4.4
=16

자기 점수에 ○표 하세요

맞힌 개수	6개 이하	7~8개	9~10개	11~12개
학습 방법	개념을 다시 공부하세요.	조금 더 노력하세요.	실수하면 안 돼요.	참 잘했어요.

2일차 B형 비례식과 비례배분

월 일 / 분 초 / /6

정답 51쪽

수를 주어진 비로 비례배분하세요.

❶ 50을 3 : 2로 비례배분

$50\times\frac{3}{(3+2)}=$ [30]

$50\times\frac{2}{(3+2)}=$ [20]

→ 30, 20

❷ 50을 12 : 13으로 비례배분

$50\times\frac{12}{(12+13)}=24$

$50\times\frac{13}{(12+13)}=26$

→ 24, 26

❸ 78을 4 : 9로 비례배분

$78\times\frac{4}{(4+9)}=24$

$78\times\frac{9}{(4+9)}=54$

→ 24, 54

❹ 48을 11 : 13으로 비례배분

$48\times\frac{11}{(11+13)}=22$

$48\times\frac{13}{(11+13)}=26$

→ 22, 26

❺ 238을 6 : 11로 비례배분

$238\times\frac{6}{(6+11)}=84$

$238\times\frac{11}{(6+11)}=154$

→ 84, 154

❻ 475를 7 : 12로 비례배분

$475\times\frac{7}{(7+12)}=175$

$475\times\frac{12}{(7+12)}=300$

→ 175, 300

자기 점수에 ○표 하세요

맞힌 개수	3개 이하	4개	5개	6개
학습 방법	개념을 다시 공부하세요.	조금 더 노력하세요.	실수하면 안 돼요.	참 잘했어요.

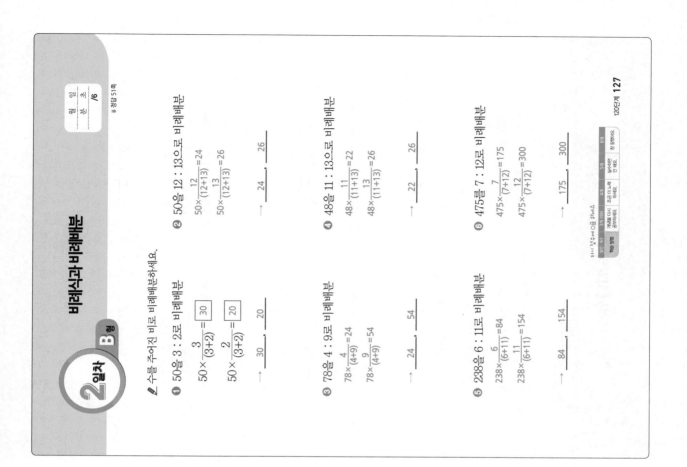

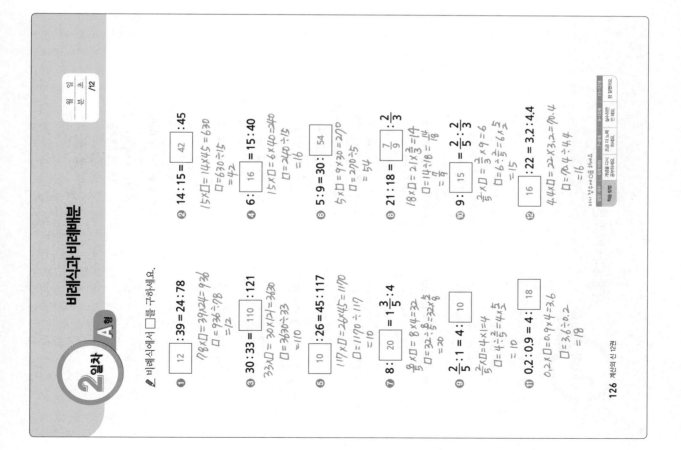

3일차 A형 비례식과 비례배분

월 일 / 분 초 / /12

비례식에서 □를 구하세요.

❶ $52 : 60 = 13 : \boxed{15}$

$52 \times □ = 60 \times 13 = 780$, $□ = 780 \div 52 = 15$

❷ $3 : 10 = \boxed{27} : 90$

$10 \times □ = 3 \times 90 = 270$, $□ = 270 \div 10 = 27$

❸ $12 : \boxed{15} = 16 : 20$

$16 \times □ = 12 \times 20 = 240$, $□ = 240 \div 16 = 15$

❹ $\boxed{16} : 26 = 8 : 13$

$13 \times □ = 26 \times 8 = 208$, $□ = 208 \div 13 = 16$

❺ $27 : 30 = 18 : \boxed{20}$

$27 \times □ = 30 \times 18 = 540$, $□ = 540 \div 27 = 20$

❻ $42 : 48 = \boxed{49} : 56$

$48 \times □ = 42 \times 56 = 2352$, $□ = 2352 \div 48 = 49$

❼ $\frac{3}{5} : 12 = \frac{3}{4} : \boxed{15}$

$\frac{3}{5} \times □ = 12 \times \frac{3}{4} = 9$, $□ = 9 \div \frac{3}{5} = 9 \times \frac{5}{3} = 15$

❽ $5 : 9 = \boxed{\frac{5}{12}} : \frac{3}{4}$

$9 \times □ = 5 \times \frac{3}{4} = \frac{15}{4}$, $□ = \frac{15}{4} \div 9 = \frac{15}{4} \times \frac{1}{9} = \frac{5}{12}$

❾ $1.4 : 2.4 = 28 : \boxed{48}$

$1.4 \times □ = 2.4 \times 28 = 67.2$, $□ = 67.2 \div 1.4 = 48$

❿ $\boxed{0.8} : 2.6 = 4 : 13$

$13 \times □ = 2.6 \times 4 = 10.4$, $□ = 10.4 \div 13 = 0.8$

⓫ $91 : \boxed{98} = 1.3 : 1.4$

$1.3 \times □ = 91 \times 1.4 = 127.4$, $□ = 127.4 \div 1.3 = 98$

⓬ $5 : 9 = \boxed{0.2} : 0.36$

$9 \times □ = 5 \times 0.36 = 1.8$, $□ = 1.8 \div 9 = 0.2$

자기 점수에 ○표 하세요

맞은 개수	6개 이하	7~8개	9~10개	11~12개
학습 방법	개념을 다시 공부하세요.	조금 더 노력 하세요.	실수하면 안 돼요.	참 잘했어요.

3일차 B형 비례식과 비례배분

월 일 / 분 초 / /6

정답 52쪽

수를 주어진 비로 비례배분하세요.

❶ 18을 2 : 7로 비례배분

$18 \times \frac{2}{(2+7)} = \boxed{4}$

$18 \times \frac{7}{(2+7)} = \boxed{14}$

→ 4, 14

❷ 48을 3 : 5로 비례배분

$48 \times \frac{3}{(3+5)} = 18$

$48 \times \frac{5}{(3+5)} = 30$

→ 18, 30

❸ 96을 11 : 13으로 비례배분

$96 \times \frac{11}{(11+13)} = 44$

$96 \times \frac{13}{(11+13)} = 52$

→ 44, 52

❹ 110을 9 : 13으로 비례배분

$110 \times \frac{9}{(9+13)} = 45$

$110 \times \frac{13}{(9+13)} = 65$

→ 45, 65

❺ 375를 7 : 8로 비례배분

$375 \times \frac{7}{(7+8)} = 175$

$375 \times \frac{8}{(7+8)} = 200$

→ 175, 200

❻ 550을 7 : 15로 비례배분

$550 \times \frac{7}{(7+15)} = 175$

$550 \times \frac{15}{(7+15)} = 375$

→ 175, 375

자기 점수에 ○표 하세요

맞은 개수	3개 이하	4개	5개	6개
학습 방법	개념을 다시 공부하세요.	조금 더 노력 하세요.	실수하면 안 돼요.	참 잘했어요.

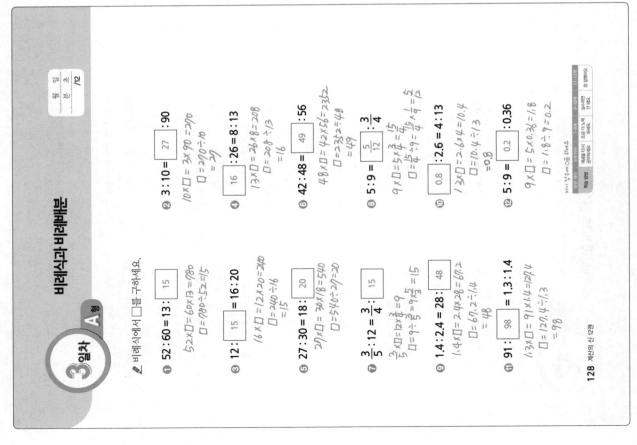

4일차 A형 비례식과 비례배분

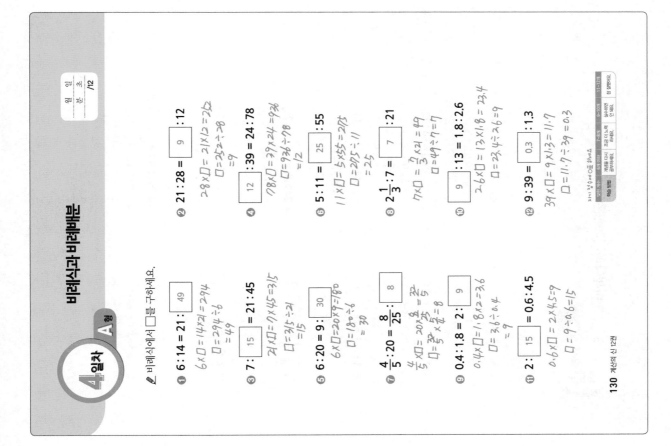

월 일 / 분 초 / /12

비례식에서 □를 구하세요.

❶ $6:14=21:\boxed{49}$

$6\times\square=14\times21=294$, $\square=294\div6=49$

❷ $21:28=\boxed{9}:12$

$28\times\square=21\times12=252$, $\square=252\div28=9$

❸ $7:\boxed{15}=21:45$

$21\times\square=7\times45=315$, $\square=315\div21=15$

❹ $\boxed{12}:39=24:78$

$78\times\square=39\times24=936$, $\square=936\div78=12$

❺ $6:20=9:\boxed{30}$

$6\times\square=20\times9=180$, $\square=180\div6=30$

❻ $5:11=\boxed{25}:55$

$11\times\square=5\times55=275$, $\square=275\div11=25$

❼ $\frac{4}{5}:20=\frac{8}{25}:\boxed{8}$

$\frac{4}{5}\times\square=20\times\frac{8}{25}=\frac{32}{5}$, $\square=\frac{32}{5}\times\frac{5}{4}=8$

❽ $2\frac{1}{3}:7=\boxed{7}:21$

$7\times\square=\frac{7}{3}\times21=49$, $\square=49\div7=7$

❾ $0.4:1.8=2:\boxed{9}$

$0.4\times\square=1.8\times2=3.6$, $\square=3.6\div0.4=9$

❿ $\boxed{9}:13=1.8:2.6$

$2.6\times\square=13\times1.8=23.4$, $\square=23.4\div2.6=9$

⓫ $2:\boxed{15}=0.6:4.5$

$0.6\times\square=2\times4.5=9$, $\square=9\div0.6=15$

⓬ $9:39=\boxed{0.3}:1.3$

$39\times\square=9\times1.3=11.7$, $\square=11.7\div39=0.3$

자기 점수에 ○표 하세요.

맞힌 개수	6개 이하	7~8개	9~10개	11~12개
학습 방법	개념을 다시 공부하세요.	조금 더 노력하세요.	실수하면 안 돼요.	참 잘했어요.

4일차 B형 비례식과 비례배분

월 일 / 분 초 / /6

정답 53쪽

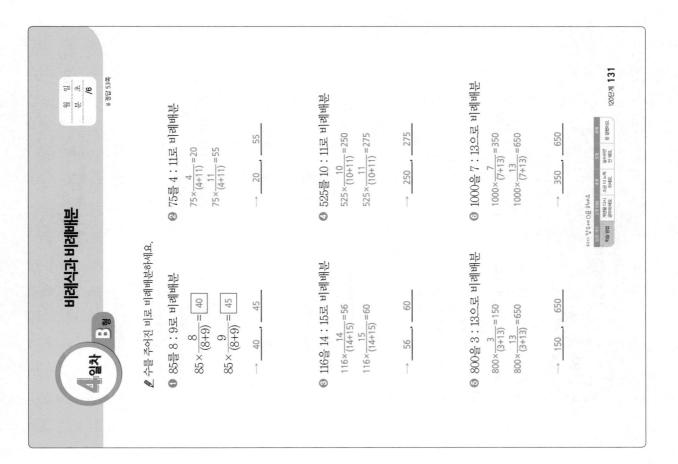

수를 주어진 비로 비례배분하세요.

❶ 85를 8 : 9로 비례배분

$85\times\frac{8}{(8+9)}=\boxed{40}$

$85\times\frac{9}{(8+9)}=\boxed{45}$

→ 40, 45

❷ 75를 4 : 11로 비례배분

$75\times\frac{4}{(4+11)}=20$

$75\times\frac{11}{(4+11)}=55$

→ 20, 55

❸ 116을 14 : 15로 비례배분

$116\times\frac{14}{(14+15)}=56$

$116\times\frac{15}{(14+15)}=60$

→ 56, 60

❹ 525를 10 : 11로 비례배분

$525\times\frac{10}{(10+11)}=250$

$525\times\frac{11}{(10+11)}=275$

→ 250, 275

❺ 800을 3 : 13으로 비례배분

$800\times\frac{3}{(3+13)}=150$

$800\times\frac{13}{(3+13)}=650$

→ 150, 650

❻ 1000을 7 : 13으로 비례배분

$1000\times\frac{7}{(7+13)}=350$

$1000\times\frac{13}{(7+13)}=650$

→ 350, 650

자기 점수에 ○표 하세요.

맞힌 개수	3개 이하	4개	5개	6개
학습 방법	개념을 다시 공부하세요.	조금 더 노력하세요.	실수하면 안 돼요.	참 잘했어요.

5일차 A형 비례식과 비례배분

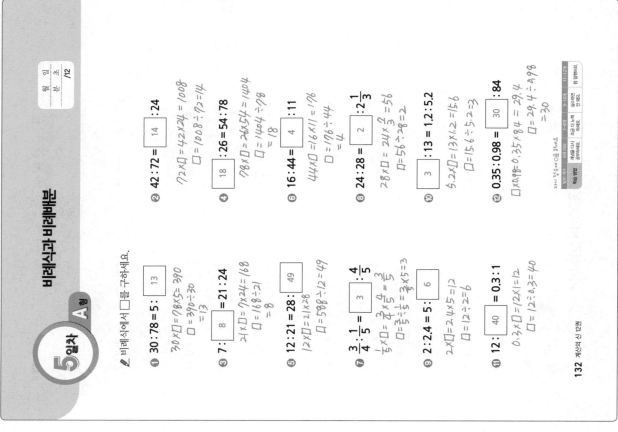

월 일 / 분 초 / /12

비례식에서 □를 구하세요.

❶ 30 : 78 = 5 : [13]
30×□=78×5=390
□=390÷30
=13

❷ 42 : 72 = [14] : 24
72×□=42×24=1008
□=1008÷72=14

❸ 7 : [8] = 21 : 24
21×□=7×24=168
□=168÷21
=8

❹ [18] : 26 = 54 : 78
78×□=26×54=1404
□=1404÷78
=18

❺ 12 : 21 = 28 : [49]
12×□=21×28
□=588÷12=49

❻ 16 : 44 = [4] : 11
44×□=16×11=176
□=176÷44
=4

❼ $\frac{3}{4}$: $\frac{1}{5}$ = [3] : $\frac{4}{5}$
$\frac{1}{5}$×□=$\frac{3}{4}$×$\frac{4}{5}$=$\frac{3}{5}$
□=$\frac{3}{5}$÷$\frac{1}{5}$=$\frac{3}{5}$×5=3

❽ 24 : 28 = [2] : $2\frac{1}{3}$
28×□=24×$\frac{7}{3}$=56
□=56÷28=2

❾ 2 : 2.4 = 5 : [6]
2×□=2.4×5=12
□=12÷2=6

❿ [3] : 13 = 1.2 : 5.2
5.2×□=13×1.2=15.6
□=15.6÷5.2=3

⓫ 12 : [40] = 0.3 : 1
0.3×□=12×1=12
□=12÷0.3=40

⓬ 0.35 : 0.98 = [30] : 84
□×0.98=0.35×84=29.4
□=29.4÷0.98
=30

자기 점수에 ○표 하세요.

맞힌 개수	6개 이하	7~8개	9~10개	11~12개
학습 방법	개념을 다시 공부하세요.	조금 더 노력하세요.	실수하면 안 돼요.	참 잘했어요.

5일차 B형 비례식과 비례배분

월 일 / 분 초 / /6

※정답 54쪽

이번 단계에서는 비와 비례식의 성질을 이용하여 계산하는 것과 전체를 주어진 비로 나누는 비례배분을 공부했습니다.

수를 주어진 비로 비례배분하세요.

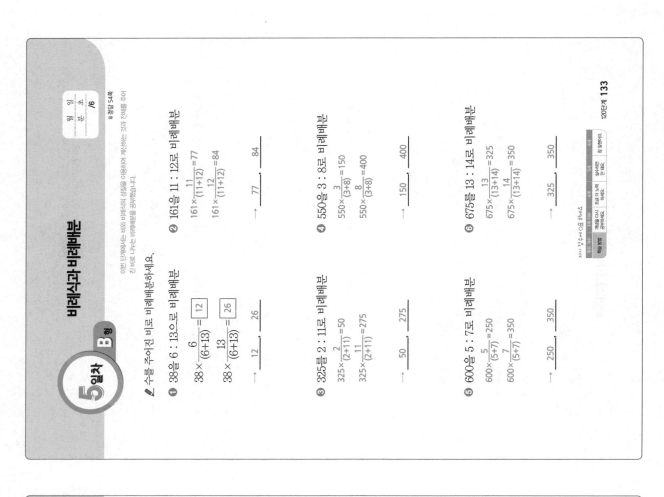

❶ 38을 6 : 13으로 비례배분
$38\times\frac{6}{(6+13)}$=[12]
$38\times\frac{13}{(6+13)}$=[26]
→ 12, 26

❷ 161을 11 : 12로 비례배분
$161\times\frac{11}{(11+12)}=77$
$161\times\frac{12}{(11+12)}=84$
→ 77, 84

❸ 325를 2 : 11로 비례배분
$325\times\frac{2}{(2+11)}=50$
$325\times\frac{11}{(2+11)}=275$
→ 50, 275

❹ 550을 3 : 8로 비례배분
$550\times\frac{3}{(3+8)}=150$
$550\times\frac{8}{(3+8)}=400$
→ 150, 400

❺ 600을 5 : 7로 비례배분
$600\times\frac{5}{(5+7)}=250$
$600\times\frac{7}{(5+7)}=350$
→ 250, 350

❻ 675를 13 : 14로 비례배분
$675\times\frac{13}{(13+14)}=325$
$675\times\frac{14}{(13+14)}=350$
→ 325, 350

자기 점수에 ○표 하세요.

맞힌 개수	3개 이하	4개	5개	6개
학습 방법	개념을 다시 공부하세요.	조금 더 노력하세요.	실수하면 안 돼요.	참 잘했어요.

전체 묶어 풀기 111 ~ 120단계
분수와 소수의 나눗셈 · 비례식과 비례배분

월 일 / 분 초 / /11

정답 55쪽

나눗셈을 하세요.

❶ $6 \div \frac{1}{17} = 102$

❷ $\frac{9}{16} \div \frac{7}{12} = \frac{27}{28}$

❸ $8 \div \frac{10}{13} = 10\frac{2}{5}$

❹ $1\frac{2}{3} \div 2\frac{2}{9} = \frac{3}{4}$

다음 나눗셈을 완전히 나누어떨어질 때까지 계산하세요.

❺ 13.8÷2.3

				6
2.	3	)1	3.	8
		1	3	8
				0

❻ 54÷3.6

				1	5
	3.	6	)5	4	
			3	6	
			1	8	0
			1	8	0
					0

❼ 1.8÷0.45

					4
0.	4	5	)1.	8	
			1	8	0
					0

비례식에서 □를 구하세요.

❽ 2 : 7 = 16 : [56]

❾ $\frac{3}{4}$: [$\frac{5}{12}$] = 27 : 15

❿ 2.4 : 3.2 = [15] : 20

⓫ $1\frac{2}{3}$: 2 = 15 : [18]

134 계산의 신 12권

신(神)의 Note

현직 초등 교사들이 알려 주는

초등 1·2학년/3·4학년/5·6학년

공부법의 모든 것

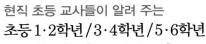

〈1·2학년〉 이미경·윤인아·안재형·조수원·김성옥 지음 | 216쪽 | 13,800원
〈3·4학년〉 성선희·문정현·성복선 지음 | 240쪽 | 14,800원
〈5·6학년〉 문주호·차수진·박인섭 지음 | 256쪽 | 14,800원

★ 개정 교육과정을 반영한 현장감 넘치는 설명
★ 초등학생 자녀를 둔 학부모라면 꼭 알아야 할 모든 정보가 한 권에!

KAIST SCIENCE 시리즈

미래를 달리는 로봇

박종원·이성혜 지음 | 192쪽 | 13,800원

★ KAIST 과학영재교육연구원 수업을 책으로!
★ 한 권으로 쏙쏙 이해하는 로봇의 수학·물리학·생물학·공학

하루 15분 부모와 함께하는 말하기 놀이

룰루랄라 어린이 스피치

서차연·박지현 지음 | 184쪽 | 12,800원

★ 유튜브 〈즐거운 스피치 룰루랄라 TV〉에서 저자 직강 제공

가족과 함께 집에서 하는 실험 28가지

미래 과학자를 위한 즐거운 실험실

잭 챌로너 지음 | 이승택·최세희 옮김
164쪽 | 13,800원

★ 런던왕립학회 영 피플 수상
★ 가족을 위한 미국 교사 추천

메이커: 미래 과학자를 위한 프로젝트

즐거운 종이 실험실

캐시 세서리 지음 | 이승택·이준성·이재분 옮김 | 148쪽 | 13,800원

★ STEAM 교육 전문가의 엄선 노하우

메이커: 미래 과학자를 위한 프로젝트

즐거운 야외 실험실

잭 챌로너 지음 | 이승택·이재분 옮김
160쪽 | 13,800원

★ 메이커 교사회 필독 추천서

메이커: 미래 과학자를 위한 프로젝트

즐거운 과학 실험실

잭 챌로너 지음 | 이승택·홍민정 옮김
160쪽 | 14,800원

★ 도구와 기계의 원리를 배우는 과학 실험

서울시 영등포구 당산로 50길 3 꿈을담는빌딩 6층 | 전화 1544-6533 | 홈페이지 dreamybook.co.kr

✂ 자르는 선

111 단계 실력 진단 평가 ❶회

분수의 나눗셈(3)

제한 시간	맞힌 개수	선생님 확인
20분	/32	

정답 21쪽

✎ 나눗셈을 하세요.

❶ $\frac{3}{5} \div \frac{1}{5} =$

❷ $\frac{4}{7} \div \frac{1}{7} =$

❸ $\frac{5}{6} \div \frac{1}{6} =$

❹ $\frac{5}{8} \div \frac{1}{8} =$

❺ $\frac{7}{9} \div \frac{1}{9} =$

❻ $\frac{3}{4} \div \frac{1}{4} =$

❼ $\frac{7}{8} \div \frac{1}{8} =$

❽ $\frac{4}{11} \div \frac{1}{11} =$

❾ $\frac{8}{15} \div \frac{1}{15} =$

❿ $\frac{6}{8} \div \frac{1}{8} =$

⓫ $\frac{9}{12} \div \frac{1}{12} =$

⓬ $\frac{2}{5} \div \frac{1}{5} =$

⓭ $\frac{8}{13} \div \frac{1}{13} =$

⓮ $\frac{5}{9} \div \frac{1}{9} =$

⓯ $\frac{11}{15} \div \frac{1}{15} =$

⓰ $\frac{2}{4} \div \frac{1}{4} =$

⓱ $\frac{5}{16} \div \frac{1}{16} =$

⓲ $\frac{4}{6} \div \frac{1}{6} =$

⓳ $\frac{3}{8} \div \frac{1}{8} =$

⓴ $\frac{2}{10} \div \frac{1}{10} =$

㉑ $\frac{13}{15} \div \frac{1}{15} =$

㉒ $\frac{12}{17} \div \frac{1}{17} =$

㉓ $\frac{6}{8} \div \frac{1}{8} =$

㉔ $\frac{4}{5} \div \frac{1}{5} =$

㉕ $\frac{17}{18} \div \frac{1}{18} =$

㉖ $\frac{7}{22} \div \frac{1}{22} =$

㉗ $\frac{15}{17} \div \frac{1}{17} =$

㉘ $\frac{10}{21} \div \frac{1}{21} =$

㉙ $\frac{15}{26} \div \frac{1}{26} =$

㉚ $\frac{14}{15} \div \frac{1}{15} =$

㉛ $\frac{4}{13} \div \frac{1}{13} =$

㉜ $\frac{12}{23} \div \frac{1}{23} =$

111단계

실력 진단 평가 ❷회

분수의 나눗셈(3)

제한 시간	맞힌 개수	선생님 확인
20분	/32	

정답 21쪽

나눗셈을 하세요.

❶ $\frac{14}{17} \div \frac{2}{17} =$

❷ $\frac{8}{13} \div \frac{2}{13} =$

❸ $\frac{12}{23} \div \frac{2}{23} =$

❹ $\frac{36}{47} \div \frac{18}{47} =$

❺ $\frac{9}{11} \div \frac{3}{11} =$

❻ $\frac{15}{19} \div \frac{3}{19} =$

❼ $\frac{50}{63} \div \frac{10}{63} =$

❽ $\frac{10}{11} \div \frac{2}{11} =$

❾ $\frac{4}{9} \div \frac{2}{9} =$

❿ $\frac{8}{13} \div \frac{2}{13} =$

⓫ $\frac{20}{21} \div \frac{5}{21} =$

⓬ $\frac{25}{38} \div \frac{5}{38} =$

⓭ $\frac{49}{50} \div \frac{7}{50} =$

⓮ $\frac{9}{14} \div \frac{3}{14} =$

⓯ $\frac{8}{15} \div \frac{4}{15} =$

⓰ $\frac{26}{29} \div \frac{2}{29} =$

⓱ $\frac{9}{10} \div \frac{3}{10} =$

⓲ $\frac{20}{23} \div \frac{4}{23} =$

⓳ $\frac{15}{19} \div \frac{3}{19} =$

⓴ $\frac{14}{15} \div \frac{7}{15} =$

㉑ $\frac{25}{34} \div \frac{5}{34} =$

㉒ $\frac{51}{60} \div \frac{17}{60} =$

㉓ $\frac{21}{23} \div \frac{3}{23} =$

㉔ $\frac{36}{77} \div \frac{6}{77} =$

㉕ $\frac{15}{17} \div \frac{5}{17} =$

㉖ $\frac{28}{45} \div \frac{7}{45} =$

㉗ $\frac{14}{15} \div \frac{7}{15} =$

㉘ $\frac{18}{19} \div \frac{9}{19} =$

㉙ $\frac{24}{25} \div \frac{8}{25} =$

㉚ $\frac{10}{27} \div \frac{2}{27} =$

㉛ $\frac{21}{32} \div \frac{7}{32} =$

㉜ $\frac{49}{64} \div \frac{7}{64} =$

112단계 실력 진단 평가 ❶회

분수의 나눗셈(4)

제한 시간	맞힌 개수	선생님 확인
20분	/32	

정답 21쪽

나눗셈을 하세요.

❶ $\frac{2}{5} \div \frac{3}{5} =$

❷ $\frac{7}{20} \div \frac{13}{20} =$

❸ $\frac{4}{15} \div \frac{11}{15} =$

❹ $\frac{3}{11} \div \frac{9}{11} =$

❺ $\frac{5}{13} \div \frac{11}{13} =$

❻ $\frac{2}{9} \div \frac{5}{9} =$

❼ $\frac{5}{12} \div \frac{7}{12} =$

❽ $\frac{6}{23} \div \frac{18}{23} =$

❾ $\frac{15}{31} \div \frac{27}{31} =$

❿ $\frac{3}{7} \div \frac{5}{7} =$

⓫ $\frac{7}{23} \div \frac{17}{23} =$

⓬ $\frac{10}{31} \div \frac{19}{31} =$

⓭ $\frac{7}{30} \div \frac{23}{30} =$

⓮ $\frac{23}{25} \div \frac{24}{25} =$

⓯ $\frac{3}{50} \div \frac{7}{50} =$

⓰ $\frac{3}{22} \div \frac{9}{22} =$

⓱ $\frac{7}{26} \div \frac{21}{26} =$

⓲ $\frac{24}{29} \div \frac{28}{29} =$

⓳ $\frac{17}{60} \div \frac{51}{60} =$

⓴ $\frac{5}{18} \div \frac{13}{18} =$

㉑ $\frac{13}{27} \div \frac{14}{27} =$

㉒ $\frac{17}{30} \div \frac{23}{30} =$

㉓ $\frac{15}{33} \div \frac{26}{33} =$

㉔ $\frac{13}{27} \div \frac{26}{27} =$

㉕ $\frac{4}{17} \div \frac{16}{17} =$

㉖ $\frac{2}{15} \div \frac{7}{15} =$

㉗ $\frac{6}{13} \div \frac{9}{13} =$

㉘ $\frac{3}{16} \div \frac{7}{16} =$

㉙ $\frac{13}{20} \div \frac{17}{20} =$

㉚ $\frac{1}{8} \div \frac{7}{8} =$

㉛ $\frac{2}{11} \div \frac{5}{11} =$

㉜ $\frac{21}{43} \div \frac{33}{43} =$

112 단계

실력 진단 평가 ❷회

분수의 나눗셈(4)

제한 시간	맞힌 개수	선생님 확인
20분	/32	

정답 21쪽

나눗셈을 하세요.

❶ $\frac{9}{28} \div \frac{5}{28} =$

❷ $\frac{7}{9} \div \frac{2}{9} =$

❸ $\frac{7}{9} \div \frac{4}{9} =$

❹ $\frac{9}{13} \div \frac{8}{13} =$

❺ $\frac{25}{38} \div \frac{15}{38} =$

❻ $\frac{9}{11} \div \frac{4}{11} =$

❼ $\frac{23}{28} \div \frac{3}{28} =$

❽ $\frac{6}{7} \div \frac{5}{7} =$

❾ $\frac{8}{19} \div \frac{3}{19} =$

❿ $\frac{23}{52} \div \frac{19}{52} =$

⓫ $\frac{27}{31} \div \frac{15}{31} =$

⓬ $\frac{8}{9} \div \frac{5}{9} =$

⓭ $\frac{13}{16} \div \frac{3}{16} =$

⓮ $\frac{17}{23} \div \frac{7}{23} =$

⓯ $\frac{8}{11} \div \frac{5}{11} =$

⓰ $\frac{9}{32} \div \frac{5}{32} =$

⓱ $\frac{7}{8} \div \frac{3}{8} =$

⓲ $\frac{11}{16} \div \frac{3}{16} =$

⓳ $\frac{11}{14} \div \frac{5}{14} =$

⓴ $\frac{49}{60} \div \frac{11}{60} =$

㉑ $\frac{16}{17} \div \frac{6}{17} =$

㉒ $\frac{13}{15} \div \frac{2}{15} =$

㉓ $\frac{15}{16} \div \frac{9}{16} =$

㉔ $\frac{12}{25} \div \frac{7}{25} =$

㉕ $\frac{19}{30} \div \frac{9}{30} =$

㉖ $\frac{26}{33} \div \frac{16}{33} =$

㉗ $\frac{11}{13} \div \frac{4}{13} =$

㉘ $\frac{14}{17} \div \frac{8}{17} =$

㉙ $\frac{31}{39} \div \frac{28}{39} =$

㉚ $\frac{16}{35} \div \frac{13}{35} =$

㉛ $\frac{10}{17} \div \frac{7}{17} =$

㉜ $\frac{16}{21} \div \frac{10}{21} =$

자르는 선

113 단계

실력 진단 평가 ❶회

분수의 나눗셈(5)

제한 시간	맞힌 개수	선생님 확인
20분	/32	

정답 21쪽

나눗셈을 하세요.

① $\frac{2}{3} \div \frac{4}{5} =$

② $\frac{3}{17} \div \frac{6}{7} =$

③ $\frac{4}{17} \div \frac{2}{5} =$

④ $\frac{1}{2} \div \frac{5}{6} =$

⑤ $\frac{2}{5} \div \frac{5}{6} =$

⑥ $\frac{3}{8} \div \frac{6}{7} =$

⑦ $\frac{1}{3} \div \frac{3}{4} =$

⑧ $\frac{3}{5} \div \frac{2}{3} =$

⑨ $\frac{10}{11} \div \frac{5}{22} =$

⑩ $\frac{5}{64} \div \frac{15}{16} =$

⑪ $\frac{5}{13} \div \frac{3}{7} =$

⑫ $\frac{15}{16} \div \frac{23}{24} =$

⑬ $\frac{3}{4} \div \frac{5}{6} =$

⑭ $\frac{8}{17} \div \frac{2}{3} =$

⑮ $\frac{6}{11} \div \frac{3}{5} =$

⑯ $\frac{9}{14} \div \frac{3}{4} =$

⑰ $\frac{4}{25} \div \frac{2}{5} =$

⑱ $\frac{5}{12} \div \frac{3}{4} =$

⑲ $\frac{9}{20} \div \frac{3}{40} =$

⑳ $\frac{7}{12} \div \frac{5}{6} =$

㉑ $\frac{8}{15} \div \frac{4}{7} =$

㉒ $\frac{4}{33} \div \frac{8}{11} =$

㉓ $\frac{6}{11} \div \frac{3}{4} =$

㉔ $\frac{4}{19} \div \frac{2}{5} =$

㉕ $\frac{4}{15} \div \frac{10}{21} =$

㉖ $\frac{5}{13} \div \frac{11}{14} =$

㉗ $\frac{2}{9} \div \frac{8}{15} =$

㉘ $\frac{11}{24} \div \frac{11}{16} =$

㉙ $\frac{4}{7} \div \frac{3}{5} =$

㉚ $\frac{2}{9} \div \frac{3}{4} =$

㉛ $\frac{3}{14} \div \frac{7}{11} =$

㉜ $\frac{5}{8} \div \frac{6}{7} =$

실력 진단 평가 ❷회

분수의 나눗셈(5)

제한 시간	맞힌 개수	선생님 확인
20분	/32	

정답 21쪽

나눗셈을 하세요.

❶ $\frac{4}{7} \div \frac{5}{14} =$

❷ $\frac{5}{8} \div \frac{3}{10} =$

❸ $\frac{5}{14} \div \frac{2}{7} =$

❹ $\frac{16}{17} \div \frac{3}{5} =$

❺ $\frac{10}{13} \div \frac{3}{26} =$

❻ $\frac{5}{9} \div \frac{3}{8} =$

❼ $\frac{7}{10} \div \frac{3}{5} =$

❽ $\frac{4}{7} \div \frac{5}{9} =$

❾ $\frac{2}{5} \div \frac{3}{8} =$

❿ $\frac{11}{12} \div \frac{3}{4} =$

⓫ $\frac{9}{10} \div \frac{6}{25} =$

⓬ $\frac{5}{6} \div \frac{3}{8} =$

⓭ $\frac{1}{2} \div \frac{6}{13} =$

⓮ $\frac{14}{17} \div \frac{2}{5} =$

⓯ $\frac{9}{14} \div \frac{7}{12} =$

⓰ $\frac{5}{12} \div \frac{3}{8} =$

⓱ $\frac{3}{4} \div \frac{5}{12} =$

⓲ $\frac{11}{14} \div \frac{5}{7} =$

⓳ $\frac{16}{25} \div \frac{12}{35} =$

⓴ $\frac{16}{21} \div \frac{5}{7} =$

㉑ $\frac{13}{15} \div \frac{7}{25} =$

㉒ $\frac{15}{28} \div \frac{10}{21} =$

㉓ $\frac{25}{48} \div \frac{5}{12} =$

㉔ $\frac{7}{8} \div \frac{4}{9} =$

㉕ $\frac{7}{8} \div \frac{4}{5} =$

㉖ $\frac{8}{9} \div \frac{7}{18} =$

㉗ $\frac{10}{11} \div \frac{2}{3} =$

㉘ $\frac{13}{14} \div \frac{4}{5} =$

㉙ $\frac{9}{11} \div \frac{5}{7} =$

㉚ $\frac{10}{13} \div \frac{7}{26} =$

㉛ $\frac{8}{9} \div \frac{3}{11} =$

㉜ $\frac{7}{17} \div \frac{20}{51} =$

114 단계 실력 진단 평가 ❶회

분수의 나눗셈(6)

제한 시간	맞힌 개수	선생님 확인
20분	/32	

정답 22쪽

나눗셈을 하세요.

❶ $5 \div \frac{3}{8} =$

❷ $7 \div \frac{3}{4} =$

❸ $6 \div \frac{2}{3} =$

❹ $9 \div \frac{6}{7} =$

❺ $8 \div \frac{4}{5} =$

❻ $12 \div \frac{4}{9} =$

❼ $20 \div \frac{8}{15} =$

❽ $8 \div \frac{2}{3} =$

❾ $7 \div \frac{3}{5} =$

❿ $15 \div \frac{5}{7} =$

⓫ $2 \div \frac{6}{13} =$

⓬ $14 \div \frac{6}{7} =$

⓭ $8 \div \frac{10}{13} =$

⓮ $12 \div \frac{8}{9} =$

⓯ $24 \div \frac{15}{16} =$

⓰ $8 \div \frac{5}{8} =$

⓱ $10 \div \frac{4}{9} =$

⓲ $12 \div \frac{10}{21} =$

⓳ $3 \div \frac{5}{9} =$

⓴ $6 \div \frac{15}{17} =$

㉑ $3 \div \frac{9}{10} =$

㉒ $4 \div \frac{6}{25} =$

㉓ $8 \div \frac{12}{19} =$

㉔ $10 \div \frac{5}{6} =$

㉕ $12 \div \frac{2}{5} =$

㉖ $14 \div \frac{2}{11} =$

㉗ $18 \div \frac{3}{7} =$

㉘ $15 \div \frac{10}{17} =$

㉙ $24 \div \frac{20}{21} =$

㉚ $9 \div \frac{15}{26} =$

㉛ $20 \div \frac{12}{13} =$

㉜ $22 \div \frac{4}{9} =$

114 단계

실력 진단 평가 ❷회

분수의 나눗셈(6)

제한 시간	맞힌 개수	선생님 확인
20분	/32	

정답 22쪽

나눗셈을 하세요.

❶ $1\frac{2}{3} \div \frac{3}{8} =$

❷ $2\frac{2}{5} \div \frac{2}{3} =$

❸ $1\frac{7}{8} \div \frac{5}{6} =$

❹ $2\frac{3}{4} \div \frac{1}{3} =$

❺ $3\frac{1}{5} \div \frac{4}{7} =$

❻ $2\frac{2}{3} \div \frac{6}{13} =$

❼ $4\frac{2}{5} \div \frac{8}{9} =$

❽ $5\frac{5}{6} \div \frac{14}{27} =$

❾ $\frac{4}{5} \div 1\frac{2}{3} =$

❿ $\frac{2}{7} \div 5\frac{1}{4} =$

⓫ $\frac{3}{8} \div 2\frac{2}{9} =$

⓬ $\frac{7}{12} \div 3\frac{1}{4} =$

⓭ $\frac{2}{3} \div 5\frac{1}{6} =$

⓮ $\frac{4}{9} \div 1\frac{5}{8} =$

⓯ $\frac{1}{6} \div 8\frac{3}{4} =$

⓰ $\frac{5}{6} \div 1\frac{2}{3} =$

⓱ $2\frac{1}{3} \div 1\frac{1}{5} =$

⓲ $1\frac{3}{4} \div 2\frac{1}{6} =$

⓳ $4\frac{1}{2} \div 1\frac{7}{8} =$

⓴ $2\frac{2}{3} \div 1\frac{5}{9} =$

㉑ $5\frac{1}{2} \div 2\frac{3}{4} =$

㉒ $2\frac{3}{7} \div 1\frac{3}{11} =$

㉓ $3\frac{7}{15} \div 1\frac{5}{8} =$

㉔ $1\frac{1}{4} \div 1\frac{3}{10} =$

㉕ $3\frac{3}{7} \div 1\frac{1}{9} =$

㉖ $2\frac{2}{15} \div 5\frac{1}{3} =$

㉗ $4\frac{2}{3} \div 1\frac{3}{7} =$

㉘ $9\frac{1}{2} \div 1\frac{1}{4} =$

㉙ $2\frac{4}{15} \div 1\frac{5}{9} =$

㉚ $8\frac{2}{7} \div 5\frac{4}{5} =$

㉛ $1\frac{2}{13} \div 1\frac{1}{9} =$

㉜ $2\frac{2}{7} \div 3\frac{3}{5} =$

✂ 자르는 선

115단계 실력 진단 평가 ❶회

소수의 나눗셈(8)

제한 시간	맞힌 개수	선생님 확인
15분	/18	

정답 22쪽

다음 나눗셈을 완전히 나누어떨어질 때까지 계산하세요.

❶ $0.4\overline{)3.2}$

❷ $0.7\overline{)4.9}$

❸ $1.7\overline{)5.1}$

❹ $2.5\overline{)7.5}$

❺ $2.8\overline{)22.4}$

❻ $3.7\overline{)33.3}$

❼ $2.2\overline{)17.6}$

❽ $5.6\overline{)33.6}$

❾ $1.4\overline{)18.2}$

❿ $3.2\overline{)38.4}$

⓫ $4.8\overline{)52.8}$

⓬ $5.9\overline{)112.1}$

⓭ $3.8\overline{)91.2}$

⓮ $2.8\overline{)36.4}$

⓯ $2.1\overline{)31.5}$

⓰ $4.5\overline{)76.5}$

⓱ $5.9\overline{)112.1}$

⓲ $4.5\overline{)103.5}$

115단계 실력 진단 평가 ❷회

소수의 나눗셈(8)

제한 시간	맞힌 개수	선생님 확인
20분	/16	

정답 22쪽

다음 나눗셈을 완전히 나누어떨어질 때까지 계산하세요.

❶ $0.12\overline{)0.96}$

❷ $0.13\overline{)0.91}$

❸ $0.61\overline{)3.05}$

❹ $1.25\overline{)6.25}$

❺ $0.58\overline{)6.96}$

❻ $0.06\overline{)6.24}$

❼ $0.17\overline{)1.87}$

❽ $0.12\overline{)2.52}$

❾ $0.07\overline{)5.18}$

❿ $0.15\overline{)1.95}$

⓫ $2.12\overline{)36.04}$

⓬ $3.26\overline{)74.98}$

⓭ $1.82\overline{)23.66}$

⓮ $3.54\overline{)60.18}$

⓯ $2.47\overline{)39.52}$

⓰ $5.14\overline{)82.24}$

116 단계 실력 진단 평가 ①회

소수의 나눗셈(9)

제한 시간	맞힌 개수	선생님 확인
15분	/16	

정답 22쪽

다음 나눗셈을 완전히 나누어떨어질 때까지 계산하세요.

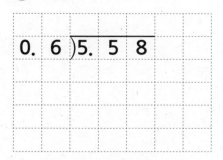

❶ $0.6\overline{)5.58}$

❷ $1.4\overline{)4.06}$

❸ $2.7\overline{)9.72}$

❹ $4.2\overline{)9.24}$

❺ $1.59\overline{)1.431}$

❻ $4.63\overline{)1.852}$

❼ $3.7\overline{)0.703}$

❽ $3.3\overline{)0.891}$

❾ $0.13\overline{)0.429}$

❿ $13.4\overline{)45.56}$

⓫ $5.3\overline{)2.597}$

⓬ $3.7\overline{)25.16}$

⓭ $4.8\overline{)7.776}$

⓮ $4.7\overline{)6.345}$

⓯ $3.4\overline{)18.972}$

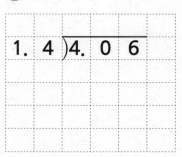

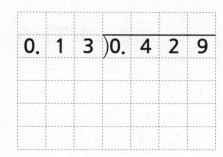

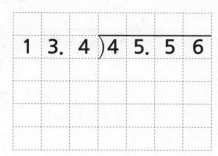

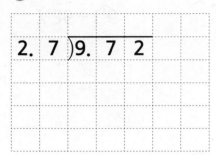

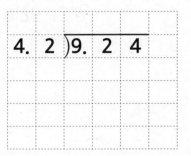

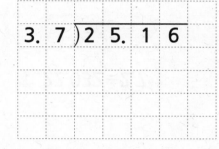

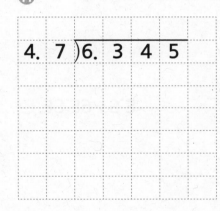

⓰ $6.6\overline{)56.562}$

실력 진단 평가 ❷회

소수의 나눗셈(9)

제한 시간	맞힌 개수	선생님 확인
20분	/16	

정답 22쪽

다음 나눗셈을 완전히 나누어떨어질 때까지 계산하세요.

❶ $7.02 \div 7.8$

❷ $5.22 \div 5.8$

❸ $0.126 \div 0.18$

❹ $1.852 \div 4.63$

❺ $7.36 \div 1.6$

❻ $9.75 \div 3.9$

❼ $11.02 \div 3.8$

❽ $15.13 \div 1.7$

❾ $0.891 \div 3.3$

❿ $1.748 \div 3.8$

⓫ $50.56 \div 7.9$

⓬ $33.39 \div 5.3$

⓭ $38.097 \div 8.3$

⓮ $22.032 \div 2.7$

⓯ $13.262 \div 3.8$

⓰ $18.232 \div 4.3$

✂ 자르는 선

117 단계 실력 진단 평가 ❶회

소수의 나눗셈(10)

제한 시간	맞힌 개수	선생님 확인
20분	/ 18	

정답 23쪽

다음 나눗셈을 완전히 나누어떨어질 때까지 계산하세요.

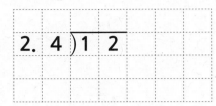

❶ $2.4\overline{)12}$

❷ $6.5\overline{)52}$

❸ $3.6\overline{)180}$

❹ $2.7\overline{)108}$

❺ $0.25\overline{)10}$

❻ $3.25\overline{)13}$

❼ $6.5\overline{)91}$

❽ $2.8\overline{)98}$

❾ $8.6\overline{)129}$

❿ $4.2\overline{)273}$

⓫ $7.2\overline{)108}$

⓬ $3.5\overline{)252}$

⓭ $5.2\overline{)130}$

⓮ $9.6\overline{)336}$

⓯ $1.25\overline{)10}$

⓰ $21.4\overline{)963}$

⓱ $3.25\overline{)78}$

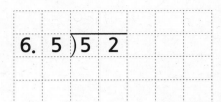

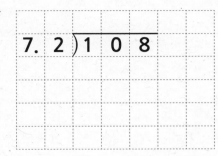

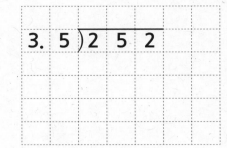

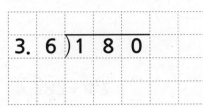

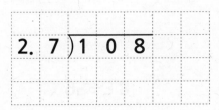

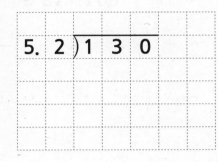

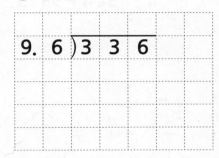

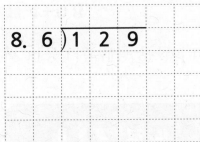

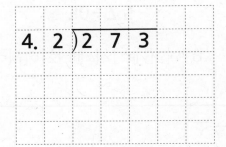

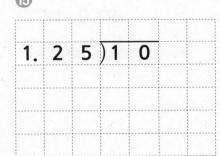

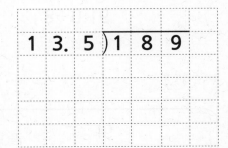

⓲ $13.5\overline{)189}$

117단계 실력 진단 평가 ❷회

소수의 나눗셈(10)

제한 시간	맞힌 개수	선생님 확인
20분	/16	

정답 23쪽

다음 나눗셈을 완전히 나누어떨어질 때까지 계산하세요.

❶ $4 \div 0.8$

❷ $30 \div 7.5$

❸ $135 \div 5.4$

❹ $252 \div 6.3$

❺ $282 \div 4.7$

❻ $95 \div 3.8$

❼ $81 \div 1.8$

❽ $68 \div 1.7$

❾ $9 \div 0.45$

❿ $8 \div 0.16$

⓫ $14 \div 0.28$

⓬ $46 \div 1.15$

⓭ $81 \div 4.05$

⓮ $56 \div 1.75$

⓯ $806 \div 12.4$

⓰ $516 \div 21.5$

✂ 자르는 선

118 단계

실력 진단 평가 ❶회

소수의 나눗셈(11)

제한 시간	맞힌 개수	선생님 확인
20분	/18	

정답 23쪽

다음 나눗셈의 몫을 자연수 부분까지 구하고 나머지를 알아보세요.

❶ $0.4\overline{)3.5}$

❷ $1.8\overline{)7.9}$

❸ $2.2\overline{)14.1}$

❹ $5.3\overline{)33.3}$

❺ $1.56\overline{)10.75}$

❻ $4.32\overline{)13}$

❼ $0.41\overline{)5.8}$

❽ $0.6\overline{)23.5}$

❾ $0.7\overline{)8.64}$

❿ $0.3\overline{)4.82}$

⓫ $2.6\overline{)6.39}$

⓬ $1.9\overline{)45}$

⓭ $0.21\overline{)9.4}$

⓮ $0.17\overline{)8.3}$

⓯ $0.42\overline{)3.026}$

⓰ $0.59\overline{)25}$

⓱ $1.34\overline{)73.25}$

⓲ $0.38\overline{)13.53}$

118 단계

실력 진단 평가 ❷회

소수의 나눗셈(11)

제한 시간	맞힌 개수	선생님 확인
20분	/16	

정답 23쪽

다음 나눗셈의 몫을 자연수 부분까지 구하고 나머지를 알아보세요.

❶ 12.5÷1.1

❷ 52.9÷2.5

❸ 43.7÷0.9

❹ 75.1÷0.8

❺ 9.68÷0.6

❻ 34.02÷0.7

❼ 8.7÷0.6

❽ 7.6÷0.29

❾ 28.32÷0.83

❿ 98.05÷4.62

⓫ 41.2÷0.63

⓬ 51.8÷0.79

⓭ 40÷0.58

⓮ 38÷0.47

⓯ 59.16÷4.07

⓰ 37.16÷2.82

자르는 선

119단계 실력 진단 평가 1회

가장 작은 자연수의 비로 나타내기

제한 시간	맞힌 개수	선생님 확인
20분	/32	

정답 23쪽

가장 작은 자연수의 비로 나타내세요.

① $\frac{1}{2}:\frac{1}{3}=$

② $\frac{2}{5}:\frac{3}{7}=$

③ $\frac{4}{9}:\frac{3}{5}=$

④ $\frac{7}{8}:\frac{9}{20}=$

⑤ $\frac{1}{6}:\frac{3}{4}=$

⑥ $\frac{9}{10}:\frac{1}{4}=$

⑦ $\frac{5}{12}:\frac{8}{15}=$

⑧ $\frac{4}{5}:\frac{2}{13}=$

⑨ $\frac{4}{5}:1\frac{7}{15}=$

⑩ $1\frac{2}{3}:2\frac{1}{4}=$

⑪ $2\frac{5}{8}:3\frac{1}{3}=$

⑫ $1\frac{3}{5}:1\frac{2}{9}=$

⑬ $5\frac{1}{6}:4\frac{1}{3}=$

⑭ $2\frac{4}{9}:1\frac{5}{12}=$

⑮ $3\frac{2}{3}:1\frac{2}{5}=$

⑯ $2\frac{5}{12}:1\frac{7}{12}=$

⑰ 0.4 : 0.7 =

⑱ 0.5 : 0.3 =

⑲ 0.8 : 0.6 =

⑳ 1.4 : 1.6 =

㉑ 2.2 : 1.2 =

㉒ 1.7 : 3.4 =

㉓ 1.8 : 0.6 =

㉔ 0.25 : 0.15 =

㉕ 0.18 : 0.48 =

㉖ 0.42 : 0.09 =

㉗ 1.25 : 2.15 =

㉘ 1.32 : 1.16 =

㉙ 2.48 : 0.36 =

㉚ 0.7 : 0.15 =

㉛ 1.72 : 1.4 =

㉜ 3.2 : 0.08 =

실력 진단 평가 ❷회

가장 작은 자연수의 비로 나타내기

제한 시간	맞힌 개수	선생님 확인
20분	/32	

정답 23쪽

가장 작은 자연수의 비로 나타내세요.

① 8 : 6 =

② 12 : 10 =

③ 4 : 16 =

④ 22 : 18 =

⑤ 14 : 42 =

⑥ 12 : 64 =

⑦ 45 : 39 =

⑧ 56 : 40 =

⑨ 27 : 51 =

⑩ 63 : 42 =

⑪ 19 : 76 =

⑫ 15 : 9 =

⑬ 12 : 38 =

⑭ 62 : 42 =

⑮ 40 : 24 =

⑯ 143 : 22 =

⑰ $0.9 : \frac{2}{5} =$

⑱ $\frac{1}{4} : 0.8 =$

⑲ $0.2 : \frac{5}{8} =$

⑳ $\frac{13}{50} : 0.12 =$

㉑ $1.6 : \frac{4}{5} =$

㉒ $\frac{1}{3} : 1.5 =$

㉓ $0.25 : \frac{5}{8} =$

㉔ $\frac{5}{6} : 1.7 =$

㉕ $0.4 : \frac{9}{10} =$

㉖ $1\frac{3}{4} : 4.4 =$

㉗ $0.625 : 2\frac{1}{2} =$

㉘ $1\frac{2}{5} : 0.56 =$

㉙ $2.75 : \frac{1}{3} =$

㉚ $2\frac{1}{4} : 3.2 =$

㉛ $1.25 : 4\frac{13}{20} =$

㉜ $\frac{24}{25} : 1.48 =$

120단계	실력 진단 평가 ❶회 비례식과 비례배분	제한 시간	맞힌 개수	선생님 확인
		20분	/32	

정답 24쪽

비례식에서 □를 구하세요.

① $4:5=8:\square$

② $3:7=12:\square$

③ $9:\square=27:33$

④ $\square:6=25:30$

⑤ $8:24=12:\square$

⑥ $3:13=\square:65$

⑦ $\square:20=12:40$

⑧ $25:\square=40:112$

⑨ $28:\square=12:27$

⑩ $\square:65=12:26$

⑪ $25:45=30:\square$

⑫ $35:98=\square:14$

⑬ $21:\square=24:56$

⑭ $25:45=30:\square$

⑮ $64:\square=56:63$

⑯ $\square:65=56:104$

⑰ $0.3:\square=18:48$

⑱ $5:13=\square:9.1$

⑲ $9:\square=5.4:8.4$

⑳ $\square:12=5.5:13.2$

㉑ $0.2:\square=1.2:4.2$

㉒ $10:26=\square:10.4$

㉓ $4:\square=2.4:7.8$

㉔ $\square:4.5=8:30$

㉕ $\frac{1}{9}:\frac{1}{7}=21:\square$

㉖ $\square:\frac{8}{25}=15:\frac{4}{5}$

㉗ $\frac{5}{6}:5=\square:6$

㉘ $\frac{1}{4}:\square=10:32$

㉙ $3\frac{3}{5}:27=2:\square$

㉚ $\square:15=\frac{2}{5}:20$

㉛ $\square:3\frac{3}{5}=10:18$

㉜ $2\frac{3}{4}:\frac{5}{8}=\square:5\frac{5}{11}$

120단계

실력 진단 평가 ❷회

비례식과 비례배분

제한 시간	맞힌 개수	선생님 확인
20분	/10	

정답 24쪽

수를 주어진 비로 비례배분하세요.

❶ 16을 3 : 1로 비례배분

→ ______, ______

❷ 25를 2 : 3으로 비례배분

→ ______, ______

❸ 70을 9 : 5로 비례배분

→ ______, ______

❹ 42를 4 : 3으로 비례배분

→ ______, ______

❺ 63을 2 : 7로 비례배분

→ ______, ______

❻ 84를 5 : 7로 비례배분

→ ______, ______

❼ 51을 3 : 14로 비례배분

→ ______, ______

❽ 125를 12 : 13으로 비례배분

→ ______, ______

❾ 234를 6 : 7로 비례배분

→ ______, ______

❿ 600을 7 : 5로 비례배분

→ ______, ______

실력 진단 평가 정답

111 단계

111 단계 실력 진단 평가 ❶회
분수의 나눗셈(3)

제한 시간	맞힌 개수	선생님 확인
20분	/32	

정답 21쪽

✎ 나눗셈을 하세요.

① $\frac{3}{5}\div\frac{1}{5}=3$ ② $\frac{4}{7}\div\frac{1}{7}=4$
③ $\frac{5}{6}\div\frac{1}{6}=5$ ④ $\frac{5}{8}\div\frac{1}{8}=5$
⑤ $\frac{7}{9}\div\frac{1}{9}=7$ ⑥ $\frac{3}{4}\div\frac{1}{4}=3$
⑦ $\frac{7}{8}\div\frac{1}{8}=7$ ⑧ $\frac{4}{11}\div\frac{1}{11}=4$
⑨ $\frac{8}{15}\div\frac{1}{15}=8$ ⑩ $\frac{6}{8}\div\frac{1}{8}=6$
⑪ $\frac{9}{12}\div\frac{1}{12}=9$ ⑫ $\frac{2}{5}\div\frac{1}{5}=2$
⑬ $\frac{8}{13}\div\frac{1}{13}=8$ ⑭ $\frac{5}{9}\div\frac{1}{9}=5$
⑮ $\frac{11}{15}\div\frac{1}{15}=11$ ⑯ $\frac{2}{4}\div\frac{1}{4}=2$
⑰ $\frac{5}{16}\div\frac{1}{16}=5$ ⑱ $\frac{4}{6}\div\frac{1}{6}=4$
⑲ $\frac{3}{8}\div\frac{1}{8}=3$ ⑳ $\frac{2}{10}\div\frac{1}{10}=2$
㉑ $\frac{13}{15}\div\frac{1}{15}=13$ ㉒ $\frac{12}{17}\div\frac{1}{17}=12$
㉓ $\frac{6}{8}\div\frac{1}{8}=6$ ㉔ $\frac{4}{5}\div\frac{1}{5}=4$
㉕ $\frac{17}{18}\div\frac{1}{18}=17$ ㉖ $\frac{7}{22}\div\frac{1}{22}=7$
㉗ $\frac{15}{17}\div\frac{1}{17}=15$ ㉘ $\frac{10}{21}\div\frac{1}{21}=10$
㉙ $\frac{15}{26}\div\frac{1}{26}=15$ ㉚ $\frac{14}{15}\div\frac{1}{15}=14$
㉛ $\frac{4}{13}\div\frac{1}{13}=4$ ㉜ $\frac{12}{23}\div\frac{1}{23}=12$

1 / 12권

111 단계 실력 진단 평가 ❷회
분수의 나눗셈(3)

제한 시간	맞힌 개수	선생님 확인
20분	/32	

정답 21쪽

✎ 나눗셈을 하세요.

① $\frac{14}{17}\div\frac{2}{17}=7$ ② $\frac{8}{13}\div\frac{2}{13}=4$
③ $\frac{12}{23}\div\frac{2}{23}=6$ ④ $\frac{36}{47}\div\frac{18}{47}=2$
⑤ $\frac{9}{11}\div\frac{3}{11}=3$ ⑥ $\frac{15}{19}\div\frac{3}{19}=5$
⑦ $\frac{50}{63}\div\frac{10}{63}=5$ ⑧ $\frac{10}{11}\div\frac{2}{11}=5$
⑨ $\frac{4}{9}\div\frac{2}{9}=2$ ⑩ $\frac{8}{13}\div\frac{2}{13}=4$
⑪ $\frac{20}{21}\div\frac{5}{21}=4$ ⑫ $\frac{25}{38}\div\frac{5}{38}=5$
⑬ $\frac{49}{50}\div\frac{7}{50}=7$ ⑭ $\frac{9}{14}\div\frac{3}{14}=3$
⑮ $\frac{8}{15}\div\frac{4}{15}=2$ ⑯ $\frac{26}{29}\div\frac{2}{29}=13$
⑰ $\frac{9}{10}\div\frac{3}{10}=3$ ⑱ $\frac{20}{23}\div\frac{4}{23}=5$
⑲ $\frac{15}{19}\div\frac{3}{19}=5$ ⑳ $\frac{14}{15}\div\frac{7}{15}=2$
㉑ $\frac{25}{34}\div\frac{5}{34}=5$ ㉒ $\frac{51}{60}\div\frac{17}{60}=3$
㉓ $\frac{21}{23}\div\frac{3}{23}=7$ ㉔ $\frac{36}{77}\div\frac{6}{77}=6$
㉕ $\frac{15}{17}\div\frac{5}{17}=3$ ㉖ $\frac{28}{45}\div\frac{7}{45}=4$
㉗ $\frac{14}{15}\div\frac{7}{15}=2$ ㉘ $\frac{18}{19}\div\frac{9}{19}=2$
㉙ $\frac{24}{25}\div\frac{8}{25}=3$ ㉚ $\frac{10}{27}\div\frac{2}{27}=5$
㉛ $\frac{21}{32}\div\frac{7}{32}=3$ ㉜ $\frac{49}{64}\div\frac{7}{64}=7$

2 / 12권

112 단계

112 단계 실력 진단 평가 ❶회
분수의 나눗셈(4)

제한 시간	맞힌 개수	선생님 확인
20분	/32	

정답 21쪽

✎ 나눗셈을 하세요.

① $\frac{2}{5}\div\frac{3}{5}=\frac{2}{3}$ ② $\frac{7}{20}\div\frac{13}{20}=\frac{7}{17}$
③ $\frac{4}{15}\div\frac{11}{15}=\frac{4}{11}$ ④ $\frac{3}{11}\div\frac{9}{11}=\frac{1}{3}$
⑤ $\frac{5}{13}\div\frac{11}{13}=\frac{5}{11}$ ⑥ $\frac{2}{9}\div\frac{5}{9}=\frac{2}{5}$
⑦ $\frac{5}{12}\div\frac{7}{12}=\frac{5}{7}$ ⑧ $\frac{6}{23}\div\frac{18}{23}=\frac{1}{3}$
⑨ $\frac{15}{31}\div\frac{27}{31}=\frac{5}{9}$ ⑩ $\frac{3}{7}\div\frac{5}{7}=\frac{3}{5}$
⑪ $\frac{7}{23}\div\frac{17}{23}=\frac{7}{17}$ ⑫ $\frac{10}{31}\div\frac{19}{31}=\frac{10}{19}$
⑬ $\frac{7}{30}\div\frac{23}{30}=\frac{7}{23}$ ⑭ $\frac{23}{25}\div\frac{24}{25}=\frac{23}{24}$
⑮ $\frac{3}{50}\div\frac{7}{50}=\frac{3}{7}$ ⑯ $\frac{3}{22}\div\frac{9}{22}=\frac{1}{3}$
⑰ $\frac{7}{26}\div\frac{21}{26}=\frac{1}{3}$ ⑱ $\frac{24}{29}\div\frac{28}{29}=\frac{6}{7}$
⑲ $\frac{17}{60}\div\frac{51}{60}=\frac{1}{3}$ ⑳ $\frac{5}{18}\div\frac{13}{18}=\frac{5}{13}$
㉑ $\frac{13}{27}\div\frac{14}{27}=\frac{13}{14}$ ㉒ $\frac{17}{30}\div\frac{23}{30}=\frac{17}{23}$
㉓ $\frac{15}{33}\div\frac{26}{33}=\frac{15}{26}$ ㉔ $\frac{13}{27}\div\frac{26}{27}=\frac{1}{2}$
㉕ $\frac{4}{17}\div\frac{16}{17}=\frac{1}{4}$ ㉖ $\frac{2}{15}\div\frac{7}{15}=\frac{2}{7}$
㉗ $\frac{6}{13}\div\frac{9}{13}=\frac{2}{3}$ ㉘ $\frac{3}{16}\div\frac{7}{16}=\frac{3}{7}$
㉙ $\frac{13}{20}\div\frac{17}{20}=\frac{13}{17}$ ㉚ $\frac{1}{8}\div\frac{7}{8}=\frac{1}{7}$
㉛ $\frac{2}{11}\div\frac{5}{11}=\frac{2}{5}$ ㉜ $\frac{21}{43}\div\frac{33}{43}=\frac{7}{11}$

3 / 12권

112 단계 실력 진단 평가 ❷회
분수의 나눗셈(4)

제한 시간	맞힌 개수	선생님 확인
20분	/32	

정답 21쪽

✎ 나눗셈을 하세요.

① $\frac{9}{28}\div\frac{5}{28}=1\frac{4}{5}$ ② $\frac{7}{9}\div\frac{2}{9}=3\frac{1}{2}$
③ $\frac{7}{9}\div\frac{4}{9}=1\frac{3}{4}$ ④ $\frac{9}{13}\div\frac{8}{13}=1\frac{1}{8}$
⑤ $\frac{25}{38}\div\frac{15}{38}=1\frac{2}{3}$ ⑥ $\frac{9}{11}\div\frac{4}{11}=2\frac{1}{4}$
⑦ $\frac{23}{28}\div\frac{3}{28}=7\frac{2}{3}$ ⑧ $\frac{6}{7}\div\frac{5}{7}=1\frac{1}{5}$
⑨ $\frac{8}{19}\div\frac{3}{19}=2\frac{2}{3}$ ⑩ $\frac{23}{52}\div\frac{19}{52}=1\frac{4}{19}$
⑪ $\frac{27}{31}\div\frac{15}{31}=1\frac{4}{5}$ ⑫ $\frac{8}{9}\div\frac{5}{9}=1\frac{3}{5}$
⑬ $\frac{13}{16}\div\frac{3}{16}=4\frac{1}{3}$ ⑭ $\frac{17}{23}\div\frac{7}{23}=2\frac{3}{7}$
⑮ $\frac{8}{11}\div\frac{5}{11}=1\frac{3}{5}$ ⑯ $\frac{9}{32}\div\frac{5}{32}=1\frac{4}{5}$
⑰ $\frac{7}{8}\div\frac{3}{8}=2\frac{1}{3}$ ⑱ $\frac{11}{16}\div\frac{3}{16}=3\frac{2}{3}$
⑲ $\frac{11}{14}\div\frac{5}{14}=2\frac{1}{5}$ ⑳ $\frac{49}{60}\div\frac{11}{60}=4\frac{5}{11}$
㉑ $\frac{16}{17}\div\frac{6}{17}=2\frac{2}{3}$ ㉒ $\frac{13}{15}\div\frac{2}{15}=6\frac{1}{2}$
㉓ $\frac{15}{16}\div\frac{9}{16}=1\frac{2}{3}$ ㉔ $\frac{12}{25}\div\frac{7}{25}=1\frac{5}{7}$
㉕ $\frac{19}{30}\div\frac{9}{30}=2\frac{1}{9}$ ㉖ $\frac{26}{33}\div\frac{16}{33}=1\frac{5}{8}$
㉗ $\frac{11}{13}\div\frac{4}{13}=2\frac{3}{4}$ ㉘ $\frac{14}{17}\div\frac{8}{17}=1\frac{3}{4}$
㉙ $\frac{31}{39}\div\frac{28}{39}=1\frac{3}{28}$ ㉚ $\frac{16}{35}\div\frac{13}{35}=1\frac{3}{13}$
㉛ $\frac{10}{17}\div\frac{7}{17}=1\frac{3}{7}$ ㉜ $\frac{16}{21}\div\frac{10}{21}=1\frac{3}{5}$

4 / 12권

113 단계

113 단계 실력 진단 평가 ❶회
분수의 나눗셈(5)

제한 시간	맞힌 개수	선생님 확인
20분	/32	

정답 21쪽

✎ 나눗셈을 하세요.

① $\frac{2}{3}\div\frac{4}{5}=\frac{5}{6}$ ② $\frac{3}{17}\div\frac{6}{7}=\frac{7}{34}$
③ $\frac{4}{17}\div\frac{2}{5}=\frac{10}{17}$ ④ $\frac{1}{2}\div\frac{5}{6}=\frac{3}{5}$
⑤ $\frac{2}{5}\div\frac{5}{6}=\frac{12}{25}$ ⑥ $\frac{3}{8}\div\frac{6}{7}=\frac{7}{16}$
⑦ $\frac{1}{3}\div\frac{3}{4}=\frac{4}{9}$ ⑧ $\frac{3}{5}\div\frac{2}{3}=\frac{9}{10}$
⑨ $\frac{10}{11}\div\frac{5}{22}=4$ ⑩ $\frac{5}{64}\div\frac{15}{16}=\frac{1}{12}$
⑪ $\frac{5}{13}\div\frac{3}{7}=\frac{35}{39}$ ⑫ $\frac{15}{16}\div\frac{23}{24}=\frac{45}{46}$
⑬ $\frac{3}{4}\div\frac{5}{6}=\frac{9}{10}$ ⑭ $\frac{8}{17}\div\frac{2}{3}=\frac{12}{17}$
⑮ $\frac{6}{11}\div\frac{3}{5}=\frac{10}{11}$ ⑯ $\frac{9}{14}\div\frac{3}{4}=\frac{6}{7}$
⑰ $\frac{4}{25}\div\frac{2}{5}=\frac{2}{5}$ ⑱ $\frac{5}{12}\div\frac{3}{4}=\frac{5}{9}$
⑲ $\frac{9}{20}\div\frac{3}{40}=6$ ⑳ $\frac{7}{12}\div\frac{5}{6}=\frac{7}{10}$
㉑ $\frac{8}{15}\div\frac{4}{7}=\frac{14}{15}$ ㉒ $\frac{4}{33}\div\frac{8}{11}=\frac{1}{6}$
㉓ $\frac{6}{11}\div\frac{3}{4}=\frac{8}{11}$ ㉔ $\frac{4}{19}\div\frac{2}{5}=\frac{10}{19}$
㉕ $\frac{4}{15}\div\frac{10}{21}=\frac{14}{25}$ ㉖ $\frac{5}{13}\div\frac{11}{14}=\frac{70}{143}$
㉗ $\frac{2}{9}\div\frac{8}{15}=\frac{5}{12}$ ㉘ $\frac{11}{24}\div\frac{11}{16}=\frac{2}{3}$
㉙ $\frac{4}{7}\div\frac{3}{5}=\frac{20}{21}$ ㉚ $\frac{2}{9}\div\frac{3}{4}=\frac{8}{27}$
㉛ $\frac{3}{14}\div\frac{7}{11}=\frac{33}{98}$ ㉜ $\frac{5}{8}\div\frac{6}{7}=\frac{35}{48}$

5 / 12권

113 단계 실력 진단 평가 ❷회
분수의 나눗셈(5)

제한 시간	맞힌 개수	선생님 확인
20분	/32	

정답 21쪽

✎ 나눗셈을 하세요.

① $\frac{4}{7}\div\frac{5}{14}=1\frac{3}{5}$ ② $\frac{5}{8}\div\frac{3}{10}=2\frac{1}{12}$
③ $\frac{5}{14}\div\frac{2}{7}=1\frac{1}{4}$ ④ $\frac{16}{17}\div\frac{3}{5}=1\frac{29}{51}$
⑤ $\frac{10}{13}\div\frac{3}{26}=6\frac{2}{3}$ ⑥ $\frac{5}{9}\div\frac{3}{8}=1\frac{13}{27}$
⑦ $\frac{7}{10}\div\frac{3}{5}=1\frac{1}{6}$ ⑧ $\frac{4}{7}\div\frac{5}{9}=1\frac{1}{35}$
⑨ $\frac{2}{5}\div\frac{3}{8}=1\frac{1}{15}$ ⑩ $\frac{11}{12}\div\frac{3}{4}=1\frac{2}{9}$
⑪ $\frac{9}{10}\div\frac{6}{25}=3\frac{3}{4}$ ⑫ $\frac{5}{6}\div\frac{3}{8}=2\frac{2}{9}$
⑬ $\frac{1}{2}\div\frac{6}{13}=1\frac{1}{12}$ ⑭ $\frac{14}{17}\div\frac{2}{5}=2\frac{1}{17}$
⑮ $\frac{9}{14}\div\frac{7}{12}=1\frac{5}{49}$ ⑯ $\frac{5}{12}\div\frac{3}{8}=1\frac{1}{9}$
⑰ $\frac{3}{4}\div\frac{5}{12}=1\frac{4}{5}$ ⑱ $\frac{11}{14}\div\frac{5}{7}=1\frac{1}{10}$
⑲ $\frac{16}{25}\div\frac{12}{35}=1\frac{13}{15}$ ⑳ $\frac{16}{21}\div\frac{5}{7}=1\frac{1}{15}$
㉑ $\frac{13}{15}\div\frac{7}{25}=3\frac{2}{21}$ ㉒ $\frac{15}{28}\div\frac{10}{21}=1\frac{1}{8}$
㉓ $\frac{25}{48}\div\frac{5}{12}=1\frac{1}{4}$ ㉔ $\frac{7}{8}\div\frac{4}{9}=1\frac{31}{32}$
㉕ $\frac{7}{8}\div\frac{4}{5}=1\frac{3}{32}$ ㉖ $\frac{8}{9}\div\frac{7}{18}=2\frac{2}{7}$
㉗ $\frac{10}{11}\div\frac{2}{3}=1\frac{4}{11}$ ㉘ $\frac{13}{14}\div\frac{4}{5}=1\frac{9}{56}$
㉙ $\frac{9}{11}\div\frac{5}{7}=1\frac{8}{55}$ ㉚ $\frac{10}{13}\div\frac{7}{26}=2\frac{6}{7}$
㉛ $\frac{8}{9}\div\frac{3}{11}=3\frac{7}{27}$ ㉜ $\frac{7}{17}\div\frac{20}{51}=1\frac{1}{20}$

6 / 12권

114 단계

114 단계 실력 진단 평가 ❶회
분수의 나눗셈(6)

제한 시간 20분 | 맞힌 개수 /32 | 선생님 확인

■ 정답 22쪽

나눗셈을 하세요.

① $5 \div \frac{3}{8} = 13\frac{1}{3}$
② $7 \div \frac{3}{4} = 9\frac{1}{3}$
③ $6 \div \frac{2}{3} = 9$
④ $9 \div \frac{6}{7} = 10\frac{1}{2}$
⑤ $8 \div \frac{4}{5} = 10$
⑥ $12 \div \frac{4}{9} = 27$
⑦ $20 \div \frac{8}{15} = 37\frac{1}{2}$
⑧ $8 \div \frac{2}{3} = 12$
⑨ $7 \div \frac{3}{5} = 11\frac{2}{3}$
⑩ $15 \div \frac{5}{7} = 21$
⑪ $2 \div \frac{6}{13} = 4\frac{1}{3}$
⑫ $14 \div \frac{6}{7} = 16\frac{1}{3}$
⑬ $8 \div \frac{10}{13} = 10\frac{2}{5}$
⑭ $12 \div \frac{8}{9} = 13\frac{1}{2}$
⑮ $24 \div \frac{15}{16} = 25\frac{3}{5}$
⑯ $8 \div \frac{5}{8} = 12\frac{4}{5}$
⑰ $10 \div \frac{4}{9} = 22\frac{1}{2}$
⑱ $12 \div \frac{10}{21} = 25\frac{1}{5}$
⑲ $3 \div \frac{5}{9} = 5\frac{2}{5}$
⑳ $6 \div \frac{15}{17} = 6\frac{4}{5}$
㉑ $3 \div \frac{9}{10} = 3\frac{1}{3}$
㉒ $4 \div \frac{6}{25} = 16\frac{2}{3}$
㉓ $8 \div \frac{12}{19} = 12\frac{2}{3}$
㉔ $10 \div \frac{5}{6} = 12$
㉕ $12 \div \frac{2}{5} = 30$
㉖ $14 \div \frac{2}{11} = 77$
㉗ $18 \div \frac{3}{7} = 42$
㉘ $15 \div \frac{10}{17} = 25\frac{1}{2}$
㉙ $24 \div \frac{20}{21} = 25\frac{1}{5}$
㉚ $9 \div \frac{15}{26} = 15\frac{3}{5}$
㉛ $20 \div \frac{12}{13} = 21\frac{2}{3}$
㉜ $22 \div \frac{4}{9} = 49\frac{1}{2}$

114 단계 실력 진단 평가 ❷회
분수의 나눗셈(6)

제한 시간 20분 | 맞힌 개수 /32 | 선생님 확인

■ 정답 22쪽

나눗셈을 하세요.

① $1\frac{2}{3} \div \frac{3}{8} = 4\frac{4}{9}$
② $2\frac{2}{5} \div \frac{2}{3} = 3\frac{3}{5}$
③ $1\frac{7}{8} \div \frac{5}{6} = 2\frac{1}{4}$
④ $2\frac{3}{4} \div \frac{1}{3} = 8\frac{1}{4}$
⑤ $3\frac{1}{5} \div \frac{4}{7} = 5\frac{3}{5}$
⑥ $2\frac{2}{3} \div \frac{6}{13} = 5\frac{7}{9}$
⑦ $4\frac{2}{5} \div \frac{8}{9} = 4\frac{19}{20}$
⑧ $5\frac{5}{6} \div \frac{14}{27} = 11\frac{1}{4}$
⑨ $\frac{4}{5} \div 1\frac{2}{3} = \frac{12}{25}$
⑩ $\frac{2}{7} \div 5\frac{1}{4} = \frac{8}{147}$
⑪ $\frac{3}{8} \div 2\frac{2}{9} = \frac{27}{160}$
⑫ $\frac{7}{12} \div 3\frac{1}{4} = \frac{7}{39}$
⑬ $\frac{2}{3} \div 5\frac{1}{6} = \frac{4}{31}$
⑭ $\frac{4}{9} \div 1\frac{5}{8} = \frac{32}{117}$
⑮ $\frac{1}{6} \div 8\frac{3}{4} = \frac{2}{105}$
⑯ $\frac{5}{6} \div 1\frac{2}{3} = \frac{1}{2}$
⑰ $2\frac{1}{3} \div 1\frac{1}{5} = 1\frac{17}{18}$
⑱ $1\frac{3}{4} \div 2\frac{1}{6} = \frac{21}{26}$
⑲ $4\frac{1}{2} \div 1\frac{7}{8} = 2\frac{2}{5}$
⑳ $2\frac{2}{3} \div 1\frac{5}{9} = 1\frac{5}{7}$
㉑ $5\frac{1}{2} \div 2\frac{3}{4} = 2$
㉒ $2\frac{3}{7} \div 1\frac{3}{11} = 1\frac{89}{98}$
㉓ $3\frac{7}{15} \div 1\frac{5}{8} = 2\frac{2}{15}$
㉔ $1\frac{1}{4} \div 1\frac{3}{10} = \frac{25}{26}$
㉕ $3\frac{3}{7} \div 1\frac{1}{9} = 3\frac{3}{35}$
㉖ $2\frac{2}{15} \div 5\frac{1}{3} = \frac{2}{5}$
㉗ $4\frac{2}{3} \div 1\frac{3}{7} = 3\frac{4}{15}$
㉘ $9\frac{1}{2} \div 1\frac{1}{4} = 7\frac{3}{5}$
㉙ $2\frac{4}{15} \div 1\frac{5}{9} = 1\frac{16}{35}$
㉚ $8\frac{2}{7} \div 5\frac{4}{5} = 1\frac{3}{7}$
㉛ $1\frac{2}{13} \div 1\frac{1}{9} = 1\frac{1}{26}$
㉜ $2\frac{2}{7} \div 3\frac{3}{5} = \frac{40}{63}$

115 단계

115 단계 실력 진단 평가 ❶회
소수의 나눗셈(8)

제한 시간 15분 | 맞힌 개수 /18 | 선생님 확인

■ 정답 22쪽

다음 나눗셈을 완전히 나누어떨어질 때까지 계산하세요.

①
8
0.4)3.2
32
0

②
7
0.7)4.9
49
0

③
3
1.7)5.1
51
0

④
3
2.5)7.5
75
0

⑤
8
2.8)22.4
224
0

⑥
9
3.7)33.3
333
0

⑦
8
2.2)17.6
176
0

⑧
6
5.6)33.6
336
0

⑨
13
1.4)18.2
14
42
42
0

⑩
12
3.2)38.4
32
64
64
0

⑪
11
4.8)52.8
48
48
48
0

⑫
19
5.9)112.1
59
531
531
0

⑬
24
3.8)91.2
76
152
152
0

⑭
13
2.8)36.4
28
84
84
0

⑮
15
2.1)31.5
21
105
105
0

⑯
17
4.5)76.5
45
315
315
0

⑰
19
5.9)112.1
59
531
531
0

⑱
23
4.5)103.5
90
135
135
0

115 단계 실력 진단 평가 ❷회
소수의 나눗셈(8)

제한 시간 20분 | 맞힌 개수 /16 | 선생님 확인

■ 정답 22쪽

다음 나눗셈을 완전히 나누어떨어질 때까지 계산하세요.

①
8
0.12)0.96
96
0

②
7
0.13)0.91
91
0

③
5
0.61)3.05
305
0

④
5
1.25)6.25
625
0

⑤
12
0.58)6.96
58
116
116
0

⑥
104
0.06)6.24
6
24
24
0

⑦
11
0.17)1.87
17
17
17
0

⑧
21
0.12)2.52
24
12
12
0

⑨
74
0.07)5.18
49
28
28
0

⑩
13
0.15)1.95
15
45
45
0

⑪
17
2.12)36.04
212
1484
1484
0

⑫
23
3.26)74.98
652
978
978
0

⑬
13
1.82)23.66
182
546
546
0

⑭
17
3.54)60.18
354
2478
2478
0

⑮
16
2.47)39.52
247
1482
1482
0

⑯
16
5.14)82.24
514
3084
3084
0

116 단계

116 단계 실력 진단 평가 ❶회
소수의 나눗셈(9)

제한 시간 15분 | 맞힌 개수 /16 | 선생님 확인

■ 정답 22쪽

다음 나눗셈을 완전히 나누어떨어질 때까지 계산하세요.

①
9.3
0.6)5.58
54
18
18
0

②
2.9
1.4)4.06
28
126
126
0

③
3.6
2.7)9.72
81
162
162
0

④
2.2
4.2)9.24
84
84
84
0

⑤
0.9
1.59)1.431
1431
0

⑥
0.4
4.63)1.852
1852
0

⑦
0.19
3.7)0.703
37
333
333
0

⑧
0.27
3.3)0.891
66
231
231
0

⑨
3.3
0.13)0.429
39
39
39
0

⑩
3.4
13.4)45.56
402
536
536
0

⑪
0.49
5.3)2.597
212
477
477
0

⑫
6.8
3.7)25.16
222
296
296
0

⑬
1.62
4.8)7.776
480
297
288
96
96
0

⑭
1.35
4.7)6.345
47
164
141
235
235
0

⑮
5.58
3.4)18.972
170
197
170
272
272
0

⑯
8.57
6.6)56.562
528
376
330
462
462
0

116 단계 실력 진단 평가 ❷회
소수의 나눗셈(9)

제한 시간 20분 | 맞힌 개수 /16 | 선생님 확인

■ 정답 22쪽

다음 나눗셈을 완전히 나누어떨어질 때까지 계산하세요.

① 7.02÷7.8
0.9
7.8)7.02
702
0

② 5.22÷5.8
0.9
5.8)5.22
522
0

③ 0.126÷0.18
0.7
0.18)0.126
126
0

④ 1.852÷4.63
0.4
4.63)1.852
1852
0

⑤ 7.36÷1.6
4.6
1.6)7.36
64
96
96
0

⑥ 9.75÷3.9
2.5
3.9)9.75
78
195
195
0

⑦ 11.02÷3.8
2.9
3.8)11.02
76
342
342
0

⑧ 15.13÷1.7
8.9
1.7)15.13
136
153
153
0

⑨ 0.891÷3.3
0.27
3.3)0.891
66
231
231
0

⑩ 1.748÷3.8
0.46
3.8)1.748
152
228
228
0

⑪ 50.56÷7.9
6.4
7.9)50.56
474
316
316
0

⑫ 33.39÷5.3
6.3
5.3)33.39
318
159
159
0

⑬ 38.097÷8.3
4.59
8.3)38.097
332
489
415
747
747
0

⑭ 22.032÷2.7
8.16
2.7)22.032
216
43
27
162
162
0

⑮ 13.262÷3.8
3.49
3.8)13.262
114
186
152
342
342
0

⑯ 18.232÷4.3
4.24
4.3)18.232
172
103
86
172
172
0

117 단계

117 단계 실력 진단 평가 ❶회
소수의 나눗셈(10)

제한 시간 20분 | 맞힌 개수 /18 | 선생님 확인

■ 정답 23쪽

다음 나눗셈을 완전히 나누어떨어질 때까지 계산하세요.

① 5 / 2.4)12 / 120 / 0
② 8 / 6.5)52 / 520 / 0
③ 50 / 3.6)180 / 180 / 0
④ 40 / 2.7)108 / 108 / 0
⑤ 40 / 0.25)10 / 100 / 0
⑥ 4 / 3.25)13 / 1300 / 0
⑦ 14 / 6.5)91 / 65 / 260 / 260 / 0
⑧ 35 / 2.8)98 / 84 / 140 / 140 / 0
⑨ 15 / 8.6)129 / 86 / 430 / 430 / 0
⑩ 65 / 4.2)273 / 252 / 210 / 210 / 0
⑪ 15 / 7.2)108 / 72 / 360 / 360 / 0
⑫ 72 / 3.5)252 / 245 / 70 / 70 / 0
⑬ 25 / 5.2)130 / 104 / 260 / 260 / 0
⑭ 35 / 9.6)336 / 288 / 480 / 480 / 0
⑮ 8 / 1.25)10 / 1000 / 0
⑯ 45 / 21.4)963 / 856 / 1070 / 1070 / 0
⑰ 24 / 3.25)78 / 650 / 1300 / 1300 / 0
⑱ 14 / 13.5)189 / 135 / 540 / 540 / 0

117 단계 실력 진단 평가 ❷회
소수의 나눗셈(10)

제한 시간 20분 | 맞힌 개수 /16 | 선생님 확인

■ 정답 23쪽

다음 나눗셈을 완전히 나누어떨어질 때까지 계산하세요.

① 4÷0.8: 5 / 0.8)4 / 40 / 0
② 30÷7.5: 4 / 7.5)30 / 300 / 0
③ 135÷5.4: 25 / 5.4)135 / 108 / 270 / 270 / 0
④ 252÷6.3: 40 / 6.3)252 / 252 / 0
⑤ 282÷4.7: 60 / 4.7)282 / 282 / 0
⑥ 95÷3.8: 25 / 3.8)95 / 76 / 190 / 190 / 0
⑦ 81÷1.8: 45 / 1.8)81 / 72 / 90 / 90 / 0
⑧ 68÷1.7: 40 / 1.7)68 / 68 / 0
⑨ 9÷0.45: 20 / 0.45)9 / 90 / 0
⑩ 8÷0.16: 50 / 0.16)8 / 80 / 0
⑪ 14÷0.28: 50 / 0.28)14 / 140 / 0
⑫ 46÷1.15: 40 / 1.15)46 / 460 / 0
⑬ 81÷4.05: 20 / 4.05)81 / 810 / 0
⑭ 56÷1.75: 32 / 1.75)56 / 525 / 350 / 350 / 0
⑮ 806÷12.4: 65 / 12.4)806 / 744 / 620 / 620 / 0
⑯ 516÷21.5: 24 / 21.5)516 / 430 / 860 / 860 / 0

118 단계

118 단계 실력 진단 평가 ❶회
소수의 나눗셈(11)

제한 시간 20분 | 맞힌 개수 /18 | 선생님 확인

■ 정답 23쪽

다음 나눗셈의 몫을 자연수 부분까지 구하고 나머지를 알아보세요.

① 8 / 0.4)3.5 / 32 / 0.3
② 4 / 1.8)7.9 / 72 / 0.7
③ 6 / 2.2)14.1 / 132 / 0.9
④ 6 / 5.3)33.3 / 318 / 1.5
⑤ 6 / 1.56)10.75 / 936 / 0.39
⑥ 3 / 4.32)13 / 1296 / 0.04
⑦ 14 / 0.41)5.8 / 41 / 170 / 164 / 0.06
⑧ 39 / 0.6)23.5 / 18 / 55 / 54 / 0.1
⑨ 12 / 0.7)8.64 / 7 / 16 / 14 / 0.24
⑩ 16 / 0.3)4.82 / 3 / 18 / 18 / 0.02
⑪ 2 / 2.6)6.39 / 52 / 1.19
⑫ 23 / 1.9)45 / 38 / 70 / 57 / 1.3
⑬ 44 / 0.21)9.4 / 84 / 100 / 84 / 0.16
⑭ 48 / 0.17)8.3 / 68 / 150 / 136 / 0.14
⑮ 7 / 0.42)3.026 / 294 / 0.086
⑯ 42 / 0.59)25 / 236 / 140 / 118 / 0.22
⑰ 54 / 1.34)73.25 / 670 / 625 / 536 / 0.89
⑱ 35 / 0.38)13.53 / 114 / 213 / 190 / 0.23

118 단계 실력 진단 평가 ❷회
소수의 나눗셈(11)

제한 시간 20분 | 맞힌 개수 /16 | 선생님 확인

■ 정답 23쪽

다음 나눗셈의 몫을 자연수 부분까지 구하고 나머지를 알아보세요.

① 12.5÷1.1: 11 / 1.1)12.5 / 11 / 15 / 11 / 0.4
② 52.9÷2.5: 21 / 2.5)52.9 / 50 / 29 / 25 / 0.4
③ 43.7÷0.9: 48 / 0.9)43.7 / 36 / 77 / 72 / 0.5
④ 75.1÷0.8: 93 / 0.8)75.1 / 72 / 31 / 24 / 0.7
⑤ 9.68÷0.6: 16 / 0.6)9.68 / 6 / 36 / 36 / 0.08
⑥ 34.02÷0.7: 48 / 0.7)34.02 / 28 / 60 / 56 / 0.42
⑦ 8.7÷0.6: 14 / 0.6)8.7 / 6 / 27 / 24 / 0.3
⑧ 7.6÷0.29: 26 / 0.29)7.6 / 58 / 180 / 174 / 0.06
⑨ 28.32÷0.83: 34 / 0.83)28.32 / 249 / 342 / 332 / 0.1
⑩ 98.05÷4.62: 21 / 4.62)98.05 / 924 / 565 / 462 / 1.03
⑪ 41.2÷0.63: 65 / 0.63)41.2 / 378 / 340 / 315 / 0.25
⑫ 51.8÷0.79: 65 / 0.79)51.8 / 474 / 440 / 395 / 0.45
⑬ 40÷0.58: 68 / 0.58)40 / 348 / 520 / 464 / 0.56
⑭ 38÷0.47: 80 / 0.47)38 / 376 / 0.4
⑮ 59.16÷4.07: 14 / 4.07)59.16 / 407 / 1846 / 1628 / 2.18
⑯ 37.16÷2.82: 13 / 2.82)37.16 / 282 / 896 / 846 / 0.5

119 단계

119 단계 실력 진단 평가 ❶회
가장 작은 자연수의 비로 나타내기

제한 시간 20분 | 맞힌 개수 /32 | 선생님 확인

■ 정답 23쪽

가장 작은 자연수의 비로 나타내세요.

① $\frac{1}{2}:\frac{1}{3}=3:2$
② $\frac{2}{5}:\frac{3}{7}=14:15$
③ $\frac{4}{9}:\frac{3}{5}=20:27$
④ $\frac{7}{8}:\frac{9}{20}=35:18$
⑤ $\frac{1}{6}:\frac{3}{4}=2:9$
⑥ $\frac{9}{10}:\frac{1}{4}=18:5$
⑦ $\frac{5}{12}:\frac{8}{15}=25:32$
⑧ $\frac{4}{5}:\frac{2}{13}=26:5$
⑨ $\frac{4}{5}:1\frac{7}{15}=6:11$
⑩ $1\frac{2}{3}:2\frac{1}{4}=20:27$
⑪ $2\frac{5}{8}:3\frac{1}{3}=63:80$
⑫ $1\frac{3}{5}:1\frac{2}{9}=72:55$
⑬ $5\frac{1}{6}:4\frac{1}{3}=31:26$
⑭ $2\frac{4}{9}:1\frac{5}{12}=88:51$
⑮ $3\frac{2}{3}:1\frac{2}{5}=55:21$
⑯ $2\frac{5}{12}:1\frac{7}{12}=29:19$
⑰ 0.4 : 0.7 = 4 : 7
⑱ 0.5 : 0.3 = 5 : 3
⑲ 0.8 : 0.6 = 4 : 3
⑳ 1.4 : 1.6 = 7 : 8
㉑ 2.2 : 1.2 = 11 : 6
㉒ 1.7 : 3.4 = 1 : 2
㉓ 1.8 : 0.6 = 3 : 1
㉔ 0.25 : 0.15 = 5 : 3
㉕ 0.18 : 0.48 = 3 : 8
㉖ 0.42 : 0.09 = 14 : 3
㉗ 1.25 : 2.15 = 25 : 43
㉘ 1.32 : 1.16 = 33 : 29
㉙ 2.48 : 0.36 = 62 : 9
㉚ 0.7 : 0.15 = 14 : 3
㉛ 1.72 : 1.4 = 43 : 35
㉜ 3.2 : 0.08 = 40 : 1

119 단계 실력 진단 평가 ❷회
가장 작은 자연수의 비로 나타내기

제한 시간 20분 | 맞힌 개수 /32 | 선생님 확인

■ 정답 23쪽

가장 작은 자연수의 비로 나타내세요.

① 8 : 6 = 4 : 3
② 12 : 10 = 6 : 5
③ 4 : 16 = 1 : 4
④ 22 : 18 = 11 : 9
⑤ 14 : 42 = 1 : 3
⑥ 12 : 64 = 3 : 16
⑦ 45 : 39 = 15 : 13
⑧ 56 : 40 = 7 : 5
⑨ 27 : 51 = 9 : 17
⑩ 63 : 42 = 3 : 2
⑪ 19 : 76 = 1 : 4
⑫ 15 : 9 = 5 : 3
⑬ 12 : 38 = 6 : 19
⑭ 62 : 42 = 31 : 21
⑮ 40 : 24 = 5 : 3
⑯ 143 : 22 = 13 : 2
⑰ $0.9:\frac{2}{5}=9:4$
⑱ $\frac{1}{4}:0.8=5:16$
⑲ $0.2:\frac{5}{8}=8:25$
⑳ $\frac{13}{50}:0.12=13:6$
㉑ $1.6:\frac{4}{5}=2:1$
㉒ $\frac{1}{3}:1.5=2:9$
㉓ $0.25:\frac{5}{8}=2:5$
㉔ $\frac{5}{6}:1.7=25:51$
㉕ $0.4:\frac{9}{10}=4:9$
㉖ $1\frac{3}{4}:4.4=35:88$
㉗ $0.625:2\frac{1}{2}=1:4$
㉘ $1\frac{2}{5}:0.56=5:2$
㉙ $2.75:\frac{1}{3}=33:4$
㉚ $2\frac{1}{4}:3.2=45:64$
㉛ $1.25:4\frac{13}{20}=25:93$
㉜ $\frac{24}{25}:1.48=24:37$

120단계 실력 진단 평가 ❶회
비례식과 비례배분

제한 시간	맞힌 개수	선생님 확인
20분	/32	

정답 24쪽

비례식에서 □를 구하세요.

① 4 : 5 = 8 : [10] ② 3 : 7 = 12 : [28]

③ 9 : [11] = 27 : 33 ④ [5] : 6 = 25 : 30

⑤ 8 : 24 = 12 : [36] ⑥ 3 : 13 = [15] : 65

⑦ [6] : 20 = 12 : 40 ⑧ 25 : [70] = 40 : 112

⑨ 28 : [63] = 12 : 27 ⑩ [30] : 65 = 12 : 26

⑪ 25 : 45 = 30 : [54] ⑫ 35 : 98 = [5] : 14

⑬ 21 : [49] = 24 : 56 ⑭ 25 : 45 = 30 : [54]

⑮ 64 : [72] = 56 : 63 ⑯ [35] : 65 = 56 : 104

⑰ 0.3 : [0.8] = 18 : 48 ⑱ 5 : 13 = [3.5] : 9.1

⑲ 9 : [14] = 5.4 : 8.4 ⑳ [5] : 12 = 5.5 : 13.2

㉑ 0.2 : [0.7] = 1.2 : 4.2 ㉒ 10 : 26 = [4] : 10.4

㉓ 4 : [13] = 2.4 : 7.8 ㉔ [1.2] : 4.5 = 8 : 30

㉕ $\frac{1}{9}:\frac{1}{7}$ = 21 : [27] ㉖ [6] : $\frac{8}{25}$ = 15 : $\frac{4}{5}$

㉗ $\frac{5}{6}$: 5 = [1] : 6 ㉘ $\frac{1}{4}$: [$\frac{4}{5}$] = 10 : 32

㉙ $3\frac{3}{5}$: 27 = 2 : [15] ㉚ [$\frac{3}{10}$] : 15 = $\frac{2}{5}$: 20

㉛ [2] : $3\frac{3}{5}$ = 10 : 18 ㉜ $2\frac{3}{4}:\frac{5}{8}$ = [24] : $5\frac{5}{11}$

120단계 실력 진단 평가 ❷회
비례식과 비례배분

제한 시간	맞힌 개수	선생님 확인
20분	/10	

정답 24쪽

수를 주어진 비로 비례배분하세요.

① 16을 3 : 1로 비례배분
$16\times\frac{3}{(3+1)}=12$
$16\times\frac{1}{(3+1)}=4$
→ 12, 4

② 25를 2 : 3으로 비례배분
$25\times\frac{2}{(2+3)}=10$
$25\times\frac{3}{(2+3)}=15$
→ 10, 15

③ 70을 9 : 5로 비례배분
$70\times\frac{9}{(9+5)}=45$
$70\times\frac{5}{(9+5)}=25$
→ 45, 25

④ 42를 4 : 3으로 비례배분
$42\times\frac{4}{(4+3)}=24$
$42\times\frac{3}{(4+3)}=18$
→ 24, 18

⑤ 63을 2 : 7로 비례배분
$63\times\frac{2}{(2+7)}=14$
$63\times\frac{7}{(2+7)}=49$
→ 14, 49

⑥ 84를 5 : 7로 비례배분
$84\times\frac{5}{(5+7)}=35$
$84\times\frac{7}{(5+7)}=49$
→ 35, 49

⑦ 51을 3 : 14로 비례배분
$51\times\frac{3}{(3+14)}=9$
$51\times\frac{14}{(3+14)}=42$
→ 9, 42

⑧ 125를 12 : 13으로 비례배분
$125\times\frac{12}{(12+13)}=60$
$125\times\frac{13}{(12+13)}=65$
→ 60, 65

⑨ 234를 6 : 7로 비례배분
$234\times\frac{6}{(6+7)}=108$
$234\times\frac{7}{(6+7)}=126$
→ 108, 126

⑩ 600을 7 : 5로 비례배분
$600\times\frac{7}{(7+5)}=350$
$600\times\frac{5}{(7+5)}=250$
→ 350, 250